导波声发射及次声波监测在矿山应用的理论与试验

赵奎 何文 曾鹏 著

北 京

冶金工业出版社

2018

内 容 简 介

　　本书分为三大部分，内容主要包括：导波声发射技术在排土场应用的理论与模拟试验研究，导波声发射技术在岩质边坡应用的理论与模拟试验研究以及次声波技术在矿山应用的理论与试验研究。

　　本书可供采矿工程、岩土工程和地质工程技术人员使用，也可供相关领域的科研人员和高校有关师生参考。

图书在版编目(CIP)数据

　　导波声发射及次声波监测在矿山应用的理论与试验/赵奎，何文，曾鹏著. —北京：冶金工业出版社，2018.3
　　ISBN 978-7-5024-7663-2

　　Ⅰ.①导… Ⅱ.①赵… ②何… ③曾… Ⅲ.①弹性波—声发射监测—应用—矿业工程—研究 Ⅳ.①TD67

　　中国版本图书馆 CIP 数据核字(2017)第 322758 号

出 版 人　谭学余
地　　　址　北京市东城区嵩祝院北巷 39 号　邮编　100009　电话　(010)64027926
网　　　址　www.cnmip.com.cn　电子信箱　yjcbs@cnmip.com.cn
责任编辑　杨盈园　美术编辑　杨　帆　版式设计　孙跃红
责任校对　卿文春　责任印制　牛晓波
ISBN 978-7-5024-7663-2
冶金工业出版社出版发行；各地新华书店经销；三河市双峰印刷装订有限公司印刷
2018 年 3 月第 1 版，2018 年 3 月第 1 次印刷
169mm×239mm；17.5 印张；341 千字；267 页
64.00 元
冶金工业出版社　投稿电话　(010)64027932　投稿信箱　tougao@cnmip.com.cn
冶金工业出版社营销中心　电话　(010)64044283　传真　(010)64027893
冶金书店　地址　北京市东四西大街 46 号(100010)　电话　(010)65289081(兼传真)
冶金工业出版社天猫旗舰店　yjgycbs.tmall.com
(本书如有印装质量问题，本社营销中心负责退换)

前　言

本书主要分为三大部分，内容包括：导波声发射技术在排土场应用的理论与模拟试验研究；导波声发射技术在岩质边坡应用的理论与模拟试验研究；次声波技术在矿山应用的理论与试验研究。第一部分提出在排土场这类松散介质体中埋设波导介质，通过对排土场模型滑移破坏过程中的导波声发射信号参数与波形特征的研究分析，提出排土场模型滑移破坏的导波声发射预测方法，为排土场滑移破坏失稳的监测、预测提供一种新的技术方法；第二部分提出在岩质边坡中埋设波导介质，并进行相关理论与模拟试验研究，通过研究导波声发射信号波形和参数特性，为进一步实现岩质边坡滑移失稳的导波声发射监测、预测技术提供基础依据；而第三部分则是作者尝试对岩石、充填体损伤破裂过程的次声信号的波形及参数特征进行分析，从而为基于次声波技术预判围岩体破坏失稳提供一定的理论基础。

本书研究工作得到了国家自然科学基金项目（编号：51364012 和51604127）的资助。研究工作是排土场、岩质边坡滑移破坏失稳及围岩体失稳灾变的新监测、预测技术的前期理论与试验探索，今后还有许多工作有待展开及深入挖掘。

由于作者水平有限，书中不足之处，敬请读者批评指正。

赵奎　何文　曾鹏

2017 年 7 月

目　　录

第一部分
导波声发射技术在排土场应用的理论与模拟试验研究

第二部分
导波声发射技术在岩质边坡应用的理论与模拟试验研究

第三部分
次声波技术在矿山应用的理论与试验研究

导波声发射技术在排土场应用的理论与模拟试验研究

第 1 章 绪 论

1.1 研究的目的与意义

矿山开采过程中会产生大量的松散介质废弃物，形成排土场。矿山排土场具有占地面积广、堆放量大、易引发危害的特点。据统计，我国金属露天矿山排土场的平均占地面积为矿山总占地面积的 39%~55%，每年仅金属矿山排土场排放的废石就达到 20 多亿吨，占地面积达 5500 多公顷[1]。随着矿山生产积累排土场的规模越来越大，由于管理不当、连续降雨等原因造成的安全事故时有发生，而这往往会给人民的生命、财产等造成巨大伤害和损失。据不完全统计，我国近几十年来矿山排土场发生事故多达上千起，死亡人数超过 3000 人。如 1979 年攀钢兰尖铁矿排土场发生滑坡，滑坡量 2000km³，冲垮了处于正前方的主平硐，迫使兰尖采区停产 6 个月[2]。2008 年山西尖山铁矿排土场垮塌事故，造成 45 人死亡和失踪，1 人受伤，引发直接经济损失 3080 万元[3]。排土场内部离散分布的废石土杂乱无章，颗粒之间具有部分流动性，抗拉强度很低或者为零，其稳定性同时受排土工艺、山坡坡度、基底强弱、堆积物料的物理力学性质、排土高度等因素的影响。因此，排土场的稳定性是矿山普遍关注的重要安全问题。

目前，排土场稳定性主要是通过监测各种位移、变形来实现的。位移、变形监测可分为表面监测和内部监测。其中，表面监测是在大量松散介质已经发生移动的基础上，测出排土场表面出现宏观破坏特征，才能确定其状态变化。而内部监测存在难以确定监测变形的方向，以及位移、变形量与整体破坏的判据的关系等，且监测范围具有一定的局限性，无法准确反映松散介质体颗粒间的滑动情况。正是由于目前的排土场稳定性监测技术无法反映松散介质体内部滑移及失稳过程，排土场稳定性还难以进行准确的监测和预测。

材料损伤、破坏、失稳过程会释放出大量的声发射（acoustic emission，AE）现象。声发射技术是岩土工程界普遍运用于监测预警的一种重要手段。排土场滑移会产生大量的声信号，但声发射传感器不能直接捕捉到这种声信号。本书中采用波导杆作为导波介质，声发射传感器接收由排土场滑移引起的波导杆中传递的弹性波，通过分析声发射动态监测信息，实现排土场变形破坏失稳等灾害源的识别、预警是一条重要的技术途径。而实现这一途径的重要前提和基础则是寻求排土场变形破坏失稳过程中的声发射特征。

本部分进行排土场变形破坏失稳的声发射室内试验和理论研究，研究其变形破坏失稳过程的声发射参数特征，揭示松散介质颗粒间微观滑动至宏观变形的机理，由此寻求排土场松散介质堆积体失稳的声发射判据，对矿山排土场及其他工程实际中松散介质堆积体的失稳监测、预测具有一定的理论和现实意义。

1.2　国内外研究现状

1.2.1　排土场稳定性研究现状

1.2.1.1　排土场稳定性影响因素

排土场是矿山大型松散介质堆积工程体，大都是由采场采掘剥离排弃的废石堆积而成。排土场属于矿山重大危险源，其稳定性不仅影响矿山企业的安全生产和经济效益，也关乎矿山企业附近的道路交通和居民生活，一旦出现失稳滑移，极易引发泥石流、滑坡等灾害，对国家、社会造成难以估量的损失。因此，对排土场这类矿山危险源的稳定性研究一直未曾中断。

大量研究表明，影响排土场稳定性的主要因素包括排土场堆积体自身的物理力学性质、排土场选址的地基岩土体结构及其物理力学特性、排土场整体设计、地表水、地下水和周围爆破振动等其他施工干扰[4]。

排土场等松散介质堆积体，因松散材料不同，其稳定性差异明显。散体介质的物理力学特性试验研究表明[5]：松散体材料的工程力学特性由其在剪切试验中颗粒的完整性决定，越破碎则散体材料的工程力学特性越差。排土场堆积松散体的颗粒破碎退化影响松散体强度特性，从而影响排土场稳定性，超高排土场表现尤为明显[6]。王光进等[7,8]将松散体粒径进行分级，然后建立排土场边坡模型，模拟分析粒径分级对排土场边坡的稳定性影响，结果表明排土场在堆存过程中对松散体进行粒径分级有利于提高排土场的稳定性。当考虑粒径分级或增加大粒径散体物料的含量时，排土场的安全系数明显增大。

排土场基底岩土体结构也是影响排土场稳定性的内部因素之一，排土场堆积松散体物料在基底软弱区时容易因排土场基底承载质量小而引发排土场边坡失稳形成滑坡[9]。文献［10］对黄土基底浸水排土场稳定性进行了探究，研究表明若基底及排弃物底部排水条件好，并且摩擦系数大，在其顶上的松散堆积体更不易失稳滑塌。另外，排土场黄土基底在蠕变特性影响下其边坡容易发生基底型滑坡[11]。汪海滨等[12]在工程类比的基础上，结合实地勘查、监测及跟踪调查等多种研究手段，研究分析了在黄土软弱斜坡地基上堆排形成的排土场的滑坡孕育演化机制，并采用理论分析计算得出排土场安全运行的最大堆排高度。

排土场在堆排过程中形成的堆高、边坡角、堆排顺序等因素也会影响排土场整体的稳定性。廖国华、Khandelwal等国内外学者[13,14]研究发现，排土场松散岩土体的堆载高度与其稳定性密切相关，排土场堆积超过极限高度会造成其失稳形成滑坡等灾害。魏朝爽[15]、石建勋[16]等结合工程实例数值模拟了不同堆积坡高情况下排土场边坡的稳定性，得出堆高与稳定性之间的关系。国新[17]针对排土场不同位置进行不同边坡倾角条件下的边坡稳定性分析，在基底倾角和堆排高度一定的情况下，边坡倾角越小，排土场边坡的稳定性越高。孟星吟[18]建立相应的地质模型，结合排土场堆积物料性质、堆排情况和即将堆排的设计状况，对排土场进行动态分析其稳定性并提出相应可行的优化措施。淮筱斌[19]以不同堆置方式形成的排土场模型为分析基础，提出了排土场各区域堆置过程中堆置参数优化设计。韩流[20]采用原位试验测定了露天矿排土场不同排弃时间及排弃位置的混合物料物理力学参数，并借助数值软件分析研究了废石土等松散体堆积的排土场动态发展过程的稳定性变化规律。

水是引发排土场失稳滑坡等的外因之一[21]。文献［22］研究显示，在有水作用的情况下排土场和基底的各类力学强度指标都会降低，抗滑力下降，引发排土场失稳。郑开欢等[23]模拟排土场碎石土边坡在短时强降雨条件下的稳定性，研究结果表明，边坡会在雨后的一个较短时间内发生浅层滑坡。文献［24］以降雨时期排土场的整体稳定性为研究对象，分析了在不同降雨条件下的排土场散体边坡内部渗流情况。张雪岩[25]利用数值模拟软件分析研究排土场边坡稳定性随降雨强度、降雨历时、地震烈度变化而变化的一般规律，并在此基础上探究排土场发生矿山泥石流的影响因素及一般性规律。

爆破作业产生的振动还有周围施工的干扰也是影响排土场稳定性的另一外部因素。矿山生产过程中的爆破振动波传播到排土场等人工巨型碎石土堆积体，降低了排土场堆积体内部颗粒间的黏聚力，促使松散堆积体边坡的松动滑移加速甚至失稳垮塌，影响排土场整体稳定性[26]。曹东磊[27]对排土场爆破振动监测研究分析发现排土场的稳定性与矿山正常生产爆破振动震距有定向关系。文献［28］采用数值软件模拟研究不同爆破水平振动强度对排土场边坡的影响，在爆破水平振动作用下边坡的稳定性随振速增加而下降直至失稳。

1.2.1.2 排土场稳定性分析方法

矿山排土场管理不当或在连续暴雨、地震等自然灾害下容易失稳坍塌。对排土场灾害的防控与治理，既关系到矿山的安全生产，又关系到人民生命财产安全和环境保护，因而在矿山生产过程中对排土场进行稳定性分析，可确保其安全长久运行。

排土场的稳定性分析主要是采用力学分析和数值计算方法确定边坡岩体在自重应力、地应力、构造应力、扰动（采掘、爆破）应力、静/动水压力等作用下的受力状态和位移状态。这类松散介质堆积体的边坡稳定性分析方法，可分为定性分析和定量分析两大类。定性分析方法包括工程类比法和图解法。定量分析方法包括极限平衡法、极限分析法等。其中，极限平衡法主要有瑞典法、Janbu 法、

Bishop 法、Morgenstern-Price 法、罗厄法及 Spencer 法等；极限分析法主要有有限元法、边界元法、离散元法及有限差分法等。其他结合现代数学的方法，如模糊数学分析法、灰色理论分析法、可靠度分析法及神经网络分析法等，也被应用于排土场边坡稳定性分析。文献［29，30］采用可靠度分析理论对影响排土场边坡稳定性的不确定因素进行分析，建立排土场边坡可靠度分析流程，对排土场边坡的稳定性进行了可靠度分析。

1.2.1.3　排土场模型研究

排土场的稳定性关系重大，排土场堆排量极大，一旦出现垮塌将会产生不可估量的损失。目前，针对排土场稳定性的研究也呈现多样化，部分学者结合排土场实际情况建立室内模型进行相似模拟试验研究；部分学者利用数值软件进行数值模拟探究。任伟[31]等采用不同粒径的散体材料模拟排土料在倾倒过程中的自然分选过程，建立了松散体堆积的排土场内部级配分布模型，从而对排土场稳定性进行研究。王俊等人[32]建立了饱水黄土基底排土场模型，采用底部注水的方式模拟地下水入渗基底软弱黄土层对边坡稳定性的影响，研究分级填筑、软弱基底以及在饱水条件下黄土基底排土场边坡裂缝开展和发育特征以及边坡破裂面的空间形态特点。周维垣等[33]建立了一个可整体转动的边坡模型，可通过改变排土场模型的边坡角度调整自重场和下滑力来模拟边坡开裂破坏试验，通过改变边坡的自重场和下滑力来研究边坡的稳定性。文献［34］采用 FLAC 软件建立三维地质整体边坡模型，数值模拟排土场在降雨、爆破振动等不同工矿条件下整体稳定性分析。

1.2.1.4　排土场稳定性监测

目前，排土场边坡的监测内容主要包括位移监测和应力监测。常用的位移监测元件有简易伸长计、多点位移计、水准仪、测距仪、全站仪/光电测距仪、摄影经纬仪和激光扫描仪等，针对大型边坡的位移监测还有的应用遥感（RS）、GPS 和光纤传感技术。边坡常用的应力监测元件有钢弦压力盒、液压枕、电阻应变计和光弹应力计等。文献［35］对松散介质堆积体边坡需监测区域布设 GPS 监测点监测网络实时监测排土场边坡的稳定性状态和位移状况，确保排土场稳定安全运行。李焕强等人[36]将光纤传感技术应用于边坡模型试验，监测坡面位移变化探究边坡在降雨作用下的变形规律。孙华芬[37]在尖山磷矿边坡建立 TM30+GeoMos 自动监测系统探究边坡变形时空演化规律、变形特征和失稳模式。邬凯等[38]基于 GPRS 集成位移和降雨量监测装置建立边坡变形监测预报系统，实现在线远程监控。还有如变形监测机器人、地面摄影测量方法、自动化全站仪监测网络、激光测距扫描技术、合成孔径雷达干涉测量技术、全球定位系统监测技术、数字成像监测技术和地理信息系统监测技术等，结合电子信息计数的多学科交叉融合监测技术被应用于边坡地表位移监测，这些融合多学科新技术的出现为排土场的稳定性带来更加便捷、有效的监测方案措施。

1.2.2 声发射技术在矿山中的应用现状

声发射 (acoustic emission, AE) 的定义可分为广义和狭义两种。通常,狭义中的理解为材料受外力作用下,其内部由于局部应变能的快速释放而产生的瞬时弹性波的一种物理现象,有时也称"应力波发射"、"应力波振动"等;而广义上的理解则是在泄漏等外力作用下,激发能量波在材料中传播的一种物理现象。通常又把利用声发射仪器接收声发射信号,对材料或构件进行检测的这一项技术,称为声发射技术[39,40]。

声发射技术主要应用于矿山中的地应力测量、工程岩体稳定性监测等方面。其中,声发射法测量地应力是根据岩石对先前应力记忆效应 (Kaiser 效应) 原理测量原岩应力,通常在测点处沿六个不同方向获得岩芯,将岩芯加工成岩石试件进行室内声发射试验。有人提出声发射测量得到的是先前最大应力,不是现今地应力,还有人提出通过声发射可获得先前最大应力和现今应力,该方法测量精度和可靠性尚未得到公认,一般用于地应力估测;在矿山开采活动中,对岩石产生的声发射信号进行监测,称为矿山声发射监测。当岩石受力变形时,岩石中原来存在的或新产生的裂纹周围应力集中,应变能较高,当外力增加到一定大小时,在有裂纹的缺陷地区产生了微观屈服和变形,裂纹扩展,从而使应力弛豫,储存的一部分能量以弹性波的形式释放出来,并由源点向四周传播,通过声发射仪器接收岩石产生的这种弹性波信号,并对接收的声发射信号进行相关分析,就可以对岩石破裂状态等进行评估。国内外学者[41~53]的大量研究表明,根据声发射前兆特征参数变化判别岩体失稳的方法切实可行[44]。

此外,部分学者[3,54~57]利用波导杆作为导波介质来监测破碎岩体的声发射信号。如邹银辉等人[54,55]根据弹性力学和波动动力学的相关理论,对岩体声发射传播过程的波动方程进行研究推导,由此建立一维波导器的弹性力学模型,并探究了声发射信号在波导器中的传播规律。李建功等人[56]利用数值软件模拟了声发射在波导器中的传播,研究分析了声发射应力波在波导器中传播过程中的衰减规律;吕贵春等人[57]借助数值模拟和室内试验探究了波导器的直径和长度对波导器接收声发射信号规律及对其优化,并利用现场试验对波导器安装工艺进行了优化。李俊亮[3]将波导杆穿过煤岩层松动圈安装在原始煤岩体中,利用声发射监测技术监测煤岩体稳定性,现场结果显示,危险工作面煤岩体的稳定性监测效果良好。

排土场是由松散介质排放的堆积体,发生滑移失稳的过程是内部松散介质间逐步滑动最终导致宏观变形破坏,颗粒介质间的错动滑移摩擦会产生大量的声信号,但这种信号不能直接通过声发射传感器捕捉到。上述研究表明,波导杆作为导波介质，声发射传感器可接收通过波导杆中传递的由排土场滑移失稳引起的弹性波信号，因而应用声发射技术监测排土场的稳定性存在可行性。

　　本书作者参阅大量国内外文献，研究发现，对由松散介质体堆排形成的散体边坡失稳破坏声发射试验及相关理论研究方面较少，利用声发射技术监测排土场等松散体稳定性的应用方面缺乏可靠的理论依据，仅文献［58］探讨了用声发射测定硬岩和混合岩石废石场状态的可能性。因此，本书以矿山典型松散介质堆积体–排土场为研究对象，在实验室内构造排土场边坡模型，探究声发射预测排土场滑移失稳破坏的方法。

1.3　主要研究内容

1.3.1　排土场声发射试验材料及波导器

　　由于针对排土场这类散体堆排工程体失稳的声发射试验缺乏相应可参考借鉴的资料，因此采用正确可行的试验方法是本书首要研究内容，主要包括试验材料和传播散体声发射信号的器材即波导杆的选择。首先，根据矿山典型排土场堆积体粒径组成和分布特征，确定构建散体边坡的试验材料；其次，研究适合于本次散体边坡声发射试验的波导器相关参数，探究不同长度及直径的波导器与声发射信号的关系。

1.3.2　排土场滑移破坏过程不同阶段声发射参数特征

　　将整个排土场边坡滑移破坏过程分为几个阶段，边坡内部颗粒间滑移产生的声发射的阶段统称为状态 1，整体失稳形成宏观破坏过程的声发射阶段统称为状态 2。具体试验过程中，将有声发射现象产生但排土场整体未发生失稳破坏的阶段作为状态 1，将排土场整体失稳破坏前及在其破坏过程中采集到的声发射记录作为状态 2，并对比分析状态 1、状态 2 声发射的相关特征参数的变化情况。同时对试验中不同位置波导杆声发射特征参数的变化进行对比分析。

　　通过试验主要研究：排土场边坡滑移破坏过程声发射分形维数 D 及 r 值（累计声发射数与累计能量的比值）特征分析，排土场边坡滑移破坏过程中声发射波形、频率特征，在此基础上，探求排土场边坡滑移破坏声发射监测与预测方法。

第 2 章　排土场试验模型及导波声发射相关理论

2.1　引言

　　模拟试验是借助人工所造与客观现实的事物、现象共有的核心特性及参数的试验事物来探索自然规律的一种科学方法，尤其适合很难从理论分析上获得结果的学科研究范围，同时它也是一种对理论研究结果行之有效的分析、比较手段。矿山压力现象影响因素多，物理过程复杂，相对于其他研究手段，模拟试验已显示出强大的生命力，被广泛应用于采动后岩体发生变形、移动和破坏规律的研究。因此，在实际工程应用中，对于所需研究的对象，为了获得其物理力学性质、物理现象及变化规律，可以采用现场监测、测量等手段，但与相似模型试验比较而言，会耗费较大的人力、物力和财力，故人们通常采用模型试验的方式以增强对原型物理现象及规律的认识。

2.2　模型试验原理

2.2.1　模拟条件

　　由相似准则使相似模型上的部分力学参数与客观原来的事物相似，但要让全部参数同时相似几乎是不可能的。本次试验主要是对松散体滑移时的声发射特性进行研究，因此可以不完全按照上述相似准则去使模型上的有关参数相同。根据所研究的目标和内容，匹配部分影响模型和原型的重要参数最为恰当，需要确定的有关相似指标有：松散体边坡几何形状、内摩擦角、容重、内聚力等。

　　根据相似原理，此次研究试验应满足的相似判据如下：

$$C_\varphi = C_r = 1 \; ; \; C_c = C_l \tag{2.1}$$

式中　C_φ ——内摩擦角相似常数；

　　　C_r ——容重相似常数；

　　　C_c ——内聚力相似常数；

　　　C_l ——几何相似常数。

　　由边坡安全系数的定义

$$K = \frac{W\cos\psi\tan\phi}{W\sin\psi} + \frac{cL}{W\sin\psi} \tag{2.2}$$

式中　W ——滑体质量；

ψ——破坏面的倾角；

c——松散体内聚力；

ϕ——松散体内摩擦角；

L——滑体长度。

2.2.2　模拟材料选择的原则

在相似模型试验研究中，合理选取模拟材料可以在试验过程中准确反映原型的实际变化。在构建相似模型时，通常是对相似材料进行配比调整以达到模型与原型几何相似、力学性质相似，因而相似材料的选择恰当与否，直接关系到相似模型试验的成败。借鉴以往学者获得的研究经验，一般选取具有"高容重、低弹模、低强度"等特性的材料作为试验材料，因而在选取材料构建相似模型时应考虑模拟材料应具备：

（1）均质且各向同性；

（2）主要物理力学性质和结构与原型相似；

（3）成本低、来源广、经济易行、环保无毒；

（4）制样简单方便，可循环利用；

（5）物理化学性质稳定，不受外界环境（温度、湿度等）的改变而改变；

（6）力学指标可通过改变材料的配比来实现。

2.3　工程概况

山谷是用以堆置排土场特别有利的地形。某排土场位于采矿场西南侧的山谷，紧挨着采矿场，其面积约为 1.5km²，区内总的地形呈北边高南边低，北部最高达 360m，南部最低标高 160m，山坡自然坡度大多在 35°左右，地质形态凹凸起伏，坡底到坡顶的相对高差一般为 100~200m，最大相对高差达 150m。排土场地区的地基地层岩石性质相对单一，主要是千枚状凝灰岩，是前震旦千枚岩系地层，节理比较发育，岩层层理相对不明显，岩层的风化程度从上到下由强变弱，排土场坡面废石散体堆积体呈松散状，图 2.1 为排土场现场照片。

(a)　　　　　　　　　　　　　　(b)

图 2.1　排土场现场

（a）远景图；（b）台阶坡面仰视图

2.4　模型试验设计与试验方案

2.4.1　排土场边坡模型设计

2.4.1.1　边坡模型箱的设计

考虑到侧限压力的作用，本次试验所采用的模型箱类型是坡口方向敞开，四面封闭相连的模型箱，模型箱的长 150cm、宽 70cm、高 100cm。同时，为了方便观察和记录试验过程中边坡模型位移变化和滑移面滑移的情况，模型箱的左右两侧挡板，一侧是用透明的有机玻璃作挡板，另一侧使用 PVC 板，试验前需在两侧的挡板上抹上一些润滑油，以减少试验过程中模型材料与两侧挡板的摩擦力。试验箱的底板为 5mm 厚的钢板，同时为了消除试验过程中碎石滚动碰撞到底部钢板所产生的噪声，在钢板的上面铺设 8mm 厚的橡胶垫。

2.4.1.2　滑坡模型制作

堆积构成的排土场边坡模型的尺寸为长 110cm、宽 70cm、高 85cm，坡顶平台长为 30cm，坡角 35°，模型示意图如图 2.2 所示。

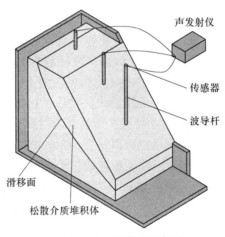

声发射仪

传感器

波导杆

滑移面

松散介质堆积体

图 2.2　排土场模型示意图

2.4.2　模拟材料的制作

根据上述模型材料选择时的基本原则，本次试验构建的排土场边坡模型材料取自某矿山排土场的碎石。根据松散物料的特性，散体边坡的物理力学性质与其内部颗粒的形状、大小组成有很大的关系。因此，在取样之前，需对现场排土场的散体物料块度分布进行测量，考虑到现场取样的便捷性，分别在排土场现场的坡顶 1#-1、坡中 2#-2 及坡底 3#-3 布置取样点。对于块度小于 60mm 的采用筛分法，块度大于 60mm 的采用直接测量法，3 个取样点位置的粒径分布情况如表 2.1 所示。

表 2.1　某排土场现场实测粒组含量

取样点	粒组含量/%					
	<2mm	2~8mm	8~10mm	10~25mm	25~60mm	<60mm
1#-1	7.36	6.68	6.13	8.66	19.03	52.14
2#-2	7.04	3.68	4.56	8.58	24.39	51.75
3#-3	6.96	7.08	6.53	8.26	22.03	50.14
均值	7.12	5.81	5.74	8.5	21.81	51.34

　　根据前人的研究发现，不同类型的岩石材料破坏过程中，其声发射特性或多或少地存在着差异，因此材料的类别在试验中是不容忽视的因素之一。为满足本次排土场破坏的模型试验的相似条件，根据表 2.1 中现场实测粒组分布情况，将其替代简化为 4 种粒组含量，由于现场取回碎石粒径不完全满足试验要求，对部分碎石进行二次破碎至合适粒径。最终确定 4 种粒组直径大小分别为 1~5mm、5~10mm、10~15mm、15~20mm，如图 2.3 所示，简化后的 4 种粒组含量分别为 10%、10%、30%、50%。试验模型箱所能容纳石料的体积大概在 1m³ 左右。按照上述比例称取相应质量的石料进行称重、搅拌混合（见图 2.4、图 2.5）。首先，等量替代前后所用的碎石都是一样的原因，它的重度几乎保持一致，这样就使得重度的相似常数为 1；其次，运用替代法之后，可以把替换掉的碎石物料的力学特性当作原排土场物料的力学特性，即两者的黏聚力和内摩擦是一致的，内摩擦角的相似常数为 1；由现场勘察可以认为，C_1 = 400 ~ 450，所以确定模型的内聚力为 400~450kPa，而作为松散堆积体的排土场，通过进行剪切试验可以得到，现场松散体的内聚力为 30~40kPa，其黏结性比较弱，而抗拉强度接近 0，所以模型材料的内聚力在可接受的范围内。综上所述，经过等量替代法后，散体模型试验大体符合式（2.1）中的部分重要参数指标。

(a)　　　　　(b)　　　　　(c)　　　　　(d)

图 2.3　碎石粒径

(a) 1~5mm；(b) 5~10mm；(c) 10~15mm；(d) 15~20mm

图 2.4　称重

图 2.5　搅拌混合

2.4.3　模型滑移方案设计

本书采用碎石作为模拟材料，开展排土场边坡滑移破坏声发射试验研究。构建的模型试验尺寸的长、宽、高分别为 110cm、70cm、85cm，边坡坡角 35°。试验中，波导杆分别布置于坡体模型的顶部、中部和底部，用于采集滑移破坏过程中的声发射信号。考虑到模型边坡较小，边坡的坡角较缓等因素，为使散体边坡能够产生明显的滑移破坏，本次试验尝试了多种方法，以进行试验效果的对比分析。

2.4.3.1　模拟人工降雨法

在模型材料按照上述模型设计方案进行堆积形成试验所需的散体边坡模型后，再采用喷头喷水的方式模拟降雨，通过调节水速以实现不同降雨条件。并观察这一过程中，松散碎石堆积体内部的变化情况及是否能够产生明显的滑移。试验结果表明，模拟人工降雨虽然能够降低散体边坡模型的稳定性程度，但并未发生明显的滑移破坏。

2.4.3.2　坡顶施加竖向压力法

大量的边坡模型试验中，多采用机械千斤顶进行坡顶竖向加压的方式使得边坡模型产生滑移破坏。本次试验也尝试了采用油压式千斤顶与反力框架相连，实现了对坡顶的持续加压，同时加压板上的压力传感器能够随时读出千斤顶所加压力的大小。试验结果表明，散体边坡模型在受压的过程中，坡顶发生沉降，坡面上有少量的碎石滚动，但并未产生明显的滑移破坏。

2.4.3.3　预制滑移面法

对于滑移面确定的边坡模型试验，可以通过设置某种加载方式在某一位置以达到持续加载的目的。由于边坡的稳定性影响因素主要取决于抗滑力和下滑力的大小，因此，可以选择改变下滑力的大小与加载方式，迫使边坡的稳定性持续下降。基于这种思考，本书提出通过采用预制滑移面的方式来使边坡模型产生明显的滑移。预制滑移面一般采用云母片来模拟，本试验采用塑料袋的方式来构造滑移面，如图 2.6 所示。主要有两方面的原因，其一，可人为地构建一个任意产状的滑移弱面；其二，本试验过程没有设置加载装置，为使坡体模型沿已知滑移面破坏，需借助塑料袋产生下拉力。详细过程如下：通过向塑料袋底部安置一根长木条，并钻孔穿过内袋于长木条上引出两根下拉绳，绳子的另一端穿过两组动滑轮与两个塑料水桶相连，如图 2.7 所示。此时如果能够稳定地向两个塑料水桶内均匀注水，绳子所受的拉力就会越来越大，即构造滑移面所受的下滑力就会越来越大。为了控制每次试验滑移面所受的下滑力，能够按照一定的力大小持续均匀增大，此时只需要控制好注入塑料水桶中的水的流量即可。基于上述问题的思考，可在两个塑料水桶的右上方搭设另一个塑料水桶，该水桶上钻出两个大小一样的孔，通过水管引水到右上方的塑料水桶，这样右上方水桶就会通过两个小孔并以相同大小的流量分别流入下方的两个桶内，进而可以产生均匀增大的下滑力，直到散体边坡模型能够发生滑移破坏。试验结果表明，通过上述构造滑移面，持续注水增大下滑力的方法，能够使散体边坡模型产生明显的滑移破坏。

图 2.6　预制滑移面　　　　　图 2.7　注水过程

因此，通过上述几种能够产生滑移破坏方案的效果对比，本书采取最后一种方案，即构造滑移面法。

2.4.4　模型试验方案

试验方案涵盖失稳滑移破坏的全过程及相关试验准则，包括试验模型箱的设计、边坡模型的制作、模型材料的制作、模型滑移破坏方案的设计、试验过程数值记录及模型堆置过程等试验方案内容。其中试验模型箱、边坡模型、模型材料的制作及模型滑移破坏方案的设计在前面已做相关详细阐述，下面就针对数值记录等方面进行阐述。

2.4.4.1　数值记录

本试验主要是研究散体模型滑移破坏过程的声发射特征，因此，滑移破坏过程中应详细地记录试验过程中的试验现象、试验前后的总时间、破坏次数及破坏的规模等。为了方便记录及描述试验现象，可事先在模型箱的侧面布置好水平及垂直的网络标志线。在模型试验过程中，由于坡面碎石的滚动及大小规模的滑移破坏，会造成散体模型堆积体边坡面的改变，而网格标志线能够通过滑体移动线清晰地描绘出坡面改变这一过程。试验过程中需要用照相机拍摄不同时刻模型滑移面的破坏情况，以便后期做破坏过程分析。另外，采用摄像机录制整个试验过程的视频，并提取出产生大小规模碎石滑动及滑移破坏附近的视频，然后取出按照每秒 15 帧的照片，结合声发射采集系统的时间记录，就能找到对应滑移破坏的准确时间。

2.4.4.2　模型堆置过程

模型材料按照前文替代简化的 4 种粒组含量百分比混合好后，依次向模型箱内倾倒碎石，这样可以模拟现场排土场废石土堆排倾倒的实际粒径分级过程，废石材料逐步向前倒入，直至形成散体边坡试验所需的最终形态。

按照上述试验模型构建的步骤，最终形成的室内试验模型，如图 2.8 所示。

图 2.8　室内试验模型

2.5　波导杆选择

波导杆是声发射监测常用的工具。声发射检测技术经过将近 70 年的研究，一直在不断的进步，特别是在很多困难的检测条件（如高温、深冷等）下得到迅速的发展。通常情况下，波导杆是圆柱状带有接头的金属杆，在声发射检测过程中，波导杆的两端分别与检测设备或物体连接和声发射传感器，需要注意耦合稳固。

在各种介质中，声发射弹性波的传播伴随着距离的增加而衰减[59]。弹性波在波导杆中的传播衰减表现在扩散衰减、吸收衰减、散射衰减几个方面。

（1）由波阵面的扩散引起的声发射波能量和声压的减少而产生的扩散衰减；

（2）由介质本身的黏滞性及热传导引起的能量损耗而产生的吸收衰减；

（3）声发射信号在介质中传播发生散射而产生的散射衰减。

在金属材料中，散射衰减往往是弹性波衰减的主要原因。

作为杆件结构，波导杆的杆长 L 一般远大于其直径 D，若 $D<(5\sim10)$ L，且波长 $\lambda>2D$ 时，可以将波导杆简化为一维弹性杆件，进而可用一维波动理论来分析。分析前，假设波导杆满足下面三个条件：

（1）材料均质各向同性，同时服从胡克定律；

（2）振动幅度微弱，从而保证动力激发的反应是线弹性状态；

（3）波导杆沿长度方向振动时，横截面是平面，而且应力在截面上分布均匀。

若在波导杆一端施加一个点声发射源，使波导杆中产生弹性波，沿波导杆传播的弹性波，其传播规律服从一维波动方程，即

$$\frac{\partial^2 u}{\partial t^2} = C_0^2 \frac{\partial^2 u}{\partial x^2} \tag{2.3}$$

$$C_0 = \sqrt{\rho/E}$$

式中　u ——轴向位移，mm；

　　　t ——传播时间，s；

　　　x ——沿杆长度上任意一点坐标，mm；

　　　ρ ——波导杆的密度，kg/m^3；

　　　E ——弹性模量，GPa。

设波导杆受到冲量作用，瞬态激振力为 I，则波导杆振动的初始位移和初始速度分别为

$$\begin{cases} u(x,\ 0) = 0 \\ \dfrac{\partial u(x,\ 0)}{\partial t} = \dfrac{I\delta(x)}{A\rho},\ 0 \leqslant x \leqslant L \end{cases} \tag{2.4}$$

式中　$\delta(x)$ ——脉冲函数；

　　　A ——波导杆的横截面面积。

波导杆振动的边界条件为

$$\begin{cases} \left.\dfrac{\partial u}{\partial x}\right|_{x=0} = 0 \\ \\ \left.\dfrac{\partial u}{\partial x}\right|_{x=L} = 0 \end{cases} \tag{2.5}$$

由式（2.2）和式（2.3）可以得到在一端受到瞬态激振力 I 作用下，波导杆位移的相应数学表达式为

$$u(x,\ t) = \frac{2I}{M}e^{-\beta_i}\sum_{n=1}^{\infty}\frac{1}{\omega_n}\sin(\omega_n t)\cos(Y_n x) = \frac{2I}{M}\sum_{n=0}^{\infty}\frac{1}{\omega_n}\sin(\omega_n t)\cos(Y_n x) \quad (2.6)$$

式中，$M = \rho A L$，为波导杆质量，kg；$Y_n = \dfrac{n\pi}{L}(n = 1,\ 2,\ 3,\ \cdots)$，为圆波数序列；

$\omega_n = \sqrt{Y_n^2 C_0^2 - \beta^2} = Y_n C_0$，杆阻尼固有频率，$\beta$ 为介质对波导杆的等效黏滞阻尼系数，在空气中为 0。

在波导杆一端加激振力后，放置在另一端的传感器端部产生的位移为

$$u(L,\ t) = \frac{2I}{\rho A L}\sum_{n=0}^{\infty}\frac{L}{\pi\sqrt{E/\rho}}\sin\left(\frac{n\pi\sqrt{E/\rho}}{L}t\right)\cos(n\pi) \quad (2.7)$$

当晶体表面的压力晶体传感器均匀受压时，产生位移为 u，进而换能关系为

$$U = -\tau u \quad (2.8)$$

联立式（2.5）和式（2.6）计算可得

$$U = -\tau\frac{2I}{\rho A L}\sum_{n=0}^{\infty}\frac{L}{\pi\sqrt{E/\rho}}\sin\left(\frac{n\pi\sqrt{E/\rho}}{L}t\right)\cos(n\pi) \quad (2.9)$$

式中　τ ——弛豫时间，一般取 10^{-8}s；

　　　U ——产生的电压，V。

AMP 是传感器接收到的信号强度，它与式（2.8）的关系为

$$AMP = 20\lg U \quad (2.10)$$

将式（2.7）代入式（2.8）即可求得

$$AMP = 20\lg\left[-\tau\frac{2I}{\rho A L}\sum_{n=0}^{\infty}\frac{L}{\pi\sqrt{E/\rho}}\sin\left(\frac{n\pi\sqrt{E/\rho}}{L}t\right)\cos(n\pi)\right] \quad (2.11)$$

从式（2.11）可知，由于弛豫时间 τ 的取值比较固定，经波导杆传播后，声发射传感器接收到的信号强度与瞬态振动力 I、波导杆的密度、直径、长度有关。在瞬态振动力 I 及波导杆的材料不变的情况下，声发射传感器接收到的信号只与波导杆自身特性有关。因此对本试验所选用的波导杆进行探究、筛选是非常必要的。选出与本试验模型相匹配的波导杆，可以更加高效准确地得到试验结果。

本书模拟排土场松散碎石堆积体的滑移破坏过程，并且重复多次试验。为了不影响试验结果的分析，所选择的波导杆材料不能轻易破坏，其强度必须远大于碎石强度，而钢结构的波导杆能够满足试验要求。同时由于钢结构的抗阻远远大于空气的抗阻，在声信号应力波传播到露出部位后，会全部反射回波导杆中，几乎没有能量的损失。为此，本书设计的波导杆长度不一致，直径不一致，为 10 号钢，波导杆的一端打磨成锥形，详细结构特征参数如表 2.2 所示。

表 2.2　波导杆的结构参数

序　号	直径/mm	长度/m	接头类型
1	14	0.5、1.0、1.5	18mm 锥形接头
2	18	0.5、1.0、1.5	18mm 锥形接头
3	22	0.5、1.0、1.5	无接头

　　根据现场相似模拟模型的尺寸，选择长度 1m 的波导杆。文献[60]对波导杆做了断铅试验研究，试验材料为 10 号钢，长 3m、直径 6～18mm。试验结果指出"波的衰减程度与波导杆直径密切相关，即直径越大，衰减越小"。文献[61]研究了同种材料的波导杆在不同长度的情况下，对接收端信号速度、位移及加速度幅值的相关影响。研究结果表明，波导杆的长度越短，在接收端所接收到信号的速度、位移及加速度幅值越大。文献[55～56]采用理论模型研究、数值模拟及室内试验等相结合方法，研究了波导杆直径为 5～40mm 时，声发射信号在杆中的传播比较稳定，而波导杆直径在 20mm 左右时，所接收到信号的加速度幅值效果比较好，在长度大于 1m 的波导杆中，能够比较稳定地接受声发射信号数据。上述研究结果对本书波导杆长度、直径的选择具有重要的指导意义，即波导杆的长度在 1m 左右，横截面直径在 20mm 左右比较理想，同时结合试验模型现实操作性的情况，本书采用的波导杆长和直径分别为 1m 和 18mm，并进行相关试验，以进行排土场碎石堆积体滑移破坏过程声发射特征的研究。波导杆的示意图如图 2.9 所示。

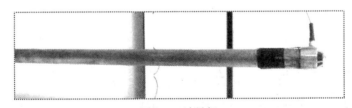

图 2.9　波导杆

2.6　声发射监测试验

　　试验开始之前，需在模型的不同位置布置波导杆，并在波导杆上安置声发射传感器，以便进行排土场模型滑移破坏全过程的声发射监测。在监测过程中，采集声发射的特征参数和波形的全部信息，以期得到排土场滑移破坏全过程的声发射特征。

2.6.1　试验仪器

　　本次声发射监测试验采用的仪器是由美国 PAC 公司研制的数字式 PCI-Ⅱ型

声发射系统，如图 2.10 所示。该系统主要由声发射传感器、前置放大器、主放大器、滤波器、门限比较器及计算机等 6 部分构成。该系统可进行 1kHz-3MHz 范围内的频率测试，实时显示 AE 特征参数与波形参数，充分满足本试验要求。

(a)　　　　　　　　　　　　　　　　(b)

图 2.10　PCI-Ⅱ型声发射仪

（a）采集界面；（b）主机

2.6.2　声发射监测方案

按前文波导杆的选择结果，采用的波导杆的直径为 18mm、长度为 1m。由于排土场模型滑移破坏试验中，不同位置的破坏程度及规模的大小都不尽相同，会造成声发射传感器接收到的声学信号有所差异。为采集更加全面的排土场模型滑移破坏试验过程的声发射信息，根据室内试验所设计模型大小的情况，本次试验分别在排土场模型的坡顶、坡中及坡底 3 个不同位置布置波导杆。由于试验需要重复做多次，所以波导杆的布置需符合一定的要求，如波导杆的埋设深度、离模型箱两侧距离的大小等。控制好波导杆埋深的原因主要有两方面：一是前文在波导杆的选择时，已经表明波导杆的长度对声发射信号的接收会产生影响，因此需要控制好波导杆在不同位置的埋设深度，尽量使露出坡面波导杆的长度保持一致。二是排土场模型滑移破坏所产生声发射信号主要来自滑移面以上部分，因此需要保证所布置的波导杆能够穿过滑移面，这样也能使得波导杆不会随滑体的滑动而发生位置的改变，即保证了试验过程中波导杆位置的稳定性。根据试验过程的观察，不同位置波导杆具有各自不同的特点：坡顶 1 号波导杆一般会先有声发射信号，因为模型滑移破坏的发生或者坡面废石的滚动最先发生在坡顶位置；坡中 2 号波导杆在坡面破坏发生的中间位置，同时上部坡顶位置废石的滑移会对此处造成一定的影响；坡底 3 号波导杆在坡面破坏发生的下边缘位置，同时也是受上部滑体冲击最激烈的位置，三个位置波导杆的实际布置见图 2.8。

在波导杆布置好后，依次在波导杆露出坡面的一端涂抹上耦合剂，通常声发射试验所用的耦合剂种类有黄油、凡士林、真空脂等，本次试验采用黄油作为耦合剂。耦合剂的作用首先是填充波导杆与传感器接触面之间的空隙，可以减少空隙间微量空气对声波穿透的影响；其次是减小波导杆与传感器接触面之间的声阻抗差，即减少能量在接触面间的反射损失量；最后还有润滑的作用，可减小波导杆与传感器接触面之间的摩擦。在涂抹耦合剂时，应尽量涂抹均匀，不能含有任何的颗粒或杂质。涂抹好耦合剂后，再依次将声发射传感器用胶带固定在波导杆端面上，最后按照一定的顺序，连接好整个声发射试验系统。

基于废石声发射信号频率分布范围的考虑，同时考虑排土场属于松散介质堆积体，声发射信号穿过废石时，信号衰减很严重，因此为适应低幅度信号及提高数据采集的精确度，试验选用 UT1000 型声发射传感器，中心频率为 60～1000kHz；采样率为 1MSPS；采样长度为 2k；前置放大器的增益为 40dB；主放大器频带宽度为 50kHz~1MHz，频带范围内增益的变化范围在 3dB 以内；试验滤波器的工作频率的下限为 1kHz，上限位 3MHz；门槛值的设置为 35dB。声发射采集参数设置见表 2.3。试验过程中应尽量消除室内外环境噪声的影响。

表 2.3 声发射系统采集设置

门槛	前放增益	模拟滤波器下限	模拟滤波器上限	采样率	采样长度
35dB	40dB	100kHz	3MHz	1MSPS	2k

2.7 本章小结

为进行排土场模型滑移破坏声发射室内试验，本章首先进行了波导杆的选择，而后进行了试验方案的设计及波导杆的布置，总结如下：

（1）借鉴现有的研究成果，考虑到波导杆直径及长度对声发射信号传播的影响，同时结合室内模型的大小，最终选取了长度为 1m、直径为 18mm 的波导杆。

（2）根据研究对象所需模型的大小，设计了试验模型箱，模型箱的长、宽、高分别为 150cm、70cm 和 100cm，边坡模型的尺寸为长 110cm、宽 70cm、高85cm，坡顶平台长为 30cm，坡角 35°，并最终确定了构造滑移面的方式使模型产生滑移破坏。

（3）为了得到排土场模型滑移破坏过程中不同位置声发射信号所产生的差异，分别在边坡模型的坡顶、坡中及坡底布置了波导杆，以进行声发射的监测。

第 3 章　排土场模型破坏过程导波声发射基本参数特性

3.1　引言

声发射参数分析是一种将波形特征参数简化后将其表示为信号特征的分析方法。声发射参数一般有声发射振铃计数、声发射事件率、声发射幅值、能量等。大量岩石声发射方面的研究结果表明，岩石等材料内部微裂纹、微空隙及变形破坏的演化过程与声发射参数的变化特征具有相关性。然而对于声发射技术在运用到排土场这类松散介质堆积体中，需要研究的问题主要有以下几点：一是声发射现象在排土场滑移破坏过程中是否明显？二是声发射参数的变化特征与滑移破坏过程是否具有相关性？三是不同位置获得的声发射信号是否具有差异性？

3.2　排土场破坏过程综合分析

严格按照试验方案进行多次试验，考虑到 20 次重复试验过程中排土场边坡滑移破坏的规模及规律都相类似，因此，对滑移破坏过程试验现象的描述及分析，只需着重分析其中一组即可，下面以试验组 SY-1 为例进行描述及分析。

3.2.1　滑移破坏过程描述

排土场的滑移破坏过程是渐进的，初始滑坡位置，集中在模型中部至顶部之间，具有一定的随机性，试验过程中滑坡的规模有大有小，并且每次滑坡破坏过程具有其独特性。将模型渐进破坏试验过程中的滑移破坏时间、注水量、滑移破坏规模及现象描述列于表 3.1 中。

表 3.1　散体边坡破坏过程记录

破坏次数	发生时间范围/s	注水量/L	过程描述
1	205～208	4.51～4.56	坡顶出现零星的废石滚落
2	260～262	6.72～6.76	3/4 处少量的废石滚动
3	325～328	7.15～7.32	1/2～3/4 处小范围缓慢下滑，距离极短
4	382～385	8.24～8.42	3/4 处小范围废石滚落
5	460～462	10.12～10.16	坡顶处少量废石滚动，带动下方 3/4 处至坡顶小范围废石下滚

续表 3.1

破坏次数	发生时间范围/s	注水量/L	过程描述
6	532~535	11.7~11.77	1/2~3/4 处小范围蠕动下滑，并伴有顶部极少量废石滚动
7	567~568	12.48~13.50	3/4 处废石小范围滑动，带动上部少部分废石滑落
8	606~608	13.33~13.39	3/4 处极少废石滚落
9	653~655	14.37~14.41	3/4 处滑移破坏，带动下部小范围废石滑动
10	665~667	14.63~14.67	1/2~3/4 处小范围内蠕动下滑，距离极短
11	785~787	17.27~17.31	1/2~3/4 处大范围内蠕动下滑，距离极短
12	815~817	17.93~17.97	3/4 处发生小范围短距离下滑，顶部有零星废石滚落
13	845~847	17.59~17.63	3/4 处大范围蠕动下滑，距离较之前更长
14	859~906	17.86~19.93	滑移破坏持续时间较长，滑动范围最广，表现为从坡顶至坡底有大量的零星废石滚落，滑移距离较长
15	907~917	19.95~20.17	滑移破坏前大量的废石滚动，最终产生激烈滑移

通过对上述排土滑移破坏过程的记录，同时结合每次滑移破坏前后坡面线的变化，就能比较直观地得出滑移破坏的相关数据，如滑移位置、破坏规模的大小等。试验前后的坡面线如图 3.1 所示。

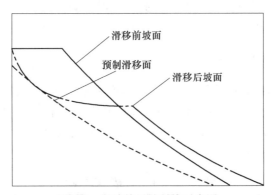

图 3.1　滑移前后坡面线示意图

本次排土场滑移试验的主要破坏可总结为：

（1）第 1 次破裂位置出现在坡顶，废石滚动极少出现。

（2）下滑力随着注水量的增加而增大，在 3/4 处的废石出现小范围的滑动。

（3）继续注水，共有 5 次小范围的废石滑动，过程持续都极短，一般为 2~3s。

（4）第 9 次滑移破坏发生在 3/4 处，也仅仅表现为小范围废石的滚动，下滑过程中会带动下部少量的废石一起滑动。

（5）第 14 次滑移破坏较与前 13 次破坏都不一样，此次破坏的时间最长，破坏范围最广，主要表现为坡面上的不同位置都出现废石的滚动，但还没出现整体滑移破坏。

（6）第 15 次破坏滑移开始前，此时的散体已经处于失稳的临界状态，随着下滑力的继续增大，散体开始整体大滑移。在 3/4 处散体滑动开始并带动下部散体大面积滑动，上部废石也开始失稳下滑，最终导致整体激烈的大滑移破坏，激烈滑移持续时间仅仅 10s 左右。滑移破坏过程如图 3.2 所示。

(a) (b) (c) (d)

图 3.2　滑移破坏过程

（a）原始状态；（b）第 5 次破坏；（c）第 11 次破坏；（d）最终破坏

3.2.2　排土场破坏过程分析

根据上述排土场滑移破坏过程的描述与记录，可总结如下几点：

（1）整个试验过程散体滑移破坏的次数为 15 次，从破坏的持续时间及规模的大小来看，总共出现了 13 次短时间、小范围、小规模的破坏，1 次长时间、大范围、小规模破坏及最后一次大规模滑移破坏。

（2）13 次短时间、小规模破坏都集中发生前 13 次，主要表现为零星点、小范围的废石滚动，坡面角没有产生明显的变化。第 14 次破坏即为长时间、大范围、小规模破坏，并作为大规模滑移破坏前的一次破坏，出现了不间断的废石滚动,但坡面角也没有发生明显的变化。

(3) 从大规模破坏之前的第 14 次可以看出,散体的滑移破坏是循序渐进及能量累计的过程,即大规模破坏前,边坡面一定会出现大范围的废石滚动,这种现象可作为大规模滑移破坏的前兆。

(4) 经历大滑移过后不会再发生失稳破坏,主要原因是滑坡的内部环境及条件发生了改变,如抗滑阻力增大、滑坡重心下降等。同时也说明大滑移破坏是散体重新达到自稳的过程。

综上所述,可将排土场滑移破坏划分为以下 4 个阶段:第一阶段,裂缝生成阶段。试验现象主要表现为坡顶出现张拉裂缝,随之松散体内也出现了规律性不连续的裂缝,并伴随着小规模废石滚动,对应上述 1~9 次滑移破坏;第二阶段,挤压阶段。试验现象主要表现为散体内部裂缝相互贯通,滑体前缘在后部的挤压下有逐渐脱离滑移面的趋势,同时伴随着小规模废石滚动,对应上述 10~13 次破坏;第三阶段,临近滑移破坏阶段。试验现象为坡面出现大范围废石滚动,有整体大滑移的趋势,对应第 14 次破坏;第四阶段,整体激烈滑移破坏阶段。试验现象为滑体沿着滑移面在极短的时间出现快速下滑,一次较大较快位移,对应最后一次破坏。

3.3 声发射相关参数

瞬态性和多模式性是废石的声发射信号所具有的两个特点,因此,它可以归结为典型的非平稳信号。而对于一个典型的非平稳声发射信号的简化波形图和其基本的参数定义见图 3.3,通过对图 3.3 分析可得以下几个声发射参数。

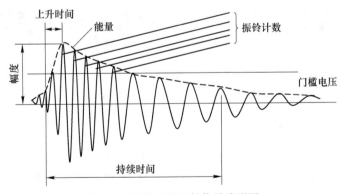

图 3.3 简化的声发射信号波形图

3.3.1 声发射事件率

这指单位时间内材料所产生的声发射事件数,且材料的声发射事件率可以用来表征其声发射源的活动频度。在整个记录时间内产生的声发射次数则称为累计声发射事件。

3.3.2　振铃计数

这是指声发射信号越过门槛电压的振荡次数，而在单位时间内产生的振铃计数则称为振铃计数率。且振铃计数能够粗略地反映岩石的声发射信号强度与频度，因此广泛应用于对声发射活动的评价。

3.3.3　幅度

材料的声发射波形信号的最大振幅，称为幅度，单位为 dB。幅度的大小与声发射源的波形信号直接相关，不受门槛电压的影响，直接决定事件的可测性。

3.3.4　能量

信号检波包络线下的面积，反映事件的相对能量或强度，对门槛、工作频率和传播特性不甚敏感，可用于波源类型的鉴定。

3.4　排土场模型滑移破坏过程声发射参数变化特征

如前所述，试验过程中第一阶段（裂缝生成阶段）和第二阶段（挤压阶段）有声发射现象产生，但堆积体整体未发生失稳破坏的阶段作为状态 1，将第三阶段（临近滑移阶段）和第四阶段（激烈滑移阶段）堆积体整体失稳破坏前及破坏过程中产生的声发射记录作为状态 2。即状态 1 的前期为裂缝生成阶段，状态 1 的后期为挤压阶段，状态 2 的前期为临近滑移阶段，状态 2 的后期为激烈滑移阶段。其中状态 1 及状态 2 主要根据试验中破坏规模大小及发生的时间来界定，具体试验过程声发射特征参数分析如下。

3.4.1　声发射幅值

声发射幅值与声发射源所产生的波形信号直接相关，且不受其他条件的影响，因此能够更加直接地反映散体内部滑移演化的真实情况。分析研究声发射幅值随时间的变化关系，如图 3.4 所示。

根据声发射幅值与时间的关系及模型滑移破坏阶段划分可知，试验过程中不同阶段声发射幅值均有变化，尤其是滑移破坏前及滑移破坏后其幅值的变化更明显。具体表现为：状态 1 前期的裂缝生成阶段，伴随小规模废石滚动，声发射活动不明显，声发射幅值较小；随着注水量持续增加，滑移面所受下滑力不断增大，到状态 1 后期的挤压阶段时，声发射活动比较频繁，声发射幅值的大小较上一阶段有所增加；当进入状态 2 前期的临近滑移破坏阶段时，声发射活动更活

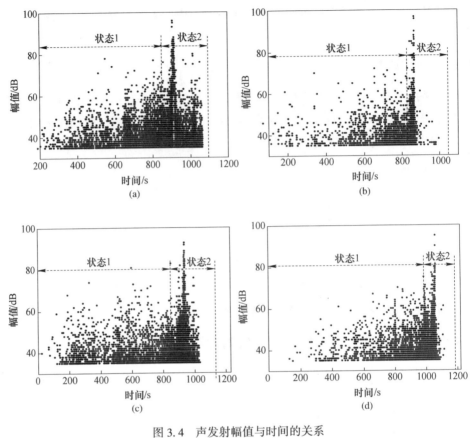

图 3.4　声发射幅值与时间的关系

(a) SY-1；(b) SY-2；(c) SY-3；(d) SY-4

跃，并在随后的激烈滑移破坏阶段其声发射幅值达到最大值；滑移破坏后的阶段，声发射活动不明显，声发射幅值的大小较激烈滑移阶段又出现突降的现象。由滑移破坏过程中不同频度和强度的声发射信号可知，声发射幅值的变化在一定程度上揭示了排土场内部状态的演化过程。试验初期，当下滑力较小时排土场内部以裂缝生成为主，主要表现为排土场上部地表出现了拉张裂缝，随后排土场内部的不连续裂缝也会出现较好的规律性，并伴随着小范围的废石滚动；而随着下滑力持续增大，排土场内部裂缝相互贯通，由于后部的挤压，滑体前缘便会慢慢脱离软弱层，坡面开始出现大范围废石滚动；在下滑力持续增大时，滑体迅速产生一次规模较大的位移，即排土场整体大规模失稳破坏。

3.4.2　声发射事件率

　　图 3.5 所示为散体滑移破坏过程中声发射事件率随时间的变化情况。可以看出，图 3.5(a)~(d)4组试验组在同等试验条件下的 AE 事件率的变化规律较为

一致，即在裂缝生成、挤压及临近滑移破坏阶段其数值不断加大；在状态 2 后期的激烈滑移阶段达到极大值；滑移破坏后其数值又不断减小。对比声发射事件率数值大小可知：在激烈滑移阶段其声发射事件率均大于裂缝生成、挤压阶段及临近滑移破坏阶段，说明在激烈滑移破坏阶段之前，散体所产生的裂缝不断扩大，并形成宏观破坏面，滑体内积累了巨大的能量，待散体开始激烈滑移时，废石摩擦波导杆所产生的声发射强度远大于其他三个阶段。当有声发射活动频繁持续出现时，时间-声发射事件率图像中曲线急剧上升。具体参数值如图 3.5(a) ～ (d) 所示，激烈滑移时事件率急剧增大，达到的最大值分别为 152 个/s、139 个/s、151 个/s、146 个/s，之后又分别突然突降为 21 个/s、24 个/s、19 个/s、16 个/s，并在滑移破坏之后的阶段，事件率值分别进一步降低到 7 个/s、9 个/s、8 个/s、5 个/s。

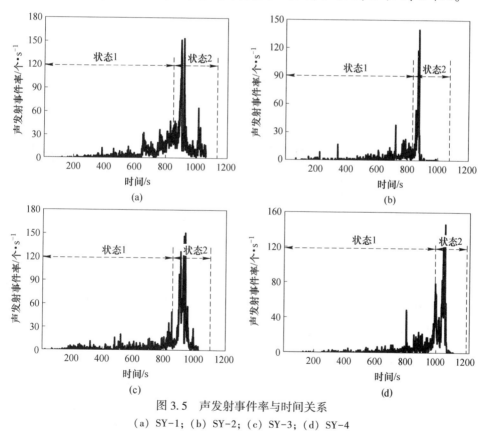

图 3.5　声发射事件率与时间关系
（a）SY-1；（b）SY-2；（c）SY-3；（d）SY-4

根据排土场滑移破坏过程试验现象的观察及记录，进入状态 2 前期中的临近滑移阶段，坡面会伴随着大范围的废石滚动，可作为激烈滑移破坏的前兆。因此，为了能够更加详细地分析滑移破坏过程中声发射参数特征变化，尤其是滑移破坏前的变化情况，现对激烈滑移破坏前期声发射事件率随时间的变化关系进行分析，如图 3.6 所示。

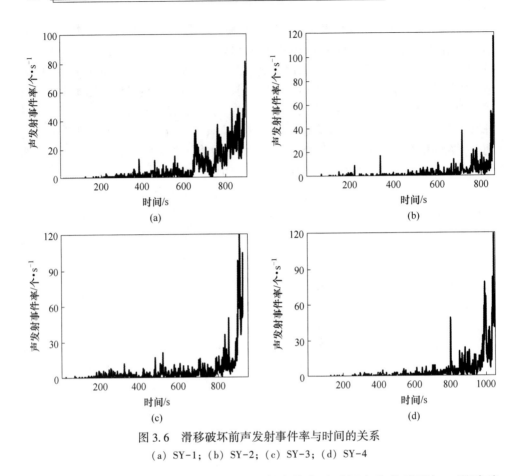

图 3.6　滑移破坏前声发射事件率与时间的关系
（a）SY-1；（b）SY-2；（c）SY-3；（d）SY-4

由图 3.6 所示的激烈滑移破坏前声发射事件率随时间变化曲线可知，滑移破坏前声发射事件率是连续的，说明破坏前声发射现象会连续产生，尽管声发射事件率的数值较小。当声发射事件率曲线出现突然快速增长时，可作为大规模滑移破坏前的预测信号。

3.4.3　声发射能率

图 3.7 所示为排土场滑移破坏过程中声发射能率随时间的变化情况。可以看出，图 3.7（a）~（d）4 组试验在同等试验条件下，几乎只能看到在状态 2 后期的激烈滑移阶段 AE 能率达到峰值处大小，而在裂缝生成、挤压、临近滑移破坏等阶段其 AE 能率的大小几乎可以忽略不计，即试验前期的声发射能率几乎没有数据，出现一段声发射"平静期"。造成上述"平静期"的原因主要是由于这段时间只发生小规模破坏，而小规模破坏所产生的声发射能量很小，尤其是相对于激烈滑移阶段中的大规模滑移破坏而言。对比声发射能率数值大小可知，在激烈滑移阶段其声发射能率均远远大于裂缝生成、挤压阶段及临近滑移破坏阶段，说明在激烈滑

移破坏阶段之前，滑体内积累了巨大的能量，待排土场开始激烈滑移时，所产生的声发射强度远大于其他三个阶段。当大量的声发射活动持续出现时，时间-声发射能率图像中曲线急剧上升。具体参数值如图 3.7(a) ~ (d) 所示，激烈滑移时能率急剧增大，达到最大值分别为 $7.30 \times 10^4 \text{mV} \cdot \text{μs/s}$、$1.28 \times 10^5 \text{mV} \cdot \text{μs/s}$、$1.76 \times 10^5 \text{mV} \cdot \text{μs/s}$、$1.57 \times 10^5 \text{mV} \cdot \text{μs/s}$，之后又分别突然突降为 $642 \text{mV} \cdot \text{μs/s}$、$931 \text{mV} \cdot \text{μs/s}$、$719 \text{mV} \cdot \text{μs/s}$、$521 \text{mV} \cdot \text{μs/s}$，并在滑移破坏之后的阶段，能率值分别进一步降低到 $75 \text{mV} \cdot \text{μs/s}$、$54 \text{mV} \cdot \text{μs/s}$、$71 \text{mV} \cdot \text{μs/s}$、$121 \text{mV} \cdot \text{μs/s}$。

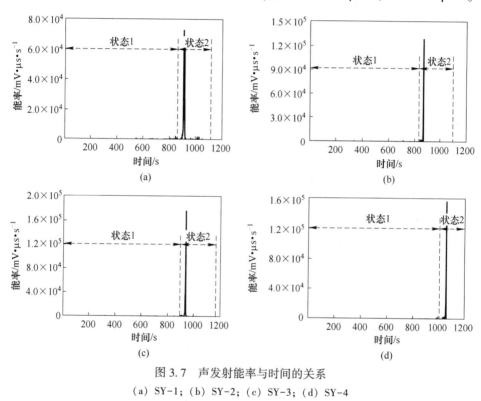

图 3.7　声发射能率与时间的关系
(a) SY-1；(b) SY-2；(c) SY-3；(d) SY-4

根据上述试验过程中声发射能率随时间变化的关系曲线图可得，试验过程出现一段声发射"平静期"，为了解这段"平静期"的声发射能率特征，现对大规模破坏前的声发射能率随时间的变化关系进行分析，如图 3.8 所示。

分析图 3.8 所示的激烈滑移破坏前的声发射能率随时间变化的曲线可知，上述试验过程出现声发射"平静期"的这段区间蕴含着重要的信息，即排土场的破坏程度能通过声发射能率的变化来表征。根据试验现象的描述，"平静期"这段区间主要发生小规模滑移破坏，所产生的声发射能量不显著，当临近滑移破坏阶段时（图 3.8 中末端曲线），声发射能率曲线出现快速增长现象，预示即将发生大规模滑移破坏。

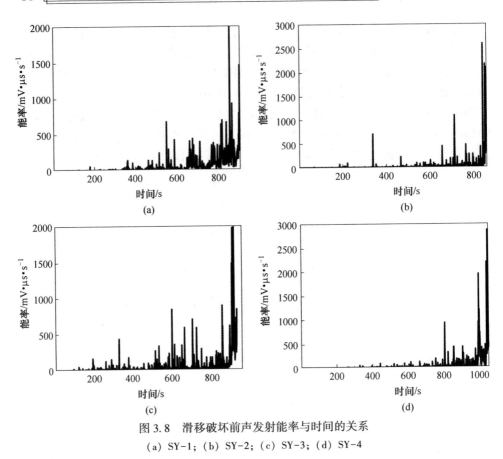

图 3.8　滑移破坏前声发射能率与时间的关系

（a）SY-1；（b）SY-2；（c）SY-3；（d）SY-4

3.4.4　声发射振铃计数率

图 3.9 所示为排土场滑移破坏过程中声发射振铃计数率随时间的变化情况。可以看出，与上述 AE 能率的随时间变化的关系曲线相类似，图 3.9（a）～（d）4 组试验在同等试验条件下，也只能看到状态 2 后期的激烈滑移阶段 AE 振铃计数率数值的大小，同样在裂缝生成、挤压、临近滑移破坏等阶段其 AE 振铃计数率的大小几乎可以忽略不计，试验前期几乎没有声发射振铃计数率，也出现一段声发射"平静期"。其原因，上述 AE 能率随时间变化的关系曲线已做说明，不再赘述。对比声发射振铃计数率数值大小可知，在激烈滑移阶段其声发射振铃计数率远大于裂缝生成、挤压阶段及临近滑移破坏阶段，具体参数值如图 3.9（a）～（d）所示。激烈滑移时振铃计数率急剧增大，达到的最大值分别为 6.67×10^4 个/s、5.35×10^4 个/s、6.89×10^4 个/s、6.95×10^4 个/s，之后又分别突然突降为 847 个/s、469 个/s、450 个/s、350 个/s，并在滑移破坏之后的阶段，振铃计数率值分别进一步降低到 112 个/s、85 个/s、75 个/s、56 个/s。

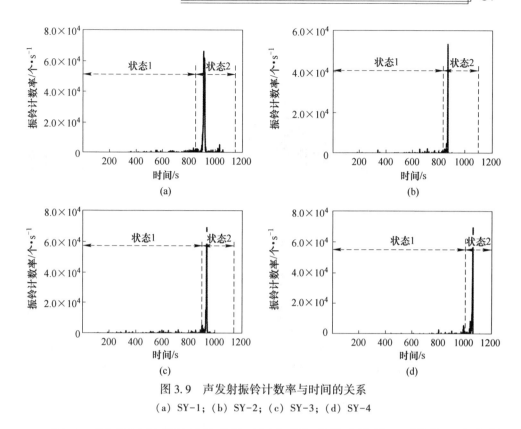

图 3.9　声发射振铃计数率与时间的关系
（a）SY-1；（b）SY-2；（c）SY-3；（d）SY-4

同时，为了解上述振铃计数率随时间变化相关性曲线的"平静期"声发射振铃计数特征，对大规模破坏前的声发射振铃计数率随时间变化规律进行分析，如图 3.10 所示。

分析图 3.10 所示的激烈滑移破坏前的声发射振铃计数率与时间变化的相关性曲线可知，与上述激烈滑移破坏前声发射能率曲线的变化规律相类似，振铃计数率和堆积体破坏的程度密切相关。根据试验现象的描述，"平静期"这段区间主要发生小规模滑移破坏，所产生的声发射振铃计数不显著，当进入状态 2 前期的临近滑移破坏阶段时，声发射振铃计数曲线出现快速增长现象，预示即将发生大规模滑移破坏。

总结声发射参数与时间的变化的相关性可知，在整个滑移破坏试验过程中，其声发射参数特征的变化极为相似，即处于状态 1 中的裂缝生成阶段、挤压阶段时，声发射活动不够明显，坡体表面伴随着小规模的碎石滚动，声发射参数数值较小；当进入状态 2 前期的临近滑移破坏阶段时，声发射活动比较活跃，坡体表面出现大面积碎石滚动，声发射参数数值快速增大；并在状态 2 后期的激烈滑移破坏阶段开始出现大规模滑移破坏，声发射活动非常活跃，声发射参数迅速升高到最大值，滑移破坏完成后声发射参数值又迅速下降。

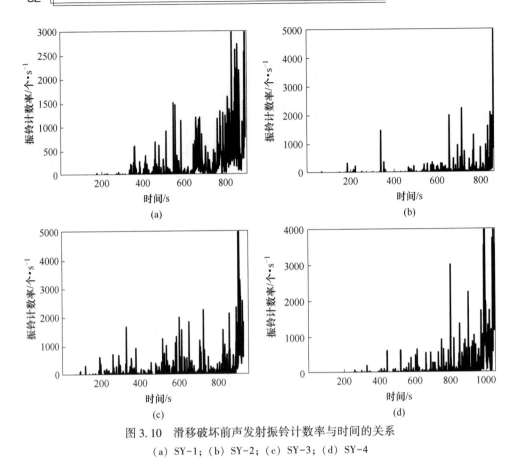

图 3.10   滑移破坏前声发射振铃计数率与时间的关系

(a) SY-1；(b) SY-2；(c) SY-3；(d) SY-4

3.5   排土场模型滑移破坏过程累计声发射参数变化特征

3.5.1   累计声发射事件率

图 3.11 为累计 AE 事件率–时间的关系图。如图 3.11（a）~（d）所示，4 组试验在同等试验条件下尽管在局部存在一定的差异，但它们的累计 AE 事件率变化特征基本趋于一致。即排土场在状态 1 前期的裂缝生成阶段时，累计 AE 事件率均较小，主要是由于这个阶段几乎没有裂缝扩展，声发射活动不明显，产生的声发射事件较少；随着注水量的逐渐增加，排土场处于状态 1 后期的挤压阶段，此时排土场内部裂缝相互贯通，声发射活动较活跃，累计 AE 事件率逐渐增多；当注水量继续增加，在排土场即将失稳破坏之前，即到了状态 2 前期的临近滑移阶段时，滑体逐渐脱离软弱层，AE 活动非常活跃，累计的 AE 事件率开始出现快速增长的现象；当到达状态 2 后期的激烈滑移失稳阶段，此时累计的 AE 事件率表现出迅速增加的特征，这与上述 AE 事件率的剧增点一一对应，该阶段累计的 AE 事

件率达到最大值。以上试验参数表明，排土场内部破坏的过程可以用累计 AE 事件率的变化规律反映，并且它们之间的各个阶段还具有一一对应的关系。

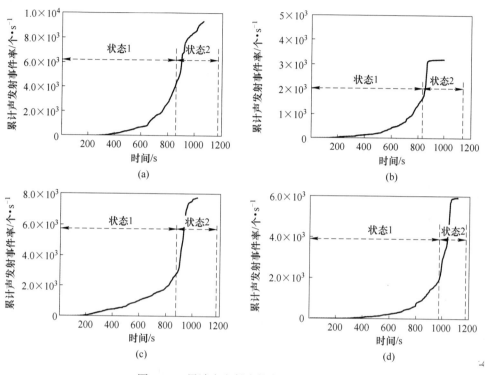

图 3.11　累计声发射事件率与时间的关系
(a) SY-1；(b) SY-2；(c) SY-3；(d) SY-4

3.5.2　累计声发射能率

图 3.12 为累计 AE 能率-时间关系图。如图 3.12(a) ~ (d) 所示，与上述累计 AE 事件率-时间的关系图相比较，累计 AE 能率在状态 2 后期激烈滑移阶段的增速急剧上升，而累计 AE 事件率在该阶段的增速更缓慢，但总体上整个过程中累计 AE 能率变化特征基本趋于一致。即排土场在状态 1 前期的裂缝生成阶段，累计 AE 能率均较小，主要是由于这个阶段声发射活动不明显，也没有裂缝扩展，产生的声发射能率较小；随着注水量的逐渐增加，排土场处于状态 1 后期的挤压阶段，此时排土场内部裂缝逐渐扩展，声发射活动有所增强，累计 AE 能率逐渐增多；当注水量继续增加，在排土场即将失稳破坏之前，即到了状态 2 前期的临近滑移阶段时，排土场逐渐脱离软弱面，声发射活动非常活跃，此时累计 AE 能率出现快速增长的现象；当排土场到达状态 2 后期的激烈滑移失稳阶段时，累计 AE 能率会出现剧增现象，这与上述 AE 能率的剧增点一一对应着，并在该阶段累

计 AE 能率达到最大值。以上试验参数表明，排土场内部破坏的过程可以用累计 AE 事件率的变化规律反映，并且它们之间的各个阶段还具有一一对应的关系。

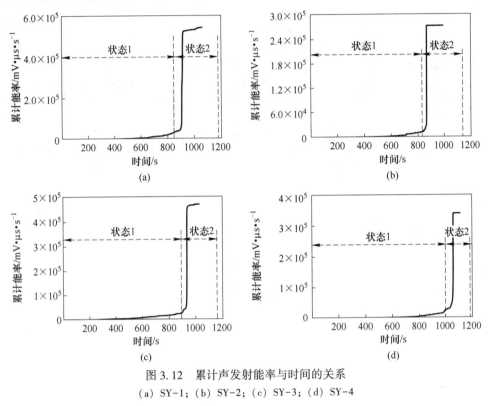

图 3.12　累计声发射能率与时间的关系
(a) SY-1；(b) SY-2；(c) SY-3；(d) SY-4

3.5.3　累计声发射振铃计数率

图 3.13 为累计 AE 振铃计数率随时间变化曲线图。如图 3.13(a) ～(d) 所示，累计 AE 振铃计数率的变化特征与上述累计 AE 能率的变化特征基本趋于一致，同样也是在状态 2 后期的激烈滑移阶段出现垂直线性剧增。整个试验过程的具体表现如下：排土场在状态 1 前期的裂缝生成阶段时，累计 AE 振铃计数率均较小，主要是由于这个阶段声发射活动不明显，产生的声发射振铃计数较少；随着注水量的逐渐增加，排土场处于状态 1 后期的挤压阶段，此时排土场内部裂缝逐渐扩展，声发射活动比较活跃，累计 AE 振铃计数率逐渐增多；当注水量继续增加，在排土场即将失稳破坏之前，即到了状态 2 前期的临近滑移阶段时，排土场内部裂缝迅速扩展，并逐渐脱离软弱面，此时的声发射活动非常活跃，累计的 AE 振铃计数率出现快速增长的现象；当排土场到达状态 2 后期的激烈滑移失稳阶段时，累计 AE 振铃计数率会出现剧增的现象，这与上述 AE 振铃计数率的剧增点一一对应，并在该累计 AE 振铃计数率阶段达到最大值。以上试验参数表

明，排土场内部破坏的过程可以用累计 AE 事件率的变化规律反映，并且它们之间的各个阶段还具有一一对应的关系。

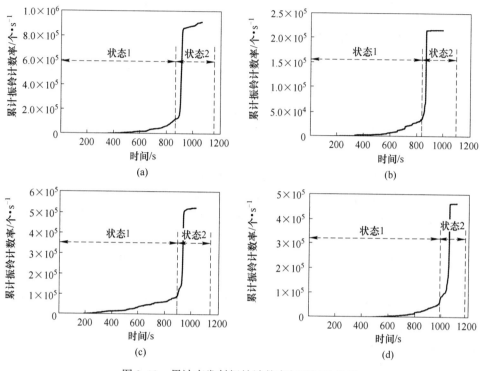

图 3.13　累计声发射振铃计数率与时间的关系
（a）SY-1；（b）SY-2；（c）SY-3；（d）SY-4

综上所述，累计声发射参数随时间的增加呈增大趋势，表现为：试验初期 AE 活动不明显，累计 AE 参数值较小，试验中期 AE 活动较活跃，累计声发射参数值有所增大，试验后期 AE 活动非常频繁，累计声发射参数急剧增大。按照在整个试验过程中累计声发射参数变化的趋势，可分为以下 4 个阶段：较小阶段、缓慢增加阶段、快速增加阶段、急剧增加阶段。同时结合排土场滑移破坏全过程的试验现象可知，排土场破坏的不同阶段可通过累计声发射参数来体现，上述 4 个阶段基本与排土场滑移破坏过程所经历的 4 个阶段相对应：裂缝生成阶段、挤压阶段、临近滑移破坏阶段、激烈滑移破坏阶段。

3.6　不同位置声发射参数特性对比分析

在本次试验过程中，排土场破坏程度有大有小，有的只发生在小部分范围内，有的则是大面积的失稳塌陷滑坡，现场也是这种情况。因此试验采用了 3 根波导杆和 3 个声发射传感器共同监测散体模型破坏过程，以保证试验数据的稳定性和准确性。

本节对以上散体模型测得的 3 个不同位置声发射信号的特征参数进行分析比较，包括 AE 事件数、能量及振铃计数，力求找出其中的相关性，以找到可以估测排土场破坏规模的方法，为散体声发射监测提供可靠依据，指导现场生产。

3.6.1　声发射参数对比分析

根据前述波导杆的布置情况（见图 2.8）可知，布置在排土场模型的顶部，该测点主要是监测顶部破坏时所产生的声发射信号；2 号波导杆布置在 1 号波导杆和 3 号波导杆之间的等分点，该测点监测到的信号受坡面中部及顶部位置破坏时的共同影响；3 号波导杆布置在模型坡面的底部，该测点监测到的信号受整个模型破坏的影响。图 3.14~图 3.16 是试验组 SY-1 在 3 个测点试验过程中所监测到的声发射参数对比图，主要包括事件率、能率及振铃计数率。通过比较 3 个测点的声发射参数的数值，整个排土场滑移破坏过程中，3 个测点声发射参数在峰值处的数值差别很大，其中 3 号测点的峰值处的声发射参数数值明显大于 2 号测点，1 号测点的声发射参数数值为最小。具体峰值处的声发射参数值如下：1 号、2 号、3 号峰值处的事件率分别为 145 次/s、147 次/s、169 次/s；能率分别为 $2.75 \times 10^4 \mathrm{mV} \cdot \mu\mathrm{s/s}$、$6.0 \times 10^4 \mathrm{mV} \cdot \mu\mathrm{s/s}$、$7.6 \times 10^4 \mathrm{mV} \cdot \mu\mathrm{s/s}$；振铃计数率分别为 4.5×10^4 个/s、6.7×10^4 个/s、7.0×10^4 个/s。同时在激烈的大面积破坏时，3 个测点所监测到的声发射信号明显增强，具体表现为声发射事件率、能率及振铃计数率的数值明显增大。

综合对比分析声发射参数结果可知，每次小型破坏发生时，各测点声发射信号的强度及出现的时间存在一定的差异。从图 3.14 声发射事件率对比可知，同一时间在不同测点所表现出来的声发射事件率的大小不同，2 号测点最早出现声发射信号，这说明了小规模破坏发生时的最早位置出现在坡体的中部。而从图 3.15 声发射能率对比可知，在发生小规模破坏时，的确不能在图中得到体现，主要是由于大面积滑移破坏所产生的能率要远大于小型破坏所产生的能率，图 3.16 所示声发射振铃计数率对比的情况也是如此。总的来说，3 号测点的声发射信号最强，更能代表整体滑移破坏的结果，但 3 个测点的综合分析更能反映排土场滑移破坏的情况。

3.6.2　累计声发射参数对比分析

排土场滑移破坏整个过程中 3 个测点的累计声发射参数曲线见图 3.17。与上述声发射参数的变化特征一样，累计声发射参数的增量在各阶段的变化规律相一致，并且总体随时间的增加呈增大趋势。比较 3 个测点累计声发射参数的大小可知，坡底 3 号杆位置的累计声发射参数值最大，坡中 2 号杆位置的累计声发射参数值次之，坡顶 1 号杆位置的累计声发射参数值最小。具体数值的大小以累计事

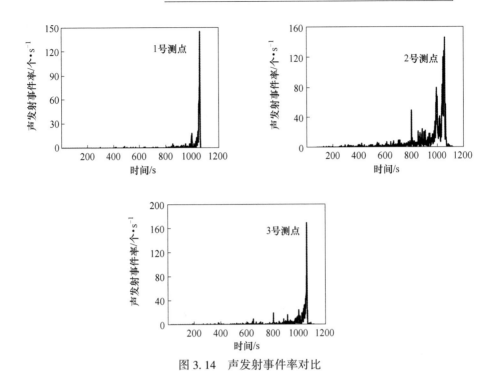

图 3.14 声发射事件率对比

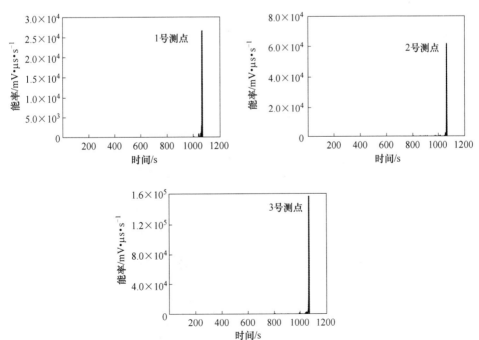

图 3.15 声发射能率对比

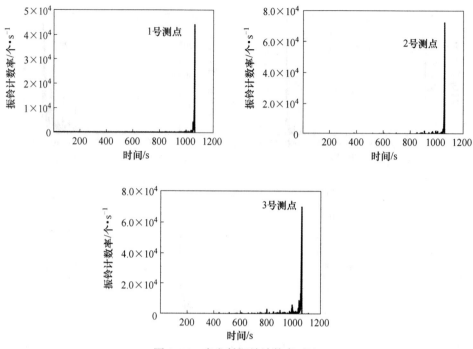

图 3.16 声发射振铃计数率对比

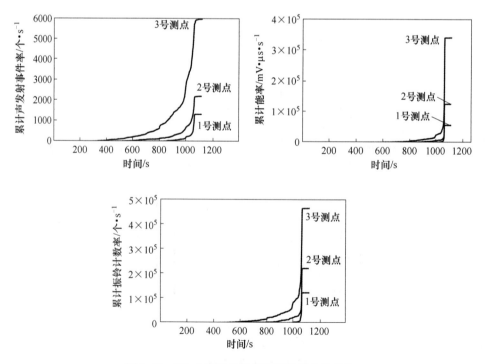

图 3.17 SY-1 不同位置累计声发射参数对比

件率为例，坡底 3 号杆位置的累计事件率大小为 6000 个/s，坡中 2 号杆位置的累计事件率大小为 2250 个/s，坡顶 1 号杆位置的累计事件率大小为 1350 个/s。从上述累计声发射参数的分析结果可知，坡底 3 号杆位置累计声发射参数值要远大于 1 号、2 号杆位置，同样也说明 3 号杆位置的声发射信号强度最大，3 个测点的综合分析更能代表排土场整体滑移破坏的情况。

综上所述，在生产实际运用中，滑移破坏的位置具有随机性，排土场边坡的不同位置发生滑移破坏时，与破裂面最近的波导杆就会先接收到 AE 信号，当所有监测点都有声发射信号并突然增强时，预示有大规模滑移破坏的发生。因此通过监测在不同位置波导杆的 AE 信号可以预测失稳破坏发生的范围及规模。同时由于不同位置滑移破坏时的声发射特征参数相差很大，在今后投入生产实际运用中，如以声发射特征参数的大小做破坏规模的分析，则不同位置的破坏规模所对应的声发射特征参数的大小不同。

3.7 本章小结

本章通过对试验现象和破坏过程的描述及记录、AE 试验结果参数分析等方法，可得出以下结论：

（1）排土场滑移破坏是循序渐进及能量累计的过程，即大规模破坏前，边坡面一定会出现大范围的废石滚动，这种现象可作为大规模滑移破坏的前兆。

（2）排土场声发射活动伴随着整个滑移破坏过程，表现为临近滑移破坏前，声发射活动不明显，声发射参数及累计声发射参数均很小，而在进入激烈滑移破坏阶段时，声发射参数及累计声发射参数将会迅速增加。

（3）声发射幅值的变化可以在一定程度上揭示散体内部状态的演化过程。整个试验过程中，声发射幅值的变化范围为 35~100dB（门槛值设置为 35dB）。临近滑移破坏前，声发射幅值为 35~60dB，进入滑移破坏阶段时，伴随有高幅值的声发射事件出现，并在激烈滑移破坏阶段达到最大值，声发射幅值接近 100dB。

（4）声发射能率及振铃计数率的变化与破坏规模的大小密切相关，局部小规模的破坏与大规模滑移破坏相比，并不能引起声发射能率及振铃计数率显著的变化，在数值大小的比较上也显得微乎其微，继而导致试验前期出现一段声发射"平静期"。

（5）排土场内部破坏的过程与累计 AE 事件率的变化规律一一对应。按照在整个试验过程中累计声发射参数增加的趋势，可分为以下 4 个阶段：累计声发射参数较小阶段、累计声发射参数缓慢增加阶段、累计声发射参数快速增加阶段和累计声发射参数急剧增加阶段。同时，结合排土场滑移破坏全过程的试验现象可知，排土场破坏的不同阶段可通过累计声发射参数来体现，上述 4 个阶段基本与散体滑移破坏过程所经历的 4 个阶段相对应：裂缝生成阶段、挤压阶段、临近滑移阶段、激烈滑移破坏阶段。

(6) 通过对不同位置声发射参数及累计声发射参数的对比分析可知，不同位置的声发射特征参数存在明显差异，其中处于坡底 3 号测点声发射的信号最强，并且综合 3 个测点分析更能反映排土场滑移破坏的情况。同时，根据不同位置声发射信号出现的时间先后，能够预判出破坏发生的范围，当所有监测点都有声发射信号并突然加强时，预示将有大规模的滑移破坏发生。

第 4 章　排土场模型破坏过程的导波声发射分形维数及 $\boldsymbol{\Sigma N/\Sigma E}$ 值特征

4.1　引言

前文主要是从声发射探头在散体破坏过程中采集到的特征参数以及经过后期处理得到的累计声发射特征参数的角度，对排土场滑移从开始到破坏之间所产生的声发射信号进行分析，但还不能完整地揭示排土场滑移破坏过程中，其内部具体的发展过程。早期有关声发射方面的研究表明，岩石破坏过程中声发射分形维数 D 值的增大或减小可将岩石试件内部损伤破坏的情况反映出来，如文献 [62] 分析了现场岩体声发射参数的分形特征。研究表明，在评价岩体失稳的各类指标中，声发射参数分形维值相比其他指标更为有效。岩体失稳前，声发射参数分形维数出现下降趋势。同时，Hall S A[63] 及 Byun Y S [64] 等提出了 $\sum N/\sum E$（累计声发射事件数/累计声发射能量）比值的概念，研究表明，$\sum N/\sum E$ 值在岩体破坏前处于一较低水平，因此，$\sum N/\sum E$ 值的变化也能较好地反映出岩体破坏程度的大小。

综上，分形维数 D 及 $\sum N/\sum E$ 值的变化能够作为评价岩体破坏的有效指标。然而对于排土场这类松散介质堆积体，其滑移破坏过程是否具有分形特征？同时，分形维数 D 值及 $\sum N/\sum E$ 值的大小变化能否揭示滑移破坏过程？这部分内容将在本章做重点介绍。

4.2　分形特征分析

4.2.1　关联维数的计算

分形（fractal）是指子集与全集在某种方面上的相似性[65]。它反映的是物体自有的属性，建立在自相似或自仿射性的根本之上，所研究的物体在构成上具有标度不变性。关联维数能定量地揭示事物内部构造的复杂程度，可作为显示分形结构的一个不可或缺的特征参数[66]。分形维数计算是分形特征研究的核心内容。分形维数增大表明事物向混沌状态发展；反之，则说明事物发展逐渐趋于有序状态。本章选取 G-P 算法求解关联分形维数，分析探究关于排土场在破坏过程中

·　·

所产生的声发射信号的分形特征。文献［67］展示了如何利用 G-P 算法去求解关联维数，具体内容如下：

设观测得到时间序列 $\{x_k: k = 1, 2, \cdots, N\}$ ，将其导入到 m 维欧氏集合 R^m 中可得到一个向量的集合（点集） $J(m)$ ：

$$X_n(m, \tau) = (x_n, x_{n+\tau}, \cdots, x_{n+(m-1)\tau}), \quad n = 1, 2, \cdots, N_m \tag{4.1}$$

式中, $\tau = k\Delta t$ ，为固定步长， Δt 两次相邻采样时间的步长，将 k 取整：

$$N_m = N - (m - 1)\tau \tag{4.2}$$

从 N_m 个点中随机选取一个参考点 X_i ，得到剩余 $N_m - 1$ 个点与 X_i 的间距，推出

$$r_{ij} = d(X_i, X_j) = \Big[\sum_{i=0}^{m-1} (x_{i+l\tau} - x_{j+lh})^2 \Big]^{1/2}, \quad j = 1, 2, \cdots, N_m \tag{4.3}$$

对所有 X_i ， $(i = 1, 2, \cdots, N_m)$ 循环该步骤，可以推出关联积分的表达式

$$C_m(r) = \frac{2}{N_m(N_m - 1)} \sum_{i,j}^{N_m} H(r - r_{ij}) \tag{4.4}$$

式中, H 为 Heaviside 函数，取值计算如下：

$$H(x) = \begin{cases} 1, & x > 0 \\ 0, & x \leqslant 0 \end{cases} \tag{4.5}$$

Grassberger 以及 Procaccia 证得，当 $r < m$ 时（ m 充分小），关联积分表达式趋于

$$\ln C_m(r) = \ln C - D(m)\ln r \tag{4.6}$$

则 R^m 所包含的子集 J_m 的关联维数为

$$D(m) = -\lim_{r \to 0} \frac{\partial \ln C_m(r)}{\partial \ln r} \tag{4.7}$$

嵌入维数 m 的取值对声发射关联分维 D 值有较大影响。因此，计算过程都取相同的 m 值。当 m 取值逐渐增大时， D 值趋于稳定，此时的 m_{min} 可确定为 m 取值。

在获得固定的 m 值后，按式（4.1）通过时间序列对接收到的声发射的参数进行相空间重构，通过式（4.2）可以得到各个点的相隔间距 r_{ij} ，计算出最小和最大的值，即可求出 Δr 。

$$\Delta r = \frac{r_{ij}(\max) - r_{ij}(\min)}{k} \tag{4.8}$$

根据式（4.4）求得关联积分函数；对 r_{ij} 和 $C_m(r)$ 取对数，再以 $\ln r_{ij}$ 为横坐标、 $\ln C_m(r)$ 为纵坐标进行拟合，所得拟合曲线的斜率 $\tan\theta$ 即为该区段的关联维数值。

4.2.2　m 值确定及分形特征判断

从以上分析可知，相空间维数 m 值对分形维数的计算过程产生重要影响。文献 ［66］ 分析了重构相空间维数 m 的最优取值原则。以 50 个声发射时间序列的数据作为一个单位，通过计算获得一个声发射关联维数值，相邻两次取样的时间间距 Δt 取 4，在一般情况下 k 取值为 10~20，这里 k 的取值为 15。将声发射振铃计数时间序列作为例子，分别求得末端 50 个数据 m 值 2~8 的关联维数 D 的值，见图 4.1。从图中不难得到，当 m 的取值为 2~5 时，关联维数 D 将呈现线性变化，最终确定 m 的取值为 3。

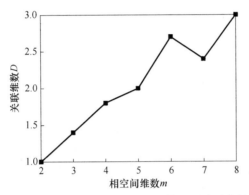

图 4.1　相空间维数 m 与关联维数 D 的关系曲线

为了评判排土场模型试验破坏过程声发射各特征参数分形特征是否存在，对获得的末端 50 个声发射数据，各自求得其振铃计数、幅值、能量的关联维数。图 4.2 所示为各参数计算出的 $\ln r$ 与 $\ln C(r)$ 关系曲线。

由图 4.2 可知，声发射幅值和能量的 $\ln r$ 与 $\ln C(r)$ 的曲线与拟合曲线之间的相关性系数在 0.95 以上，而相比之下振铃计数率的相关系数仅有 0.8957。由此结果可以证明，声发射幅值和能量序列在时间域上具有分形特征，而声发射振铃计数分形特征不明显。

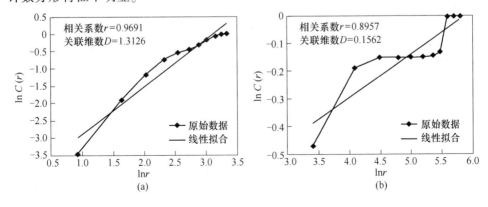

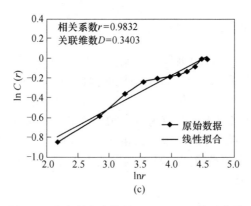

图 4.2　声发射各参数的 $\ln r\text{-}\ln C(r)$ 关系曲线

（a）幅度的 $\ln r\text{-}\ln C(r)$ 关系曲线；（b）振铃计数的 $\ln r\text{-}\ln C(r)$ 关系曲线；

（c）能量的 $\ln r\text{-}\ln C(r)$ 关系曲线

4.2.3　声发射分形关联维数计算结果及分析

相空间维数 m 取值为 3，同时考虑到声发射分形维数的计算相对耗时，本节取 50 个声发射能量数据来计算其中一个分形维数。由于在整个排土场滑移破坏过程中所产生的声发射次数并不是 50 的整数倍，因此在取 50 作为计算一个分形维数的样本容量时，必然会产生截尾现象。通过前面对声发射幅值、振铃计数率、能率的讨论可知，声发射幅值、振铃计数率、能率在临近滑移破坏时会明显增大。因此，本节中某阶段滑移过程中的最后一个分形维数的样本容量为 50 加上截尾数据。同时考虑到，排土场滑移破坏过程中声发射现象明显，对所得到的声发射幅值、能量分形维数进行了平均处理，即先按一定的步距对整个声发射分形维数进行分组，而后对步距范围内的声发射分形维数求其平均值，在试验全过程有关计算分析中，排土场破坏产生的声发射幅值、能量的时间序列的分形维数，取各组数据的中间值为横坐标，取关联维数为纵坐标，即可得到关联维数随时间的变化情况。见图 4.3 和图 4.4。

通过对比分析图 4.3（a）、图 4.4（a），图 4.3（a）中声发射能量及幅值的关联维数的时序变化整体给人的感觉有些"混乱"，这是因为试验是持续不断的，试验过程的 1200s 内产生了不同程度的破坏。具体表现为在大规模滑移破坏之前，有很多小规模的破坏，即少量碎石滑动，且小规模破坏间隔时间很短，每次破坏的分界线不是很明显。而且采集到的大量数据产生的时间都趋近于大滑移破坏期间，产生"混乱"的原因是计算出的关联维数都趋于在大滑移期间。仔细分析，尽管幅值与能量的关联维数曲线两者大小有出入，但在破坏前后，一般都会出现关联维数值先变大后变小的现象，说明破坏前声发射信号的有序性变弱，混沌性变强，随着关联维数值变大，声发射将开始出现群集现象；破坏完成后，随着关联维数值的变小，说明破坏后声发射有序性变强，混浊性变弱，即分形维数值变小，声发射表现出离散性，排土场边坡从破坏时的声发射群集现象减弱。

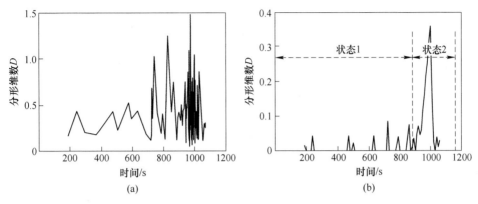

图 4.3 声发射能量分形维数数据处理
（a）取平均值前；（b）取平均值后

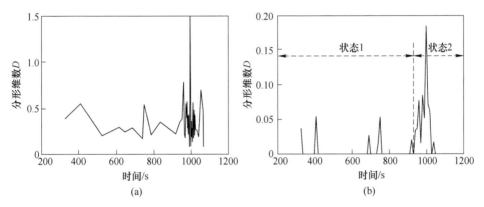

图 4.4 声发射幅值分形维数数据处理
（a）取平均值前；（b）取平均值后

图 4.3(b) 及图 4.4(b) 所示为取平均值之后，排土场边坡从稳固到滑移破坏的整个声发射能量及幅值分形维数曲线的变化情况。由于两图中分形维数曲线的变化规律相类似，因此下面仅以图 4.3(b) 说明。根据试验现象的观察可得，大规模滑移破坏之前会发生多次小规模破坏，如按时间划分，小规模破坏大多都集中发生在 900s 之前，即都处于状态 1 中的裂缝生成及挤压阶段；大规模滑移破坏发生在（900~1100s）这段时间，处于状态 2 中的临近滑移及激烈滑移阶段。由图 4.3(b) 能量分形维数取平均之后的曲线可得，整个试验滑移破坏过程中出现多次分形维数值突升突降的过程，即图中所对应的凸起，且 900s 之前状态 1 中的每一次小规模的破坏或零星碎石的滑落都对应一个小的凸起。如 230s

左右的第一个小凸起，470s 左右的第二个小凸起等。为了便于分析滑移过程的分形特征，以大规模滑移破坏时间段（900~1100s）为重点分析对象，分析可得：在状态 2 的初期阶段（900~930s），声发射分形维数水平很低，起止分形维数的最低值几乎为 0，而后声发射分形水平有所提高，分形维数从 0 增大至 0.0718；在状态 2 的中期阶段（930~1000s），声发射分形维数水平继续增大并达到最大值，分形维数从 0.0718 增大至 0.3596；在状态 2 中的最后（1000~1100s），分形维数又开始呈递减趋势，分形维数从 0.3596 降低到 0.0036。

综上分析可知，声发射分形维数在临近滑移阶段出现最大值，并且之后会突然出现突降现象，这一现象可作为预测排土场边坡失稳破坏的前兆。

4.3　滑移破坏前后 $\sum N/\sum E$ 特征分析

Hall S A[63]提出 $\sum N/\sum E$（累计声发射事件数/累计声发射能量）比值的概念。由公式可知，该比值与单个信号累计声发射能量成反比，累计声发射能量越大则比值越小，表明能量发生密集集中，岩石出现大破坏的可能性大。使用该比值来分析岩石内部的破坏更为简便，既不需对获得的数据线性拟合处理，也不用如计算 b 值那样进行大量数据后处理。$\sum N/\sum E$ 值增大表明岩体试件内部产生了大量低能量的且与裂纹扩展或者剪切破坏相关联的声发射事件；反之，则说明其内部产生少量高能量的声发射事件，且极有可能是岩体内部结构破裂造成的。随后，Byun[64]得出类似的结论，并发现 $\sum N/\sum E$ 值在单轴压缩试验初期的裂纹拉伸或开裂阶段处于较高水平，在破坏前降到一个较低水平。文献[68]对千枚岩在单轴压缩下的声发射特性进行研究分析，并将声发射 $\sum N/\sum E$ 定义为比值 r，通过大量数据作图，认为 r 值曲线呈 U 形，即在试验初期 r 值处于较高水平；应力达到峰值强度前，r 值持续减小并保持一个相对缓慢的变化；峰值强度过后 r 值大幅度增加，因此可将 r 值用于确定试件在峰前或峰后应力状态。

上述有关 $\sum N/\sum E$ 在岩石声发射方面的研究结果表明，岩石破坏前 $\sum N/\sum E$ 的值会持续减小，并处于一较低水平。然而对于排土场这类松散介质堆积体滑移破坏前后 $\sum N/\sum E$ 的特征变化如何，是否有相类似的结果，值得进一步研究。根据文献[58，63，68]定义，记 $r = \sum N/\sum E$，其中 $\sum N$ 为累计声发射事件数，$\sum E$ 为声发射累计能量，对滑移面声发射试验所得数据进行处理分析，并根据前述试验滑移破坏过程阶段的划分，针对不同阶段的声发射 $\sum N/\sum E$ 特性进行描述，绘制声发射事件率、r 值与时间曲线图，如图 4.5 所示。

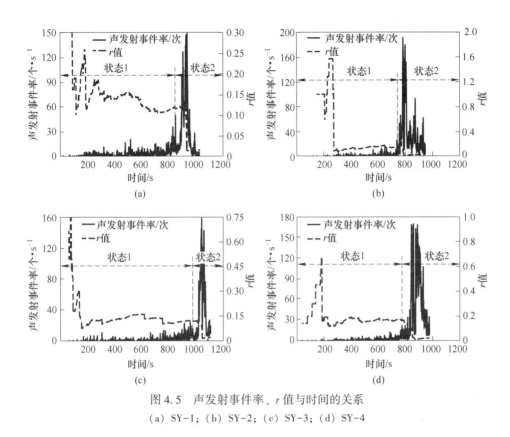

图 4.5   声发射事件率、r 值与时间的关系

（a）SY-1；（b）SY-2；（c）SY-3；（d）SY-4

分析可知，排土场边坡模型的滑移破坏是一个渐进的过程，在此过程中，注水量持续加大，使得施加到边坡模型上的下滑力也逐渐增大。当下滑力刚好等于抗滑力时，边坡模型处于临界破坏状态，坡面上伴随有少量碎石滑动；当下滑力大于抗滑力时，边坡模型处于滑移破坏失稳状态，坡面上伴随有大量碎石滑动，并出现大的滑移破坏。结合前面章节的声发射特征（以图 4.5(a) 为例），状态 1 前期的裂缝生成阶段（0～600s），内部产生的声发射事件数较少，声发射活动较弱；状态 1 后期挤压阶段（600～850s），由于废石内部摩擦较上一阶段更加激烈，声发射活动比较活跃，声发射事件有所增加；进入状态 2 前期的临近滑移破坏阶段（850～920s），声发射事件数较之前阶段明显增加；在状态 2 后期的激烈滑移破坏阶段（920s 以后），声发射事件数在 925s 左右达到最大值，此时排土场边坡开始激烈滑移破坏。由图 4.5(a) 对应的 r 值曲线可知，由于不同阶段废石内部摩擦激烈程度的不同，所产生的声发射信号有所差异，从而导致 r 值大致呈现出了"台阶状"走势。当处于状态 1 前期的裂缝生成阶段（0～600s），虽然声发射事件数少，但 r 值仍处于较高水平，这表明废石内部产生的声发射能量很低，在此期间产生了量少能低的声发射事件或者废石摩擦过程中产生的声发射信

号能量低；随着时间的推移，下滑力的增大，到了状态 1 后期的挤压阶段（600~850s），声发射事件数有所增加，但在此期间的 r 值总体较之前有所减小，说明在加载过程中，声发射信号的能量逐渐增大；进入到状态 2 前期的临近滑移破坏阶段（850~920s）阶段，r 值又向更低一级的台阶跳跃，尤其是状态 2 后期激烈滑移破坏阶段（920s 以后），虽然声发射事件很多，但能量却非常大，r 值的大小出现"断崖式"骤减。由于其他试验组声发射事件率、r 值与时间关系和图 4.5(a) 的变化规律相类似，故不再赘述。

总体而言，从上述 4 组试验声发射事件数、r 值曲线图中可得，r 值大小的变化与声发射事件数存在一定的关联性，即状态 1 前期的裂缝生成阶段，废石之间几乎无摩擦，声发射活动不明显，此时声发射事件数很小，r 值却很大；到了状态 1 后期的挤压阶段，废石之间的摩擦比较激烈，声发射活动比较活跃，此时的声发射事件数有所增大，但 r 值较上一阶段却变小；进入状态 2，尤其是状态 2 后期的激烈滑移破坏阶段，声发射活动非常活跃，声发射事件数达到最大值，此时的 r 值却出现"断崖式"骤减。因此，可以根据 r 值的变化来预测排土场模型的滑移破坏。

4.4　本章小结

（1）声发射幅值和能量的 $\ln r$ 与 $\ln C(r)$ 相关系数在 0.95 以上，而声发射振铃计数的相关系数为 0.8957。由此说明，排土场模型试验破坏声发射的幅值和能量序列在时域上具有明显的分形特征，而声发射振铃计数的分形特征不明显。

（2）声发射分形维数在临近滑移阶段的附近出现最大值，并且之后会突然出现突降现象，这一现象可作为预测排土场边坡失稳破坏的前兆，并有望对实际工程的稳定性监测起一定的借鉴作用。

（3）通过分析整个试验过程中的 r 值 $\left(\sum N \middle/ \sum E\right)$ 变化可知，r 值可以反映出试验过程中排土场模型的内部状态的变化。分析整个试验过程中 r 值的变化规律可知，排土场临近滑移破坏附近 r 值会出现"断崖式"骤减，r 值这一变化特征可作为排土场模型边坡失稳破坏的前兆判据。

第 5 章　排土场模型破坏过程的导波声发射频带能量分布特征

5.1　引言

大量研究成果表明，声发射波形信号中蕴含着大量声发射源的信息，近些年来，波形技术分析已成为声发射方面研究的新热门。文献[69]通过声发射波形分析，得到了岩石破坏以时间、幅度为特征量的瞬时频率前兆信息，为岩爆的预测提供了理论依据。文献[70]采用小波包频带能量的方法，分析了岩石 Kaiser 点及相邻点的频带能量分布规律，并得出了 Kaiser 点特征频带能量大于相邻点的重要规律。因此，本章将从波形分析的角度，研究排土场滑移破坏过程的时频特征，尤其是滑移破坏位置的频带能量分布规律。

5.2　排土场破坏过程声发射频带能量分布特征

5.2.1　频带能量分析方法的选择

在材料声发射特征的研究中，通常从两方面着手，一方面从声发射特征参数的角度，为了得到材料在变形破坏过程中的声发射特征，通常会研究声发射特征参数与应力、应变、时间的关系；另一方面从波形分析的角度，为了得到材料变形破坏过程中的声发射时频特征，相关的处理方法有傅里叶变换、短时傅里叶变换、小波分析、小波包分析等。其中，傅里叶变换的实质是将时间域上的信号经过傅里叶积分的线性运算变成频率域上的信号，在此过程中，声发射波形会被分解成大小不同的频率，而后对这些频率进行叠加：

$$X(k) = F(f_n) = \sum_{n=0}^{N-1} f_n e^{-i\frac{2\pi k}{N}n} \tag{5.1}$$

式中　f_n——声发射离散时间系列；

　　$X(k)$——系列 f_n 的傅里叶变换；

　　　n——对声发射在时间域的离散化；

　　　k——对声发射在频率域的离散化。

从式（5.1）可以看出，傅里叶变换存在两点不足之处：一是在处理声发射波形的时间域与频率域时，只能分别处理，并不能同时进行时间域与频率域的分析，即在时间域中不包括任何频率域的信息；二是傅里叶变换在时间域上无法完成局部化，即不能做到时域上的局部分析。针对上述傅里叶变换的缺陷，Dennis Gabor 提出了短时傅里叶变换，其思路主要是将待分析的信号在时间域划分成小的时间间隔。而后，分别对每个时间间隔进行傅里叶变换。短时傅里叶变换与傅里叶变换相比，在处理平稳信号方面的效果更好。然而，在处理非平稳的信号，尤其是声发射信号方面，短时傅里叶变换效果一般。针对非平稳信号，在傅里叶变换的基础上，进一步发展完善的时频分析方法有小波分析与小波包分析，与傅里叶变换和短时傅里叶变换相比，小波分析与小波包分析具有更好的时频窗口特性，即在采用小波分析与小波包分析时，时间窗口与频率窗口都是可以变化的时频局部化的分析方法。对于小波分析来说，处于低频时，虽然具有较高的频率分辨率，但是在时间分辨率上表现得较差；当处于高频状态时，与低频时截然相反，具有较高时间分辨率，但频率分辨率低。图 5.1 所示为小波与小波包分析三层树结构。从图中可以看出：对原始信号分析处理，小波分析首先将其分解为低频信号 A1 与高频信号 D1。而后，低频信号 A1 又将再次分解，分解为不同于之前低频信号 A2 与高频信号 D2，并依此类推。最终，原始信号可表达为：

$$S = A3 + D3 + D2 + D1 \tag{5.2}$$

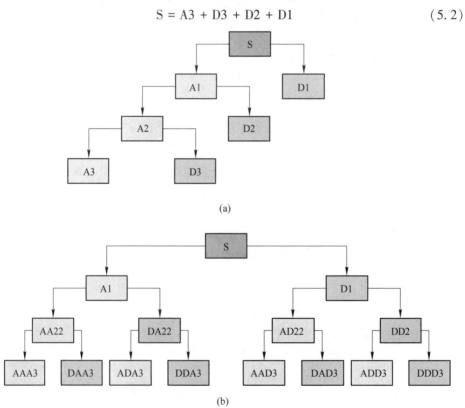

(a)

(b)

图 5.1　小波与小波包的三层树结构

（a）小波；（b）小波包

式中　　　S——原始信号，Hz；

　　　　　A3——第三层分解中的低频部分，Hz；

　　D1~D3——各层分解中的高频部分，Hz。

对小波包来说，它可以实现频带多层次划分，并对多分辨分析中未细分的高频部分做到进一步分解，还能够根据被分析信号的特征，自适应地选择相应频带，使之与信号频谱相匹配，进一步提升时频分辨率，成为一种相对小波分解的精度更高的分解方案[71]。综上，本文运用小波包分解对模拟散体边坡破坏过程中的声发射频带能量进行分析。经小波包分析后，原始信号可表达为：

$$S = AAA3 + DAA3 + ADA3 + DDA3 + AAD3 + DAD3 + ADD3 + DDD3 \quad (5.3)$$

式中　A——低频分量，Hz；

　　　D——高频分量，Hz。

5.2.2　小波包分解及各频带能量表征

根据声发射系统采样频率为 1000kHz，得到相应的奈奎斯特频率为 500kHz。选用 db3 小波基对声发射信号进行 4 层解，于是在第 4 层分解中产生的 16 个节点所对应的频带宽就将为 $\frac{500}{2^4} = 31.25$kHz。由于在小波包分解过程中，小波包系数按 Parley 顺序排列。因此，对于在第 4 层中的节点 $x(4, i)$，（$i = 0, 1, 2\cdots, 15$）所对应的频率不是按严格的递增排列。那么，为了使频率随 i 的增大而递增，根据文献[71]对小波包分解后所得到的系数进行了重新排列，并用 $N(i)$，（$i = 0, 1, 2, \cdots, 15$）表示，见表 5.1。

表 5.1　小波包树节点与频带对应关系

$N(i)$	节点	频带范围	$N(i)$	节点	频带范围
$N(0)$	$x(4, 0)$	0~31.25	$N(8)$	$x(4, 12)$	250~281.25
$N(1)$	$x(4, 1)$	31.25~62.5	$N(9)$	$x(4, 13)$	281.25~312.5
$N(2)$	$x(4, 3)$	62.5~93.75	$N(10)$	$x(4, 15)$	312.5~343.75
$N(3)$	$x(4, 2)$	93.75~125	$N(11)$	$x(4, 14)$	343.75~375
$N(4)$	$x(4, 6)$	125~156.25	$N(12)$	$x(4, 10)$	375~406.25
$N(5)$	$x(4, 7)$	156.25~187.5	$N(13)$	$x(4, 11)$	406.25~437.5
$N(6)$	$x(4, 5)$	187.5~218.75	$N(14)$	$x(4, 9)$	437.5~468.75
$N(7)$	$x(4, 4)$	218.75~250	$N(15)$	$x(4, 8)$	468.75~500

将声发射信号经 4 层分解后，令 $S_{4,j}$ 对应的能量为 $E_{4,j}$，则有[72]：

$$E_{4,j} = \int |S_{4,j}(t)|^2 \mathrm{d}t = \sum_{k=1}^{m} |x_{j,k}|^2 \quad (5.4)$$

式中，$x_{j,k}$（$j = 0, 1, 2, \cdots, 15$，$k = 1, 2, \cdots, m$）为重构信号 $S_{4,j}$ 的离散点的幅值；m 为信号离散采样点数。

那么，声发射信号的总能量 E_0 为：

$$E_0 = \sum_{j=0}^{15} E_{4,j} \tag{5.5}$$

对应地，各频带的能量占声发射信号总能量的百分比为：

$$E_j = \frac{E_{4,j}}{E_0} \tag{5.6}$$

5.2.3　各频带能量表征结果及分析

分析得到滑移破坏前的频带能量分布特征，见图 5.2。

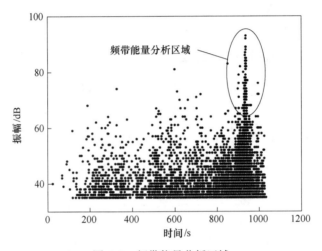

图 5.2　频带能量分析区域

表 5.2~表 5.7 分别统计了 SY-1 及 SY-2 两组试验分别在 1 号测点、2 号测点及 3 号测点位置时，其在滑移破坏位置的频带能量百分比的情况。从表中可以看出，滑移破坏时的频率主要分布为 0~250kHz。其中，取 SY-1 试验组坡顶 1 号杆位置滑移前后 10 个采样点的频带能量进行分析，可得在 0~250kHz 频带范围内，最大占总能量的 99.19%，最小占总能量的 72.80%，平均值为 86.68%；坡中 2 号杆位置的 10 个采样点中，最大占总能量的 92.29%，最小占总能量的 78.39%，平均值为 83.36%；坡底 3 号杆位置的 10 个取样点，最大占总能量的 92.64%，最小占总能量的 78.64%，平均值为 85.63%。同样地，取 SY-2 试验组坡顶 1 号杆位置滑移前后 10 个采样点的频带能量进行分析，可得在 0~250kHz 频带范围内，最大占总能量的 87.18%，最小占总能量的 71.11%，平均值为 80.12%；坡中 2 号杆位置的 10 个采样点中，最大占总能量的 97.75%，最小占总能量的 80.74%，平均值为 85.04%；坡底 3 号杆位置的 10 个采样点中，最大占总能量的 99.45%，最小占总能量的 83.93%，平均值为 88.80%。

表 5.2　SY-1-1 号杆位置滑移破坏附近声发射频带能量百分比　　（%）

频带能量/kHz	采样点幅值/dB									
	69	70	71	72	73	74	75	76	78	82
0~31.25	35.99	81.92	45.93	72.98	21.84	24.12	26.05	88.44	25.49	29.26
31.25~62.5	24.29	13.76	16.57	10.68	27.77	25.10	27.55	6.97	18.47	20.04
62.5~93.75	6.03	0.98	4.36	3.65	7.14	7.57	5.61	0.76	6.09	4.47
93.75~125	7.43	1.63	7.48	4.86	11.23	15.84	11.23	1.85	8.21	8.04
125~156.25	1.81	0.16	2.07	0.58	2.27	2.02	2.02	0.12	2.59	4.30
156.25~187.5	2.09	0.15	2.56	0.57	2.06	2.69	1.38	0.21	2.19	2.80
187.5~218.75	5.22	0.43	4.66	1.59	4.78	5.78	6.57	0.52	5.48	5.10
218.75~250	2.93	0.16	2.49	1.55	2.95	3.57	3.13	0.32	4.29	3.04
250~281.25	1.27	0.06	0.97	0.21	1.99	0.80	1.32	0.07	1.98	1.86
281.25~312.5	1.55	0.09	1.25	0.37	2.47	1.02	2.66	0.07	3.47	2.04
312.5~343.75	1.70	0.09	1.48	0.30	1.87	1.30	1.96	0.09	3.64	1.52
343.75~375	1.19	0.08	0.98	0.28	2.15	1.05	1.48	0.06	2.46	1.82
375~406.25	1.81	0.14	1.88	0.34	2.00	2.10	1.48	0.10	2.62	3.13
406.25~437.5	2.24	0.16	2.91	0.18	2.13	2.65	1.95	0.18	3.61	4.06
437.5~468.75	2.14	0.07	1.39	0.95	2.45	1.44	1.61	0.10	3.38	2.48
468.75~500	2.31	0.12	3.02	0.91	4.90	2.95	4.00	0.14	6.03	6.04

表 5.3　SY-1-2 号杆位置滑移破坏附近声发射频带能量百分比　　（%）

频带能量/kHz	采样点幅值/dB									
	72	73	74	75	76	77	78	79	80	82
0~31.25	45.09	19.96	24.61	25.47	21.93	24.47	36.99	17.81	35.29	57.23
31.25~62.5	13.24	28.63	17.10	14.93	21.02	22.72	20.89	22.45	16.06	13.80
62.5~93.75	5.30	7.32	7.19	7.29	7.01	7.69	4.86	6.85	3.98	4.22
93.75~125	9.17	15.22	13.65	12.16	17.59	11.17	10.40	16.09	9.98	8.72
125~156.25	3.94	1.03	4.41	6.14	3.01	4.34	3.49	3.78	3.86	1.93
156.25~187.5	3.01	2.64	3.92	4.64	3.29	3.11	2.82	3.53	4.20	1.75
187.5~218.75	3.04	3.91	4.80	4.00	5.13	5.52	3.00	4.64	3.56	2.90
218.75~250	2.16	5.34	5.12	3.77	4.44	3.59	3.27	4.29	4.99	1.74
250~281.25	1.18	1.44	1.49	1.28	1.03	1.20	1.11	1.68	1.88	0.55
281.25~312.5	1.24	1.26	1.59	1.61	1.11	1.13	0.93	1.53	1.38	0.62
312.5~343.75	1.44	1.18	1.80	1.51	1.95	1.50	1.02	1.97	1.95	0.63
343.75~375	1.23	1.73	1.84	1.77	1.46	1.36	0.89	1.94	1.52	0.59

续表 5.3

频带能量/kHz	采样点幅值/dB									
	72	73	74	75	76	77	78	79	80	82
375~406.25	3.37	1.87	4.13	6.14	3.51	4.35	4.03	5.52	3.12	1.95
406.25~437.5	2.52	2.48	3.09	4.43	3.03	3.48	2.62	3.60	2.61	1.37
437.5~468.75	1.84	3.42	2.12	1.75	1.93	1.71	1.75	2.16	3.02	0.70
468.75~500	2.23	2.57	3.14	3.11	2.56	2.66	1.93	2.16	2.60	1.30

表 5.4　SY-1-3 号杆位置滑移破坏附近声发射频带能量百分比　　　　（%）

频带能量/kHz	采样点幅值/dB									
	82	83	84	85	86	87	88	93	95	96
0~31.25	30.04	29.19	40.12	24.95	14.44	29.60	22.33	19.27	40.14	38.77
31.25~62.5	18.52	10.04	14.94	13.42	17.09	25.37	14.45	20.34	18.01	19.16
62.5~93.75	7.91	8.25	7.24	8.82	12.59	6.72	6.47	10.20	4.94	6.70
93.75~125	13.58	10.21	11.05	14.79	16.55	20.14	11.25	17.57	13.06	12.86
125~156.25	4.11	5.10	3.33	4.53	5.05	1.61	6.19	3.85	2.95	2.93
156.25~187.5	2.93	4.60	2.61	4.09	3.39	2.22	4.82	3.35	2.39	2.38
187.5~218.75	5.27	8.38	4.71	5.70	7.51	3.66	7.17	6.37	3.23	4.04
218.75~250	4.36	6.48	3.75	5.55	4.88	3.31	5.97	5.04	3.94	3.48
250~281.25	0.81	1.10	0.81	1.05	1.08	0.49	1.45	1.08	0.63	0.57
281.25~312.5	0.84	1.05	0.94	1.26	1.23	0.58	1.59	0.77	0.93	0.55
312.5~343.75	1.38	1.49	1.16	1.71	1.82	0.86	1.96	1.53	1.00	0.92
343.75~375	1.39	1.34	1.32	1.86	1.82	0.71	1.46	1.35	1.10	0.95
375~406.25	3.98	5.23	2.64	5.47	5.24	1.74	5.78	3.55	3.36	2.87
406.25~437.5	2.29	2.98	2.35	2.74	3.27	1.15	3.06	1.75	1.62	1.70
437.5~468.75	1.25	2.05	1.56	1.70	2.12	0.83	3.10	2.00	1.28	1.05
468.75~500	1.34	2.51	1.47	2.36	1.92	1.01	2.95	1.98	1.42	1.07

表 5.5　SY-2-1 号杆位置滑移破坏附近声发射频带能量百分比　　　　（%）

频带能量/kHz	采样点幅值/dB									
	65	67	68	70	74	77	78	80	82	88
0~31.25	26.18	36.41	34.52	22.97	40.27	29.62	28.52	37.09	15.97	23.76
31.25~62.5	18.18	18.32	14.61	19.39	18.80	20.17	18.12	24.93	19.74	22.93
62.5~93.75	4.89	6.09	7.34	7.45	5.50	6.59	5.97	4.27	7.81	5.84
93.75~125	7.22	8.22	7.91	9.09	8.82	10.31	7.79	9.22	9.33	10.54

续表 5.5

频带能量/kHz	采样点幅值/dB									
	65	67	68	70	74	77	78	80	82	88
125~156.25	2.72	2.52	2.81	3.18	2.40	2.49	2.75	1.93	3.39	2.82
156.25~187.5	2.74	2.96	2.59	3.60	2.62	3.38	3.72	2.01	2.91	3.00
187.5~218.75	4.14	5.08	5.29	6.70	5.59	6.39	5.85	4.73	6.99	6.36
218.75~250	3.80	3.70	3.48	4.82	3.43	4.35	4.78	3.01	4.98	3.41
250~281.25	2.55	0.95	1.69	1.87	0.54	1.17	1.07	1.33	1.60	1.70
281.25~312.5	4.27	1.25	2.32	2.72	0.83	1.28	1.87	1.39	2.50	2.08
312.5~343.75	3.38	1.65	2.69	2.16	1.24	1.77	1.97	1.64	3.27	2.25
343.75~375	1.97	1.18	1.44	1.38	0.54	1.10	1.79	1.16	2.00	1.46
375~406.25	2.40	2.76	3.16	3.36	2.49	2.78	3.28	1.82	3.06	3.05
406.25~437.5	5.02	3.42	3.52	4.37	2.91	3.59	4.77	1.80	5.25	3.42
437.5~468.75	2.24	1.92	2.94	3.14	1.52	1.89	2.49	1.81	3.14	2.93
468.75~500	8.30	3.57	3.69	3.80	2.50	3.12	5.26	1.86	8.06	4.45

表 5.6　SY-2-2 号杆位置滑移破坏附近声发射频带能量百分比　　　　（%）

频带能量/kHz	采样点幅值/dB									
	73	74	75	77	79	80	83	84	85	86
0~31.25	33.83	23.00	33.65	56.64	31.42	26.54	48.02	27.35	29.46	46.77
31.25~62.5	18.71	21.57	19.57	26.60	18.29	21.03	15.18	19.98	20.53	15.31
62.5~93.75	7.38	7.47	6.88	2.66	6.32	7.41	3.81	6.70	4.93	4.87
93.75~125	10.28	13.14	8.71	8.96	16.48	12.68	6.94	14.77	10.52	7.78
125~156.25	3.62	3.97	4.13	0.50	3.23	4.01	2.58	3.00	4.07	3.36
156.25~187.5	3.32	3.75	2.91	0.69	2.38	3.20	2.77	2.59	4.10	2.39
187.5~218.75	4.41	4.48	4.61	0.65	4.21	5.07	2.76	4.11	3.56	2.80
218.75~250	3.65	3.60	3.22	1.05	3.12	2.88	2.57	4.72	3.58	2.73
250~281.25	0.93	1.28	1.18	0.15	1.02	1.15	0.94	1.56	1.60	0.92
281.25~312.5	1.13	1.23	0.97	0.19	1.09	1.31	1.30	1.42	1.52	0.97
312.5~343.75	1.17	1.32	1.38	0.19	1.28	1.48	1.22	1.79	1.68	1.06
343.75~375	1.16	1.58	1.29	0.19	1.23	1.56	1.12	1.27	1.70	1.13
375~406.25	4.01	4.93	4.23	0.46	3.48	4.50	3.20	2.93	3.85	3.13
406.25~437.5	2.70	3.90	3.35	0.43	2.66	3.08	2.87	3.09	3.66	2.85
437.5~468.75	1.38	1.62	1.38	0.29	1.58	1.51	1.42	2.00	2.15	1.41
468.75~500	2.32	3.16	2.54	0.35	2.21	2.59	3.30	2.72	3.09	2.52

表 5.7　SY-2-3 号杆位置滑移破坏附近声发射频带能量百分比　　　（%）

频带能量/kHz	采样点幅值/dB									
	77	78	79	83	84	85	86	87	88	90
0~31.25	72.80	25.62	42.01	52.70	19.46	87.72	55.88	48.87	45.98	47.18
31.25~62.5	8.08	17.83	15.04	12.11	22.56	7.48	11.25	12.39	12.08	14.86
62.5~93.75	1.80	7.87	5.12	4.63	7.50	0.79	4.08	5.01	5.64	5.41
93.75~125	7.94	14.67	8.20	9.68	14.61	2.35	7.52	9.70	8.96	9.36
125~156.25	1.71	5.07	4.28	3.12	4.77	0.11	3.59	3.63	3.73	3.08
156.25~187.5	1.05	3.12	2.38	2.11	3.60	0.19	1.69	2.02	2.14	1.93
187.5~218.75	1.11	5.03	3.90	3.21	6.27	0.31	2.00	3.29	3.69	3.57
218.75~250	1.07	4.73	3.72	2.64	5.33	0.50	2.57	3.30	2.96	2.82
250~281.25	0.25	1.23	1.01	0.54	1.29	0.03	0.74	0.63	1.17	0.54
281.25~312.5	0.33	1.11	1.33	0.72	1.17	0.06	0.69	0.72	1.31	0.70
312.5~343.75	0.56	1.46	1.63	1.14	2.14	0.04	1.19	1.06	1.70	1.24
343.75~375	0.39	1.63	1.51	1.01	1.50	0.06	0.93	0.90	1.43	1.43
375~406.25	1.48	4.27	3.54	3.10	3.60	0.12	3.94	4.37	3.74	3.11
406.25~437.5	0.44	2.25	2.34	1.20	2.11	0.07	1.40	1.41	1.74	1.71
437.5~468.75	0.58	1.92	2.18	0.87	2.31	0.08	1.47	1.26	2.00	1.38
468.75~500	0.41	2.19	1.81	1.22	1.78	0.09	1.06	1.44	1.73	1.68

　　图 5.3 所示为上述 2 组试验分别在 1 号、2 号、3 号模拟排土场破坏时主频分布曲线。其中，横坐标取各频带范围内中间值。从图中可以看出，在排土场滑移破坏时，声发射主频主要位于 15.6~77.1kHz，相应的次频主要位于 77.1~140.6kHz。同时，可以从各表中的频带分布范围看出，同一试验组在峰值点不同振幅波形的主频分布基本一致，大多数次频分布也基本一致，但各振幅点的频带能量占有率并不一致。

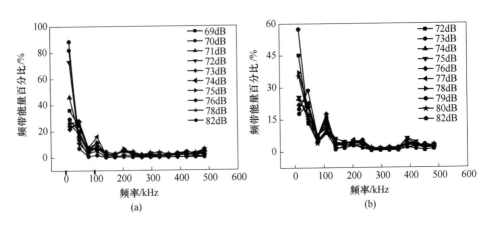

(a)　　　　　　　　　　　　(b)

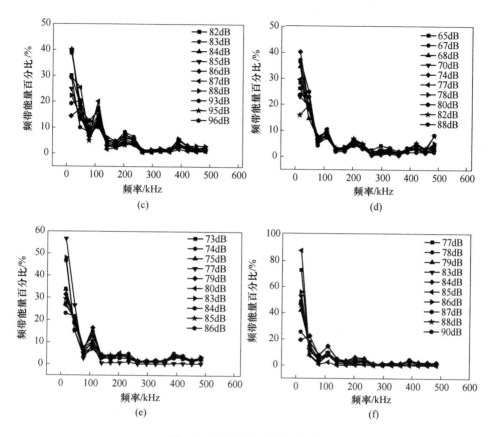

图 5.3　各试验组主频分布曲线

（a）SY-1-1 号杆位置；（b）SY-1-2 号杆位置；（c）SY-1-3 号杆位置；
（d）SY-2-1 号杆位置；（e）SY-2-2 号杆位置；（f）SY-2-3 号杆位置

5.3　排土场边坡滑移破坏声发射预测方法

排土场边坡模型在缓慢注水过程中逐渐增大了下滑力，进而导致模型内部物理力学性质改变，致使潜在滑移体运动。此过程模拟了散体边坡自然滑移失稳的运动特征，通过埋入碎石中的波导杆来收集此过程中的声发射数据，研究在发生滑移的过程中声发射特征，用来对排土场这类散体边坡实施可行性的稳定性监测。声发射振铃计数率所体现的是碎石与波导杆摩擦的发射活动性程度；声发射能率与声发射振幅在某种程度上可以表现出声发射声源的强度大小；声发射幅值分形维数体现的是声发射能量序列相似性程度的高低，可对失稳过程进行定性分级；声发射 $\sum N / \sum E$ 的比值 r 反映的是碎石与波导杆摩擦所释放能量动态变化，即每个声发射信号所含能量值的大小，间接体现排土场边坡滑移破坏的程度；通过对材料声发射波形的分析，可得到排土场在滑移破坏阶段主频的分布特征以及主频能量占有率。因此通过对以上各声发射参量进行排土场边坡的稳定性分析，可对排土场边坡失稳程度进行监测和预警。

通过对试验过程中的声发射事件率–时间曲线、振铃计数率–时间曲线以及能率–时间曲线分析发现，当排土场边坡出现碎石滚动时，相应的声发射事件率、振铃计数率和能率开始不断增加，随着时间的继续进行，声发射事件率、振铃计数率及能率越来越大并且越来越密集；当排土场边坡开始失稳滑移时，已经超过了排土场边坡的临界状态，堆积体开始急剧滑移，此时的声发射事件率、振铃计数率及能率开始急剧增大，根据试验记录可以明显看出声发射事件率、振铃计数率及能率峰值处于排土场边坡失稳并开始大规模滑移阶段。声发射事件率、振铃计数率、能率大规模增加，并且密集程度也大幅增加，这种特征可以用来反演碎石摩擦波导杆的剧烈程度，从而可作为一种排土场边坡的稳定性分析的判据。

通过对声发射能量分形维数曲线的变化情况可以得出，在试验初期阶段，排土场较稳固，只有少量的碎石在坡面上滚动，相对排土场整体处于一有序状态，故声发射的分形维数水平很低；在试验中期阶段时，少量的碎石滚动开始演化为小规模的滑移，声发射分形维数水平继续增大，到临近滑移阶段附近时，此时的分形维数也达到最大值；在试验最后阶段，开始出现大规模的滑移，分形维数又开始出现突降现象。关于声发射的分形维数当临近滑移阶段的附近时出现峰值，并且随后会发生突降现象，这可作为预测排土场边坡失稳破坏的前兆信息。

声发射 $\sum N / \sum E$ 的比值 r 在试验过程中，其值出现的时间总体上与碎石滚动出现的时间相一致，同时 r 值的动态变化特征受到试验过程的影响。当排土场边坡产生少量碎石滚动，潜在滑移体出现微小滑移时，此时波导杆所受挤压程度较低，碎石摩擦波导杆剧烈程度处于一个较低的水平，对比收集到的声发射信号的能量、振幅都比较小，而 r 值却处于一个较大值；随着注水的持续进行，下滑力越来越大，使得裂缝越来越大，此时潜在滑移体开始缓慢滑移，声发射 r 值越来越小；当 r 值出现"断崖式"骤减时，滑移体会开始加速下滑，此时碎石摩擦波导杆的强度最为剧烈，能量释放程度最强，声发射事件率达到最大，说明此时排土场边坡已处于滑移失稳破坏的状态；当 r 值降到最低点时并开始反弹回升，说明此时滑移体越过滑移失稳的状态，重新达到了新的稳定状态，此过程中的摩擦程度、能量释放程度较低，r 值的大小有所增大。上述 r 值这种"断崖式"骤减过程可作为一种排土场边坡失稳破坏的前兆，从而有望用于进行指导实际工程的稳定性监测。

5.4　本章小结

本章采用小波包频带能量分析方法，重点分析了排土场边坡滑移破坏位置处的频带能量分布规律，得到了排土场滑移破坏时，声发射主频主要位于 15.6~77.1kHz，相应的次频主要位于 77.1~140.6kHz 等重要结论。同时，结合前述相关声发射基本参数特征，尤其是滑移前声发射参数的变化特征，为排土场滑移破坏提供了声发射预测方法。

第6章   第一部分结论与展望

6.1   结论

排土场这类松散介质堆积体的稳定性至关重要，声发射可以反映岩体微观损伤演化，揭示其内部破坏机理。散体颗粒之间的相对位移和颗粒对波导杆的摩擦过程中有声发射产生，因而采用声发射技术来监测排土场的稳定具有可行性。目前，在采用声发射技术进行松散介质的稳定性监测方面鲜有报道，因而在现场应用之前，需要进行大量的基础研究工作，逐步地研究有关排土场这类松散介质堆积体破坏声发射的特性。本书以国家自然科学基金为依托，以矿山排土场为研究对象，构建了排土场边坡模型及设计了相关声发射试验，分析了排土场边坡模型滑移破坏过程中的声发射信息。得出结论如下：

（1）借鉴现有的研究成果，考虑到波导杆直径及长度对声发射信号传播的影响，同时结合实际情况室内模型的大小，最终选取了长度为1m、直径为18mm的波导杆。

（2）排土场边坡的滑移破坏是循序渐进及能量累计的过程，即大规模破坏前，会出现多次小规模破坏，并且可将边坡面出现大范围废石滚动的现象，作为大规模滑移破坏的前兆。

（3）排土场边坡的声发射活动伴随着整个滑移破坏过程，声发射特征参数的变化可以在一定程度上揭示排土场边坡内部状态的演化过程。具体表现为：裂缝生成阶段及挤压阶段，声发射活动不明显，声发射参数很小；临近滑移破坏阶段，声发射活动比较活跃，声发射参数明显增大；而在进入激烈滑移破坏阶段时，声发射活动非常活跃，声发射参数会出现剧增的现象。

（4）声发射幅值的变化可以在一定程度上揭示排土场边坡内部状态的演化过程。整个试验过程中，声发射幅值的变化范围为35～100dB。临近滑移破坏前，声发射幅值为35～60dB，进入滑移破坏阶段时，伴随有高幅值的声发射事件出现，并在激烈滑移破坏阶段达到最大值，声发射幅值接近100dB。

（5）声发射能率及振铃计数率的变化与破坏规模的大小密切相关，局部小规模的破坏与大规模滑移破坏相比，并不能引起声发射能率及振铃计数率显著的变化，在数值大小的比较上也显得微乎其微，继而导致试验前期出现一段声发射"平静期"。

（6）累计声发射参数的变化规律与排土场边坡内部破坏演化的各个阶段相互对应。按照在整个试验过程中累计声发射参数增加的趋势，可分为以下4个阶段：累计声发射参数较小阶段、累计声发射参数缓慢增加阶段、累计声发射参数快速增加阶段、累计声发射参数急剧增加阶段。同时结合排土场滑移破坏全过程的试验现象可知，排土场破坏的不同阶段可通过累计声发射参数来体现，上述4个阶段基本与排土场滑移破坏过程所经历的4个阶段相对应：裂缝生成阶段、挤压阶段、临近滑移阶段、激烈滑移破坏阶段。

（7）不同位置的声发射特征参数存在明显差异，其中处于排土场坡底3号测点所接受的声发射信号最强，并且综合3个测点分析更能反映其滑移破坏的情况。同时根据不同位置声发射信号出现的时间先后，能够预判出破坏发生的范围，当所有监测点都有声发射信号并突然加强时，预示有大规模滑移破坏的发生。

（8）排土场边坡模型滑移破坏试验过程中，声发射能量及幅值在时域上的分形特征更明显，声发射振铃计数的分形特征相对不明显。声发射分形维数 D 值在临近滑移阶段的附近出现最大值，并且之后会突然出现突降现象，这一现象可作为预测排土场边坡失稳破坏的前兆，并有望对实际工程的稳定性监测起到借鉴作用。

（9）通过分析整个试验过程中 r 值（$\sum N / \sum E$）的变化可得，r 值的变化能够反映出试验过程中散体边坡模型内部状态的变化。其中散体边坡模型在临近滑移破坏附近 r 值会出现"断崖式"骤减，上述 r 值这种"断崖式"骤减过程可作为散体边坡失稳破坏的前兆。

（10）采用小波包频带能量分析方法，重点分析散体边坡滑移破坏位置处的频带能量分布规律，得到了排土场滑移破坏时，声发射主频主要位于 15.6 ~ 77.1kHz，相应的次频主要位于 77.1 ~ 140.6kHz。

6.2 展望

本书在参考国内外学者相关研究的基础上，进行了排土场模型滑移破坏声发射预测试验研究。首先探讨了根据声发射特征参数及累计声发射特征参数的变化特征预测滑移破坏的可能，其次分析了滑移破坏过程中分形维数 D 及 r 值（$\sum N / \sum E$）的变化特征，最后还研究了滑移破坏位置处频带能量的分布特征。本书的研究成果有望为排土场这类松散介质堆积体的滑移破坏声发射预测提供依据。以下几点尚须做进一步的研究与完善：

（1）本书仅开展了以排土场为研究对象的松散介质堆积体滑移破坏声发射预测研究，是否完全适用于尾矿库等这类松散介质滑移破坏声发射预测，还有待进一步的研究。

（2）本书仅从声发射相关参数的角度进行了排土场这类松散介质堆积体滑移破坏声发射预测研究，后期还可结合力学参数等的变化做进一步的研究，以提高预测的准确性。

（3）本书在声发射波形的分析中，只做了滑移破坏处频带能量及主次频方面的研究，后期应做全过程的波形分析，以找到滑移破坏前后主次频的不同之处，同时与岩石类破坏过程和主次频的变化情况做比较。

（4）降雨及边坡坡角是影响排土场边坡稳定性的重要因素，后期可以做不同降雨及不同坡角条件下，滑移破坏过程声发射信号的变化特征。

（5）本书仅做了室内模型试验，对于今后排土场这类松散介质堆积体的现场监测方面，还有很长的一段路要走，仍需进行相关理论与试验研究。

第二部分

导波声发射技术在岩质边坡应用的
理论与模拟试验研究

第 7 章　绪　　论

7.1　研究背景及意义

我国是世界上发生滑坡灾害最严重的国家之一。近年来，边坡失稳滑塌已成为山区道路交通、矿山、水电等领域的一大安全隐患，每年因边坡滑塌等灾害给国民经济和生命财产带来了巨大损失[73]。根据中国地质环境监测院的调查数据，2004~2010 年滑坡灾害所占比例平均超过总地质灾害的 65%，平均年经济损失超过 20 亿元，期间仅 32 起特大崩塌滑坡事件就造成 11085 人死亡。国土资源部公布：2015 年全国共发生地质灾害 8224 起，共造成 229 人死亡、58 人失踪、138 人受伤，直接经济损失 24.9 亿元。此外，2015 年全国共成功预报地质灾害 452起，避免人员伤亡 20465 人，避免直接经济损失 5.0 亿元。由此可见，对地质灾害的预测预报不仅能消除灾害对人民生命的威胁，还能保障人民的财产安全，造福一方百姓[73~78]。

目前，传统的边坡监测技术多为点监测法，由人工完成，观测周期较长，无法同时实现连续、实时、动态、高精度监测，且监测数据无法进行快速分析，尤其是对于脆性岩石，破坏之前几乎没有明显变形，因此难以有效监测到岩质边坡滑塌前期信号。声发射技术可实时反映岩体破裂的特征，有效揭示岩体破坏失稳趋势和发展方向[79~85]。通过分析声发射动态监测信息，能有效对边坡滑移面进行定位，为预测岩质边坡滑移失稳提供依据[86~90]。

7.2　国内外研究现状

7.2.1　边坡稳定性监测技术

目前，边坡失稳滑塌已成为山区道路交通、矿山、水电等领域的一大安全隐患[76]。边坡失稳滑塌的产生并非发生在瞬间时间段内，而是经过一定时期不稳定性因素的积累，从蠕动向失稳滑动发展。对各个时期的边坡变形量、变形速率以及变形发展趋势的连续监测，是评价边坡能否产生破坏性滑坡，从而及时地对边坡进行安全处置的核心，而掌握潜在滑移面的分布规律是边坡失稳监测与边坡防护的关键。因此，对边坡潜在滑移面进行有效准确的监测与预测是减轻滑坡灾害损失、减少人员伤亡的最有效途径。现阶段，对边坡潜在滑移面监测的常规处理方法主要集中在六个方面。

7.2.1.1 位移监测技术

A 应变管监测技术

应变管监测技术是指布置于岩体内部的应变管随着岩体发生滑坡而产生位移，从而导致电阻应变片发生变化，通过电阻的变化测得岩体变化情况，继而可以得到岩体的位移量和确定滑动面的位置[91]。但是应变管的应变片容易被腐蚀而且易受干扰，并且它的稳定性也很难满足要求。

B 测斜仪监测技术

测斜仪监测技术是在岩体中预埋测斜管，使测斜管随着岩体的变形而发生倾斜，逐段测量，从而得到钻孔深度范围内的各测点的水平位移[92,93]。用测斜仪测定导管的位置初始值，之后的每一次监测通过比较各位置的读数与初始值之差，从而求得各个位置的相对位移，对相对位移求和得到位移量。但这种方法适用于滑坡体滑动方向可以准确预判的情况，如果滑坡滑动方向预判不准确，得到的监测结果将与实际情况相差较大，同时也存在成本高、远程监控难、人工操作影响精度等问题。

C 拉线式地下位移监测技术（多点位移计）

该方法是在钻孔中，从可能滑动面以下到地面设置若干个固定点，间距2~3m，每一点用一根钢丝拉出孔外，并固定在孔口观测架上，分别用重锤或弹簧拉紧。观测架上设置有标尺，可测定每一根钢丝伸长或缩短的距离，即表示孔内点的位移。为防止各钢丝在孔中互相缠绕，每3m设一架线环，将钢丝穿入孔中定位[94~96]。但该方法对固定点强度要求较高，难度较大，对于破碎的岩体，固定点容易松动，故而影响其标尺的测定。其次钢丝容易被地下潮湿环境腐蚀，不宜作长期的测量研究，所以在使用中具有一定的局限性。

D TDR技术（时间域反射技术）

TDR滑坡监测系统中，滑坡的产生将会导致电缆产生形变，导致反射的脉冲波形发生变化，通过分析反射的波形，来监测岩体的移动。随着反射波形强度发生变化来判断岩体是否发生破坏，以此对滑坡的发生进行预报[97,98]。但是迄今为止，TDR技术在国内边坡监测领域发展还不成熟，单独使用该技术还不能确定边坡滑动方向和位移量，需要通过大量室内试验才能将其应用到实际工程中。

7.2.1.2 应力监测技术

预应力锚杆（索）监测系统，这种方法利用锚固于岩体中的锚杆，沿锚杆均匀布置钢筋应力计，监测锚杆轴力的大小，并计算锚杆侧摩阻力大小，根据锚杆轴力最大值或摩阻力中性点即可测得潜在滑移面的位置[99,100]。该方法中锚杆的设计要结合地区经验，且先要对已安装的锚杆进行拉拔试验来确定锚杆承载特性、锚头荷载与位移的关系、轴力分布情况。所以此方法前期要投入大量人力财力，安装锚杆、做拉拔试验，适用于既要加固又要监测岩体内部应力变化的边坡等，对于数量较多的小边坡，耗费巨大的人力财力去构建监测系统得不偿失。

7.2.1.3 光纤传感监测技术

光纤传感监测是利用外界环境的变化使光在传播时某些特征参数发生变化，从而对外界环境的变化进行检测和信号的传输的技术[101~104]。但是该技术目前仍然存在一些问题，例如达不到既满足高初始精度又满足大量程的要求，滑坡的方向也不能够确定。

7.2.1.4 地球物理监测技术

A 地震波探测法

该方法的原理是通过人为激励地震波，当波向地下岩体传播的过程中，遇有界面时，地震波将发生反射与折射，然后分析所接收的反射信号，进而来判断地下岩层的性质[105~108]。该方法多用于地质构造勘探，推断地下岩层的性质和形态及矿床勘探，其精度受限于测量精度、地层波速、射线路径计算精度以及解释经验等，存在一定的不确定性。对于岩土层间的纵波速度、阻抗差异不明显的边坡，采用该方法存在较大误差，且不能够对边坡持续监测。

B 探地雷达

探地雷达技术是指将信号向地下发射，信号通过地层界面反射后接收上来的反射信号，通过对信号的特征参量进行分析，来表明地层特征信息，即探查滑动面[109~111]。虽然探地雷达技术在岩质边坡稳定性监测方面是可行的，但也有一些不足，随着频率的增加，衰减也加快，会导致探测不深；而低频波则相反。

7.2.1.5 声发射技术

声发射监测技术主要利用预先埋入岩体内部的声发射传感器来捕捉岩体内部产生的微弱信号，通过分析其监测的总事件、大事件、能率等参数来判断边坡稳定性[112~115]。该方法前期要在岩质边坡打钻取样，对内部的岩石进行压力试验，研究边坡岩体声发射特性；后期要投入大量的传感器、声发射监测仪等，因此价格昂贵，对于一般的边坡得不偿失。此外，该监测技术故障率较高，需定期检查维修。

7.2.1.6 微震监测技术

这种方法主要利用埋设岩体内部的多个加速度计接收岩体因微裂隙产生与扩展释放的弹性波，通过反演得到岩体微破裂发生的时刻、位置、性质，根据微破裂的大小、集中程度、破裂密度，有可能推断宏观破裂面发展趋势[116~118]。该技术适用于要求稳定性高、服役时间长的高陡边坡，但其投入巨大，服务费用昂贵，一般的工程领域只能望而却步。

7.2.2 声发射监测技术在边坡中的应用现状

国外学者较早对边坡声发射监测领域开展了研究工作。然而，埋设声发射传感器只能监测到传感器周围球形范围内岩体的变化，不能够监测到从监测孔口到监测孔底之间各个部位的信号变化，这是由于岩体中存在节理、裂隙、破碎带等地质结构影响，声发射信号在传播过程中严重衰减、阻断、反射等[119]。于是，研究者提出了利用波导杆埋设于边坡中来传递声发射信号，以达到连续监测的目的。

国内外学者利用声发射技术研究岩质边坡和土质边坡的稳定性已经超过了半个世纪[120]。前后经历了从便携式声发射仪到自动化监控多通道监测系统，从单个传感器监测到多个传感器联合波导杆监测，从岩质边坡声发射监测到土质边坡声发射监测。

20 世纪 60 年代，日本 Chichibu 等就利用波导杆插入路堤边坡，将声发射传感器安装于波导杆端部来监测信号，对边坡稳定性监测起到一定作用，但是他们并没有考虑波导杆与钻孔间的耦合作用对声发射信号传播的影响，以及声发射在波导杆中传播时在端部反射对信号分析的影响[121]；70 年代，Hardy 研究发现边坡在微裂隙发展、裂隙扩展、裂隙重新发展过程中都有声发射产生，但并未对边坡破坏进行预测预报[64]；80 年代，Koerner 研究了大量的室内和室外土质边坡声发射监测试验，结果表明声发射水平和土的应力状态有关，但当时边坡声发射监测主要用作定性的粗略预测方法，还缺少声发射信号传播的研究以及不同波导杆对信号量化评估影响的研究[122]；90 年代，英国 Dixon N. 尝试采用 PVC 管作为波导杆，管内充满水，AE 传感器悬挂于水中来监测边坡[38]；1996 年，Cruden 通过室内实验得到边坡变形与声发射率间的标准，分为慢、中等、快三个量级，并应用于现场试验中[123]；1999 年，日本 Shiotani 研究声发射信号在铝管和 PVC 管中的的传播特征；并利用 AE 图形分析、声发射 b 值、声发射速率过程分析来判断边坡的稳定性[124]；1999 年，日本 Fujiwara、Shiotani 和 Ohtsu 将波导杆埋设于土壤边坡，周围回填砂子，声发射传感器安装于波导杆顶部来监测边坡稳定性[120]。然而，以上学者对声发射信号的解释仅仅是定性的。

随着波导杆的广泛应用，不少学者提出了波导杆结合声发射的多种监测装置，同时结合其他仪器联合监测边坡稳定性，并应用于现场试验，成功监测到了边坡破坏[119,120]。

到 21 世纪初，日本学者 Shiotani 提出 WEAD 装置来监测岩质边坡，即将多个声发射传感器按一定距离安装在波导杆中，并用水泥砂浆埋设于岩质边坡中来监测边坡稳定性[125]；2003 年，英国 Dixon N. 利用钢管作为波导杆，周围回填砂子和碎石，单个 AE 传感器耦合于波导杆端部，并联合测斜仪来监测边坡，将变形速率和声发射率进行量化，但是该量化标准中的变形速率是利用 2min 位移的平均值来对应声发射率的平均值，计算过程中存在较大误差[126]；2011 年，韩国 Dae-Sung Cheon 在 Shiotani 的 WEAD 基础上，提出了一种改进的监测装置，即直径 32mm 的波导杆两端分别安装一个 AE 传感器，周围用脆性胶结材料包裹，该装置全部埋设于地表以下，排除了地表噪声的干扰[127]；2012 年，韩国 Yo-Seph Byun 提出了一种监测装置，类似于 Shiotani 的装置，并且可对声发射源定位，通过分析剪切或者弯曲破坏来计算最终破坏事件[64]。

国内声发射边坡监测技术开发与应用起步较晚，始于 20 世纪 70 年代，其特点是首先着眼于便携式声发射仪的现场应用[128,129]。80 年代，国内各大研究院对声发射仪进行了研制和改进，多用于矿山地压监测。1984~1985 年，于济民[130]等将声发射监测应用于宝成线观音山车站岩体高边坡变形监测，研究了声发射计数与地下水位的关系；1985~1987 年陕西韩城电厂滑坡监测中将声发射探头埋设于监测孔中，确定了滑坡带形成过程，找出了孔内收挤压应力集中部位[131]；1991 年，马步坎高边坡中将探头置于孔底，监测大事件频度随时间的变化[132]；1992 年，于济民在黄土地区进行了声发射滑坡监测，在两个相距 0.3m 的垂直平行钻孔中，其中一个孔用旁压仪加压，另一个孔监测，来研究土体破坏时声发射参数特征[131]；黄茨滑坡预测中，应用了声发射监测技术[133]；1998 年，中国长江三峡工程开发总公司将声发射探头放置于永久船闸右线二、三闸室南直立坡、左线三闸室北直立坡岩体的监测孔中来监测边坡稳定性[134]。

第8章 导波声发射技术在岩质边坡中的影响因素及实例

8.1 引言

与排土场边坡类似，岩质边坡滑移也会产生大量的声信号，由于岩质边坡岩体结构的复杂性，采用波导杆进行稳定性监测需要综合考虑耦合材料、波导杆类型及传感器布置形式等多方面因素的影响，这也是实现导波声发射在岩质边坡应用的基础和前提。本章重点讨论现有边坡监测技术的利弊及声发射监测技术应用的独特优势及发展历程，明确当前边坡声发射监测技术应用过程中存在的问题。

8.2 声发射结合波导杆监测岩质边坡的影响因素

8.2.1 耦合材料

岩质边坡声发射监测中耦合剂的作用是将岩体产生的声发射信号或者自身产生的声发射信号传递给波导杆。当波导杆是实心钢棒或铜棒时，耦合剂有砂子、碎石、水泥浆、岩石相似材料；当波导杆是空心管时，回填材料有砂子、树脂、玻璃纤维等[135]；1993 年，英国 Dixon N. 利用膨润土、中粒砂、细砾石作为耦合剂[119]；1999 年，日本 Tomoki Shiotani 用水、颗粒土壤作为耦合剂（PVC 管）[124]；2001 年，日本 Tomoki Shiotani 在声发射边坡监测中使用的耦合剂即回填材料，是由氧化钙、二氧化硅、氧化铝、三氧化硫按一定比例配置的[125]；2006 年，日本 T. Shiotani 在声发射边坡监测中耦合剂为水泥浆[135]；2011 年，韩国 Dae-Sung Cheon 声发射边坡监测中波导杆周围回填水泥砂浆，通过水泥砂浆破裂来产生声发射信号[130]；2012 年，韩国 Yo-Seph Byun 在声发射边坡监测中耦合剂为水泥浆[64]。

8.2.2 波导杆选型

岩体中存在裂隙、断层、节理等结构面，使得声发射信号在传递过程中衰减或被阻断，很难被传感器捕捉。20 世纪 60 年代，日本学者开始使用波导杆来传递声发射信号；1993 年，英国 Dixon N. 利用直径 50mm 的钢管作为波导杆来监测海岸边上的悬崖稳定性[119]；1999 年，日本 Tomoki Shiotani 使用 PVC 管、铝管作为波导杆[124]；2001 年，日本 Tomoki Shiotani 在声发射边坡监测中选用直径 13mm 的加强棒[125]；2011 年，韩国 Dae-Sung Cheon 声发射边坡监测中使用直径

32mm 的波导杆[127]；2012 年，韩国 Yo-Seph Byun 在声发射边坡监测中使用钢棒作为波导杆[64]。

8.2.3　传感器布置形式

声发射在边坡监测应用中，首先是使用单个传感器通过监测孔耦合于被监测岩体中。由于声发射信号在岩体中衰减、中断等因素，有学者提出使用波导杆来传递声发射信号。声发射，1993 年英国 Dixon N. 只用一个声发射传感器贴于波导杆表面来监测边坡[119]；20 世纪 60 年代日本 Chichibu 等人将传感器粘贴于钢棒的顶端[121]；1999 年，日本 Tomoki Shiotani 将 PVC 管注满水，并将传感器悬浮于水中或贴于 PVC 管内壁[124]；2001 年，日本 Tomoki Shiotani 在声发射边坡监测中使用 5 个传感器均匀布置[125]；2011 年，韩国 Dae-Sung Cheon 在声发射边坡监测中波导杆上布置两个传感器[127]；2012 年，韩国 Yo-Seph Byun 在声发射边坡监测中使用 4 个传感器，均匀布置于波导杆上[64]。

由以前学者的研究可知，英国 Dixon N. 始终使用一个传感器安装于波导杆端部，波导杆埋设于边坡中，周围回填砂子来监测土质边坡。该装置避免了传感器和电缆线直接埋设于监测孔而造成的腐蚀破损，安装于地表容易维修检查，但是该装置并未应用于岩质边坡；日本 Shiotani 和韩国 Dae-Sung Cheon 等学者将多个传感器按照一定的距离安装于波导杆，周围用一定配比的水泥砂浆回填。该装置中传感器埋设于地表以下容易腐蚀损坏，且胶结材料在破裂过程中容易把电缆线切断，从而导致声发射信号采集的中断。

8.3　国外边坡声发射监测实例

8.3.1　工程概况

监测点位于韩国江原道江陵市，是一个开挖边坡，以前就有滑坡的记录，部分边坡已经加固，因此有可能会再次发生滑坡。监测之前首先对声发射监测装置进行室内试验，通过对水泥浆包裹波导杆的试件剪切和弯曲试验，得到了损伤水平准则，见表 8.1。

表 8.1　损伤水平准则

声发射特征				破坏水平	假设破坏等级	破坏状态
计数	能量	震级	Ib 值			
0～35	0～50	—	小于 0.05	I	早期弯曲破坏	—
35～65	50～150	小于 1.0		II	弯曲破坏-早期剪切破坏	微观破坏
65～100	150～500	大于 1.0	大于 0.05	III	早期剪切破坏-中后期剪切破坏	宏观破坏
小于 100	小于 500			IV	剪切破坏	

　　该边坡约 200m 长，50m 高，其中上部土质边坡的边坡比为 1∶1.5，下部破碎岩质边坡的边坡比为 1∶1，由图 8.1(a)、(b)、(c) 可以看出，开挖边坡有煤层和黏土层出露。

图 8.1   边坡开挖前后
(a) 边坡整体效果；(b) 煤层；(c) 节理状态；(d) 膨胀；(e) 沉降

　　图 8.2 所示为传感器的布置方式。两个监测孔分别位于地表 20m、40m，孔 1 深 10m，4 个声发射传感器从孔底依次布置，间隔 2m，孔口 2m 充填砂子，防止外部噪声对声发射信号的干扰，其余部分回填水泥浆。孔 2 深 12m，孔底 2m 充填砂子，依次布置 4 个声发射传感器，间隔 2m，孔口 2m 同样用砂子封口，剩余部分同样充填水泥浆。声发射门槛为 40dB，通过无线网将数据传输到监测站。传感器采用美国物理声学公司的防水探头，工作频率为 35~100kHz。

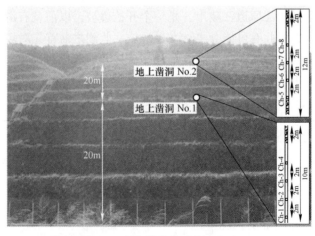

图 8.2   声发射传感器布置方式

8.3.2　声发射信号分析

由图 8.3、图 8.4 可以看出，监测孔 1 的累计声发射事件数在 2007 年，从 6 月到 9 月大幅度增加到 190000 个左右，表明声发射活动在这段时间内比较活跃；监测孔 2 的声发射事件从 6~7 月达到 360000 个，这是由于边坡滑移面的移动造成的。声发射事件在 7 月和 9 月有突增现象。在监测孔 1，7 月份记录 220 个事件，监测孔 2 在 9 月份记录 2100 个事件。考虑到监测孔 1 记录的撞击、事件数比监测孔 2 更多，表明监测孔 2 中有更多声发射活动。因此，假设边坡内部已经发生变形，因为地表膨胀土有一条扩展的裂缝。

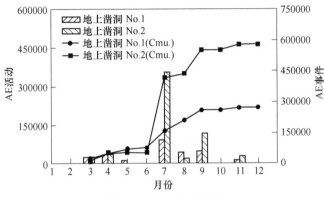

图 8.3　声发射撞击数

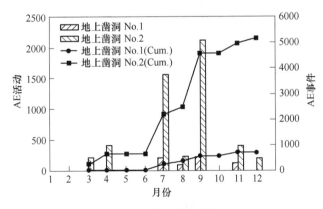

图 8.4　声发射事件数

根据声发射源定位分析，由图 8.5、图 8.6 可以看出，在监测孔 1 的通道 3 和 4 之间监测到大量的声发射事件，可以理解为在 4~6m 有一个滑移面。监测孔 2 中的声发射事件被所有的传感器监测到，是因为假设声发射事件定位在监测孔 2 附近有应力或者变形发生的地方。圆的直径大小反映了声发射源的振铃计数的规模，因此假设边坡内部拉伸破坏正在向剪切破坏转变，因为声发射事件属于损伤水平1或者损伤水平2。

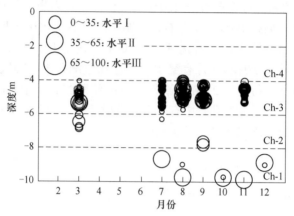

图 8.5 监测孔 1 声发射定位结果

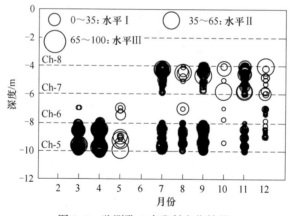

图 8.6 监测孔 2 声发射定位结果

8.3.3 降雨的影响

降雨是影响边坡稳定性的重要因素之一。土壤中的水增加了土体的质量，2007 年，月降雨量超过 100mm 的有 4 次，300mm 的有两次，500mm 的有一次，这一年中记录降雨量最高的是在 9 月份，503mm/月。因此对 9 月份声发射活动与降雨的关系做进一步调查。

图 8.7 所示为监测孔 2 在 9 月份的声发射撞击数，通道 5 在 9 月 23 日的声发射撞击数超过 13000 次，在 9 月 17 日通道 8 的声发射撞击数大约为 16000 次。在 9 月 23 日的降雨量是 0.5mm，而 3 天累计降雨为 27.2mm。9 月 17 日降雨量为 45mm，3 天累计降雨量为 158mm。

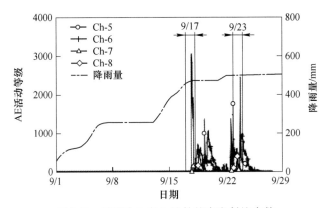

图 8.7　监测孔 2 在 9 月份的声发射撞击数

　　根据这一事实，假设声发射撞击数的突增是由降雨引起，尤其是累计降雨量引起的。假设累计降雨引起了孔隙水压力和渗透力的增加，导致饱和带的变形，影响边坡的稳定性。因此，证实了声发射撞击数是受各种降雨因素的影响，从而影响边坡的稳定性，表明降雨和声发射撞击数有着密切的联系。

　　上述实例在边坡监测预警、降雨影响等方面取得较好的阶段性研究成果，对我国声发射边坡监测具有很好的参考价值和借鉴意义。

　　利用网络，通过远程监测获得实时声发射数据，有助于提高声发射监测的可靠性。此外，在将来预测边坡滑塌的每个位置都将成为可能，岩石边坡早期预警也将实现。

　　声发射事件数与降雨量的增长规律类似，当降雨量是恒定值时，声发射事件率趋于收敛，这表明边坡稳定性主要受降雨量的影响。

8.4　存在的问题

8.4.1　硬件设备及软件

　　野外环境条件恶劣，不仅有人工开挖、爆破等因素，还受暴雨、雷电、高温、严寒、大风等恶劣环境的影响，使得声发射监测设备受到严峻的考验[136]。边坡声发射边坡监测系统由声发射仪板卡、声发射主机系统、声发射采集分析软件、防水传感器、电缆及电源共同组成。传感器和电缆下埋设于地下，要做好接头处的保护工作，防止地下水的腐蚀；野外监测的关键问题之一就是供电问题，选择太阳能和蓄电池联合供电，但因狂风暴雨等恶劣天气容易导致电源损坏，需工作人员定期检查，保证电源的正常工作状态。

8.4.2　定位精度

　　波导杆和耦合剂的选择以及传感器的布置方式直接关系到声发射的定位精

度。在边坡监测中，声发射在不同直径的波导杆中传播规律不同，在不同长度的波导杆中的衰减量也不同，这就意味着需要用声发射源定位技术来测定声发射信号的衰减量。水泥浆、砂子、砾石等不同耦合剂在边坡监测过程中产生的声发射特性、参数量级不同，因此现场应用之前一定要在室内精确测定耦合剂的声发射特性。传感器的布置方式是边坡声发射定位的关键因素，传感器布置的个数、方式、位置都会对声发射定位产生影响，所以传感器的布置方式有待做进一步的研究与探索。

8.5 讨论

现场应用表明了这种监测装置和准则对边坡稳定性的评估是可行的，该方法间接地评估岩质边坡的稳定性，其中有优点，也有缺点。优点是该方法忽略了地质条件而建立了损伤准则，监测岩质边坡脆性破坏的前兆。但是提出一个争论点，即波导杆装置的声发射损伤水平与边坡不稳定性之间的相关性。因此，声发射活动与真正岩体的破坏，以及声发射活动是由水泥砂浆产生的还是岩体自身产生的，都是需要解决的问题。另一个争论点就是声发射率是随着边坡变形速率和地下水压力而变化的，尽管岩质边坡有着很小的变形直到破坏，地下水压力与变形引起的压力相比是非常小的。

8.6 本章小结

本章通过对比现有边坡监测技术的利弊，突出地阐述了边坡声发射监测技术的独特优势及发展历程，详细论述了该技术在边坡监测领域方面的发展和现状，并指出当前边坡声发射监测技术应用过程中存在的问题。主要研究结论如下：

（1）现有的边坡监测技术各有利弊，难以实现对边坡滑塌全过程进行有效的监测预警，波导杆结合声发射监测边坡在滑移面定位及声发射量化等方面具有一定优势，可以有效地对边坡滑移进行预测预警。

（2）结合国外声发射边坡监测实例，应用声发射监测技术结合波导杆装置，不仅能实现对边坡滑移面定位，还能对边坡破坏水平进行分析，将声发射参数划分为不同的破坏等级来判断边坡的稳定性。

（3）由于边坡特殊的地质条件，声发射结合波导杆装置监测时，在波导杆和耦合剂的选择、传感器布置方式以及耦合剂产生的声发射与周围岩体破坏的相关性等方面，有待做进一步的研究与探索。

第 9 章 模态声发射理论

9.1 引言

对于声发射检测技术，传统的声发射依靠谐振式传感器，由于谐振式传感器自身的特点及其测量技术的原因，传感器记录分析的是一个窄带信号，会忽略掉许多十分重要的频率成分，并且传统声发射假设声发射信号是一个以不变速度传播的衰减正弦波。此外，由于声发射信号是一种非平稳信号，传统声发射检测技术分析的结果经常受到传感器的谐振频率和测试系统的影响而有差异。声发射信号源的多样性、信号的突发性及其不确定性等，使得传统的声发射检测技术在参数分析、源定位及波形分析等方面有很大的误差和局限性。

9.2 模态声发射

模态声发射认为：声发射源信号由各种频率成分和多种模态丰富的导波信号组成，不同模态由一定宽带频率成分的波组成。并且在不同的模态中，各个频率成分的波传播速度也不同。模态声发射在导波理论和牛顿力学定律的基础上，可以解决对源定位精度不高和对信号的解释模糊等这些传统声发射技术无法解决的问题。所以针对以上特点模态声发射采用宽带传感器，高保真的捕获被测材料的结构内部声发射源产生的信号，通过宽带仪器和计算机软件，分析相应的特征模式波及其传播规律，现有的模态声发射理论是在声发射检测技术上运用板波理论[59,137~139]。

本章在声发射检测技术上运用杆状结构（波导结构）导波理论，在此基础上研究水泥砂浆锚固波导杆中纵向导波的传播机理[140]。目前，我国已有许多研究人员在波导杆结构中进行了导波传播特性方面的研究并且取得了一定成果。例如，何存富[141]等研究了在深埋于地基中的低频纵向导波的传播特性。张昌锁[142,143]等试验在不同龄期下，得到了水泥砂浆锚固波导杆中的低频纵向导波的传播速度和衰减的影响特征。

9.2.1 导波理论

导波是指在有限的边界固体中传播的波。例如，在板、杆、管等结构中传播的波，都称为导波。导波并不是简单地以纵波或者横波的方式传播，而是以波包的形式按一定的群速度传播，是一系列谐波的叠加。

9.2.1.1 导波的形成

本节以板中的导波为例，介绍导波在有限介质中的形成和传播过程[144]。如图 9.1 所示。

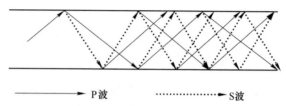

$\longrightarrow$ P波　　$\cdots\cdots\cdots\blacktriangleright$ S波

图 9.1 板中导波的形成和传播过程

在板的一端输入一纵波，根据 Snell 反射定律

$$\frac{\sin\theta_p}{c_p} = \frac{\sin\theta_s}{c_s} \tag{9.1}$$

式中，θ_p 为纵波的入射角；θ_s 横波的入射角。

当纵波到达板的一侧界面时，将会产生反射，这是一个多次往复反射的过程，在这个过程中，会发生波形转换，使得导波更为复杂。此时弹性波在板中将不再以单独的纵波或横波的形态传播，而是以导波的形态传播，因此导波在结构中的传播特性与体波存在较大的差异。

9.2.1.2 导波的概念

导波在结构中的传播形态如图 9.2 所示。图中，导波信号波包包括许多高频子波，a 表示高频子波，b 表示波包信号上的某一点。

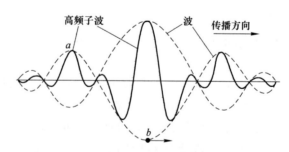

图 9.2 导波的传播形态

A 导波的相速度（phase velocity）

导波的相速度表示高频子波同一相位的某点的传播速度，如图 9.2 中的 a 点。相速度 c_{ph} 的表达式为：

$$c_{ph} = \frac{\omega}{k} \tag{9.2}$$

式中，ω 为波的圆频率；k 为波数。

B 导波的群速度（group velocity）

导波的群速度表示信号波包的传播速度[145]，通常是根据波包上的峰值点的时间变化来计算导波的群速度，例如根据图 9.2 中的 b 点来计算。

群速度 c_{gr} 的表达式为

$$c_{gr} = \frac{d\omega}{dk} \tag{9.3}$$

C 频散曲线（dispersion curve）

导波的频散曲线主要包括相速度频散曲线、群速度频散曲线和衰减频散曲线等。图 9.3 所示为直径 $\phi 20mm$ 的圆钢波导杆结构中的纵向导波的群速度频散曲线，它反映了导波的群速度随频率变化的趋势。

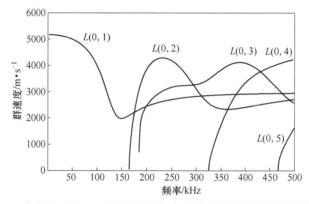

图 9.3 直径为 $\phi 20mm$ 的圆钢波导杆中的纵向导波的群速度频散曲线

D 截止频率（cutoff frequency）

该频率是某一模态的导波所对应的最小频率值。图 9.3 中，纵向导波的群速度频散曲线 $L(0，1)$ 模态没有截止频率，其他四种模态都有截止频率，其中 $L(0，2)$ 模态的截止频率约为 165kHz。

9.2.1.3 导波的特点

A 频散特性

频散特性就是不同频率的导波，其所相对的波速有差别，各个模态的导波波速也不同。在导波波包的群速度小于高频子波的相速度的情况下，就会表现出它的频散特性，这时导波的波包形状就会发生变化[146]。若相速度和群速度的差别越大，导致反射回波的波包形状改变越大，表示该导波的频散特性就越强。

图 9.4 所示为导波频散特性的试验结果。

50kHz 的导波检测波形的第一次相对于第二次反射回波的波包宽度改变比较小，但是 90kHz 的导波检测波形在第一次的反射回波很显然小于第二次反射回波

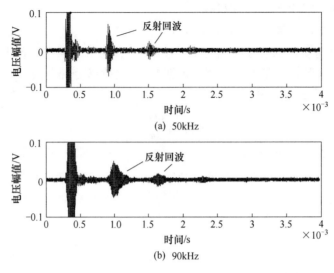

图 9.4　导波的频散特性

的波包宽度。该结果表明 90kHz 的导波频散特性更强些。导波的频散特性越弱，反射回波的波包宽度改变就越小，根据两个波包信号的峰值的时间差来计算导波传播速度也就会越精确。

　　B　多模态性

　　频率在 0～500kHz 范围内时，圆钢波导杆结构中将出现 5 种模态的纵向导波，但是多个模态的导波对分辨反射回波是不利的。所以，在对结构进行无损检测时，需考虑导波的多模态性和频散特性，应尽量选取模态较少，并且频散特性较弱的导波。

9.2.2　自由圆钢波导杆结构中的纵向导波理论

　　通过建立自由圆钢波导杆中的导波频散方程，并且为了便于频散方程的求解，做出如下假设：

　　(1) 自由圆钢波导杆的结构是轴对称的，并且沿波导杆的轴向尺寸无限大，如图 9.5 所示。图中 r_1 为波导杆的直径，并假设导波沿 z 轴方向传播。

　　(2) 圆钢波导杆是均质的各向同性的弹性介质。

　　(3) 圆钢波导杆周围的空气介质视为真空。

　　(4) 自由圆钢波导杆结构中传播的是连续的能量信号。

　　需要说明的是，在实际工程中，自由波导杆的轴向尺寸是有限的，当波导杆直径与波导杆的长度比小于 0.4 时，导波在轴向尺寸无限大的自由圆钢波导杆中的频散方程也同样适用于轴向尺寸有限大的情况[147]。

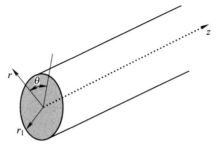

图 9.5　自由圆钢波导杆结构示意图

导波与体波的不同之处在于导波存在边界条件。在柱坐标系下，介质中的波动方程用下式表示[148]：

$$\rho \frac{\partial^2 u_r}{\partial t^2} = (\lambda + 2\mu) \frac{\partial \Delta}{\partial r} - \frac{2\mu}{r} \frac{\partial \omega z}{\partial \theta} + 2\mu \frac{\partial \omega_\theta}{\partial z} \tag{9.4}$$

$$\rho \frac{\partial^2 u_\theta}{\partial t^2} = (\lambda + 2\mu) \frac{1}{r} \frac{\partial \Delta}{\partial \theta} - 2\mu \frac{\partial \omega_r}{\partial z} + 2\mu \frac{\partial \omega_z}{\partial r} \tag{9.5}$$

$$\rho \frac{\partial^2 u_z}{\partial t^2} = (\lambda + 2\mu) \frac{\partial \Delta}{\partial z} - \frac{2\mu}{r} \frac{\partial}{\partial r}(r\omega_\theta) + \frac{2\mu}{r} \frac{\partial \omega_r}{\partial \theta} \tag{9.6}$$

式中，Δ 为体积应变，在柱坐标系下的表达式：

$$\Delta = \frac{1}{r} \frac{\partial(ru_r)}{\partial r} + \frac{1}{r} \frac{\partial u_\theta}{\partial \theta} + \frac{\partial u_z}{\partial z} \tag{9.7}$$

ω_r、ω_θ 和 ω_z 为三个正交的旋转量，它们的位移梯度表达式分别为：

$$2\omega_r = \frac{1}{r} \frac{\partial u_z}{\partial \theta} - \frac{\partial u_\theta}{\partial z} \tag{9.8}$$

$$2\omega_\theta = \frac{1}{r} \frac{\partial u_r}{\partial z} - \frac{\partial u_z}{\partial r} \tag{9.9}$$

$$2\omega_z = \frac{1}{r} \left[\frac{\partial(ru_\theta)}{\partial r} - \frac{\partial u_r}{\partial \theta} \right] \tag{9.10}$$

根据位移的海姆霍茨（Helmholtz）分解

$$\boldsymbol{u} = \nabla \boldsymbol{\phi} + \nabla \times \boldsymbol{\Psi} \tag{9.11}$$

以及柱坐标系中的矢量算法，计算出柱坐标系下 r、θ 和 z 这三个方向的位移表达式[149]：

$$u_r = \frac{\partial \boldsymbol{\phi}}{\partial r} + \frac{1}{r} \frac{\partial \psi_z}{\partial \theta} - \frac{\partial \psi_\theta}{\partial z} \tag{9.12}$$

$$u_\theta = \frac{1}{r} \frac{\partial \boldsymbol{\phi}}{\partial \theta} + \frac{\partial \psi_r}{\partial z} - \frac{\partial \psi_z}{\partial r} \tag{9.13}$$

$$u_z = \frac{\partial \boldsymbol{\phi}}{\partial z} + \frac{1}{r} \frac{\partial}{\partial r}(r\psi_\theta) - \frac{1}{r} \frac{\partial \psi_r}{\partial \theta} \tag{9.14}$$

式中，ψ_r、ψ_θ、ψ_z 分别为矢量势 $\boldsymbol{\Psi}$ 在 r、θ、z 这三个方向的分量。标量势 $\boldsymbol{\phi}$ 和矢量势 $\boldsymbol{\Psi}$ 分别满足方程：

$$\nabla^2 \boldsymbol{\phi} = \frac{1}{c_p^2} \frac{\partial^2 \boldsymbol{\phi}}{\partial t^2} \tag{9.15}$$

$$\nabla^2 \boldsymbol{\Psi} = \frac{1}{c_s^2} \frac{\partial^2 \boldsymbol{\Psi}}{\partial t^2} \tag{9.16}$$

与此同时，矢量势 $\boldsymbol{\Psi}$ 的三个分量分别满足方程：

$$\nabla^2 \psi_r - \frac{\psi_r}{r^2} - \frac{2}{r^2} \frac{\partial \psi_\theta}{\partial \theta} = \frac{1}{c_s^2} \frac{\partial^2 \psi_r}{\partial t^2} \tag{9.17}$$

$$\nabla^2 \psi_\theta - \frac{\psi_\theta}{r^2} + \frac{2}{r^2} \frac{\partial \psi_r}{\partial \theta} = \frac{1}{c_s^2} \frac{\partial^2 \psi_\theta}{\partial t^2} \tag{9.18}$$

$$\nabla^2 \psi_z = \frac{1}{c_s^2} \frac{\partial^2 \psi_z}{\partial t^2} \tag{9.19}$$

式中，∇^2 为柱坐标系下的 Laplace 算子，其定义为：

$$\nabla^2 = \frac{\partial^2}{\partial r^2} + \frac{1}{r} \frac{\partial}{\partial r} + \frac{1}{r^2} \frac{\partial^2}{\partial \theta^2} + \frac{\partial^2}{\partial z^2} \tag{9.20}$$

柱坐标系下的应力应变关系为：

$$\sigma_{rr} = \lambda \left(\frac{\partial u_r}{\partial r} + \frac{u_r}{r} + \frac{1}{r} \frac{\partial u_\theta}{\partial \theta} + \frac{\partial u_z}{\partial z} \right) + 2\mu \frac{\partial u_r}{\partial r} \tag{9.21}$$

$$\sigma_{\theta\theta} = \lambda \left(\frac{\partial u_r}{\partial r} + \frac{u_r}{r} + \frac{1}{r} \frac{\partial u_\theta}{\partial \theta} + \frac{\partial u_z}{\partial z} \right) + 2\mu \left(\frac{u_r}{r} + \frac{1}{r} \frac{\partial u_\theta}{\partial \theta} \right) \tag{9.22}$$

$$\sigma_{zz} = \lambda \left(\frac{\partial u_r}{\partial r} + \frac{u_r}{r} + \frac{1}{r} \frac{\partial u_\theta}{\partial \theta} + \frac{\partial u_z}{\partial z} \right) + 2\mu \frac{\partial u_z}{\partial z} \tag{9.23}$$

$$\sigma_{r\theta} = \mu \left(\frac{\partial u_\theta}{\partial r} - \frac{u_\theta}{r} + \frac{1}{r} \frac{\partial u_r}{\partial \theta} \right) \tag{9.24}$$

$$\sigma_{\theta z} = \mu \left(\frac{1}{r} \frac{\partial u_z}{\partial \theta} + \frac{\partial u_\theta}{\partial z} \right) \tag{9.25}$$

$$\sigma_{rz} = \mu \left(\frac{\partial u_r}{\partial z} + \frac{\partial u_z}{\partial r} \right) \tag{9.26}$$

由于纵向导波为轴对称的波形，而且只存在径向位移分量 u_r 和轴向位移分量 u_z，所以[150]：

$$u_r = u_r(r,\ z,\ t)\ ,\ u_z = u_z(r,\ z,\ t) \tag{9.27}$$

$$u_\theta = \frac{\partial}{\partial \theta} = 0 \tag{9.28}$$

此时柱坐标系下的 Laplace 算子表示为

$$\nabla^2 = \frac{\partial^2}{\partial r^2} + \frac{1}{r} \frac{\partial}{\partial r} + \frac{\partial^2}{\partial z^2} \tag{9.29}$$

利用式（9.12）、式（9.13）、式（9.14）、式（9.27）、式（9.28）可得纵向导波在自由圆钢波导杆结构中的位移分量表达式：

$$u_r = \frac{\partial \boldsymbol{\phi}}{\partial r} - \frac{\partial \psi_\theta}{\partial z} \tag{9.30}$$

$$u_z = \frac{\partial \boldsymbol{\phi}}{\partial z} + \frac{1}{r} \psi_\theta + \frac{\partial \psi_\theta}{\partial r} \tag{9.31}$$

由式（9.30）和式（9.31）可知，纵向导波的运动可以由标量势 $\boldsymbol{\phi}$ 和矢量势 $\boldsymbol{\Psi}$ 的周向分量 ψ_θ 表示，而矢量势 $\boldsymbol{\Psi}$ 的轴向分量 ψ_z 和径向分量 ψ_r 为零。

假如纵向导波是以简谐波的方式在自由圆钢波导杆结构中沿 z 轴方向传播，因此海姆霍茨（Helmholtz）偏微分方程，即式（9.15）和式（9.16）的解的一般形式可以表示为：

$$\boldsymbol{\phi} = f(r) e^{i(kz - \omega t)} \tag{9.32}$$

$$\psi_\theta = h_\theta(r) e^{i(kz - \omega t)} \tag{9.33}$$

式中，k 为波的波数；ω 为波的圆频率。

将式（9.32）、式（9.33）代入式（9.15）和式（9.16），得

$$\frac{d^2 f(r)}{dr^2} + \frac{1}{r} \frac{df(r)}{dr} + \left(\frac{\omega^2}{c_p^2} - k^2 \right) f(r) = 0 \tag{9.34}$$

$$\frac{d^2 h_\theta(r)}{dr^2} + \frac{1}{r} \frac{dh_\theta(r)}{dr} + \left(\frac{\omega^2}{c_s^2} - k^2 \right) h_\theta(r) = 0 \tag{9.35}$$

假定

$$\alpha^2 = \frac{\omega^2}{c_p^2} - k^2 \tag{9.36}$$

$$\beta^2 = \frac{\omega^2}{c_s^2} - k^2 \tag{9.37}$$

柱坐标系下，α 表示纵波波数 k_p 在径向 r 上的分量，β 横波波数 k_s 在径向 r 上的分量[151]。c_p 表示自由圆钢波导杆结构中的纵波波速，c_s 表示自由圆钢波导杆结构中的横波波速。

式（9.34）和式（9.35）是典型的 Bessel 方程，其相应的解为

$$f(r) = A J_0(\alpha r) \tag{9.38}$$

$$h_\theta(r) = B J_1(\beta r) \tag{9.39}$$

式中，A 为向外传播的纵波的幅值；B 为向外传播的横波的幅值。

$J_0(x)$ 和 $J_1(x)$ 分别为零阶和一阶的第一类 Bessel 函数。由于第二类贝塞尔函数在原点的奇异性[152]，式（9.38）、式（9.39）去掉了 $Y_0(\alpha r)$ 和 $Y_1(\beta r)$ 项。

把式（9.38）、式（9.39）分别代入式（9.32）、式（9.33），得

$$\phi = AJ_0(\alpha r)e^{i(kz-\omega t)} \tag{9.40}$$

$$\psi_\theta = BJ_1(\beta r)e^{i(kz-\omega t)} \tag{9.41}$$

把式（9.40）、式（9.41）代入式（9.30）、式（9.31），得到纵向导波在自由圆钢波导杆结构中的径向位移和轴向位移：

$$u_r = [\alpha AJ_0'(\alpha r) - ikBJ_1(\beta r)]e^{i(kz-\omega t)} \tag{9.42}$$

$$u_z = [ikAJ_0(\alpha r) + \frac{1}{r}BJ_1(\beta r) + \beta BJ_1'(\beta r)]e^{i(kz-\omega t)} \tag{9.43}$$

由贝塞尔函数的递推公式[153]，可得

$$J_0'(x) = -J_1(x) \tag{9.44}$$

$$J_1'(x) = J_0(x) - \frac{1}{x}J_1(x) \tag{9.45}$$

则式（9.42）和式（9.43）可以变为

$$u_r = [-\alpha AJ_1(\alpha r) - ikBJ_1(\beta r)]e^{i(kz-\omega t)} \tag{9.46}$$

$$u_z = [ikAJ_0(\alpha r) + \beta BJ_0(\beta r)]e^{i(kz-\omega t)} \tag{9.47}$$

将式（9.46）、式（9.47）及式（9.28）代入式（9.31）～式（9.36），得到纵向导波在自由圆钢波导杆结构中的应力分别为

$$\sigma_{rr} = 2\mu\Big\{\Big[-\frac{1}{2}(\beta^2 - k^2)J_0(\alpha r) + \frac{\alpha}{r}J_1(\alpha r)\Big]A +$$
$$\Big[-ik\beta J_0(\beta r) + \frac{ik}{r}J_1(\beta r)\Big]B\Big\}e^{i(kz-\omega t)} \tag{9.48}$$

$$\sigma_{\theta\theta} = \Big\{\Big[-\lambda(\alpha^2 + k^2)J_0(\alpha r) - \frac{2\mu\alpha J_1(\alpha r)}{r}\Big]A - \Big[\frac{2\mu ikJ_1(\beta r)}{r}\Big]B\Big\}e^{i(kz-\omega t)} \tag{9.49}$$

$$\sigma_{zz} = \{-[(\lambda\alpha^2 + \lambda k^2 + 2\mu k^2)J_0(\alpha r)]A + [2\mu ik\beta J_0(\beta r)]B\}e^{i(kz-\omega t)} \tag{9.50}$$

$$\sigma_{r\theta} = 0 \tag{9.51}$$

$$\sigma_{\theta z} = 0 \tag{9.52}$$

$$\sigma_{rz} = \mu\{[-2ik\alpha J_1(\alpha r)]A + [(k^2 - \beta^2)J_1(\beta r)]B\}e^{i(kz-\omega t)} \tag{9.53}$$

式中，λ 和 μ 分别为自由圆钢波导杆的拉梅（Lamé）常数。

问题的边界条件：在自由圆钢波导杆的表面处，

$$\sigma_{rr} = \sigma_{rz} = 0(r = r_1) \tag{9.54}$$

将边界条件式（9.54）代入式（9.48）和式（9.53），得到一组特征方程，方程的矩阵表达式：

$$[M_{ij}] \cdot [N] = 0 \qquad i, j = 1, 2 \tag{9.55}$$

式中，$N = [A \quad B]^T$；$[M_{ij}]$ 为 2×2 的系数矩阵。

只有使式（9.55）的系数行列式为 0，才能使其有非零解：

$$|M_{ij}| = 0 \tag{9.56}$$

式（9.56）为自由圆钢波导杆结构中纵向导波的频散方程。式中的系数为：

$$M_{11} = -\frac{1}{2}(\beta^2 - k^2)J_0(\alpha r_1) + \frac{\alpha}{r_1}J_1(\alpha r_1)$$

$$M_{12} = -ik\beta J_0(\beta r_1) + \frac{ik}{r_1}J_1(\beta r_1)$$

$$M_{21} = -2i\mu k\alpha J_1(\alpha r_1)$$

$$M_{22} = -\mu(\beta^2 - k^2)J_1(\beta r_1)$$

化简上式，得

$$\frac{2\alpha}{r_1}(\beta^2 + k^2)J_1(\alpha r_1)J_1(\beta r_1) - (\beta^2 - k^2)^2 J_0(\alpha r_1)J_1(\beta r_1) -$$

$$4k^2\alpha\beta J_1(\alpha r_1)J_0(\beta r_1) = 0 \tag{9.57}$$

式（9.57）即为纵向导波的 Pochhammer-Chree 频率方程。

9.2.2.2　频散曲线

理论计算分析时的圆钢波导杆结构的材料属性见表 9.1。波导杆的直径为 ϕ20mm。

表 9.1　圆钢波导杆的材料属性

材　料	弹性模量 E/GPa	密度 ρ/kg·m^{-3}	泊松比 ν
圆钢波导杆	210	7850	0.3

图 9.6 及图 9.7 所示分别为自由圆钢波导杆结构中纵向导波的相速度和群速度频散曲线。

从图 9.6 和图 9.7 可以看出，0~500kHz 频率范围内，自由圆钢波导杆中存在 5 个纵向导波模态，分别为 $L(0, 1)$ ~$L(0, 5)$ 模态，并且各个模态的相速度和群速度因频率不同而异；$L(0, 1)$ 模态纵向导波不存在截止频率，其余 4 个模态均存在截止频率，例如 $L(0, 2)$ 模态的截止频率约为 165kHz。

然而，在实际工程中，因波导杆本身的材料性质，导波在波导杆中传播时存在衰减现象。此时，导波在波导杆中并非以群速度 c_{gr} 传播，而是以能量速度 c_e 传播。

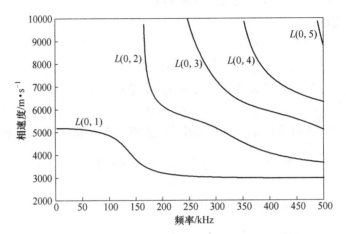

图 9.6　自由圆钢波导杆结构中的纵向导波的相速度频散曲线

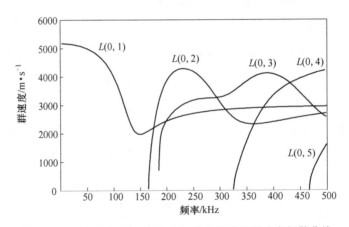

图 9.7　自由圆钢波导杆结构中的纵向导波的群速度频散曲线

能量速度的表达式[154]：

$$c_e = \frac{\displaystyle\int_S\int_T (PWRz)\,dTdS}{\displaystyle\int_S\int_T (NRG)\,dTdS} \tag{9.58}$$

式中，S 为波导杆的横截面面积；T 为波的时间周期；$PWRz$ 为轴向能流密度，它是坡印庭矢量（Poynting vector）。

$$PWRz = -\left[\sigma_{rz}\left(\frac{\partial u_r}{\partial t}\right)^* + \sigma_{\theta z}\left(\frac{\partial u_\theta}{\partial t}\right)^* + \sigma_{zz}\left(\frac{\partial u_z}{\partial t}\right)^* \right] \tag{9.59}$$

式中，* 为复共轭。

对于纵向导波

$$PWRz = -\left[\sigma_{rz}\left(\frac{\partial u_r}{\partial t}\right)^* + \sigma_{zz}\left(\frac{\partial u_z}{\partial t}\right)^*\right] \tag{9.60}$$

式（9.58）中，NRG 为总能量密度（total energy density），其表达式为[146]

$$NRG = SED + KED \tag{9.61}$$

式中，SED 为应变能密度；KED 为动能密度。

柱坐标系下，它们的表达式分别为

$$SED = \frac{1}{2}\left[\sigma_{rr}\frac{\frac{\partial}{\partial u_r}}{\frac{\partial}{\partial r}} + \sigma_{\theta\theta}\left(\frac{1}{r}\frac{\partial u_\theta}{\partial \theta} + \frac{u_r}{r}\right) + \sigma_{zz}\left(\frac{\partial u_z}{\partial z}\right)\right] +$$

$$\frac{1}{4}\left\{\sigma_{rz}\left(\frac{\partial u_r}{\partial z} + \frac{\partial u_z}{r}\right) + \sigma_{r\theta}\left[r\frac{\partial}{\partial r}\left(\frac{u_\theta}{r}\right) + \frac{1}{r}\frac{\partial u_r}{\partial \theta}\right] + \sigma_{\theta z}\left(\frac{\frac{\partial}{\partial u_\theta}}{\frac{\partial}{\partial z}} + \frac{1}{r}\frac{\frac{\partial}{\partial u_z}}{\frac{\partial}{\partial u_\theta}}\right)\right\} \tag{9.62}$$

$$KED = \frac{\rho}{2}\left[\left(\frac{\partial u_r}{\partial t}\right)^2 + \left(\frac{\partial u_\theta}{\partial t}\right)^2 + \left(\frac{\partial u_z}{\partial t}\right)^2\right] \tag{9.63}$$

对于纵向导波

$$SED = \frac{1}{2}\left[\sigma_{rr}\frac{\frac{\partial}{\partial u_r}}{\frac{\partial}{\partial r}} + \sigma_{\theta\theta}\frac{u_r}{r} + \sigma_{zz}\left(\frac{\partial u_z}{\partial z}\right)\right] + \frac{1}{4}\sigma_{rz}\left(\frac{\partial u_r}{\partial z} + \frac{\partial u_z}{r}\right) \tag{9.64}$$

$$KED = \frac{\rho}{2}\left[\left(\frac{\partial u_r}{\partial t}\right)^2 + \left(\frac{\partial u_z}{\partial t}\right)^2\right] \tag{9.65}$$

图 9.8 所示为自由圆钢波导杆结构中纵向导波的能量速度与群速度比较。可以看出，频率 0~500kHz，圆钢波导杆中纵向导波的能量速度和群速度值差异不大，两者模态对应的频散曲线几乎重合。

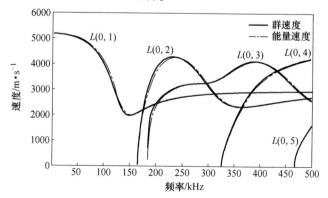

图 9.8　自由圆钢波导杆结构中的纵向导波的能量速度与群速度比较

9.2.3　水泥砂浆锚固波导杆结构中的纵向导波理论

近年来，国内外已经有研究学者开展对水泥砂浆锚固波导杆中导波的传播特性的研究[155,156]。英国帝国理工大学的 Pavlakovic[157] 进行了水泥砂浆的波导杆中的高频纵向导波传播特征方面的研究。

本小节在前人工作的基础上，深入进行水泥砂浆锚固波导杆结构中的纵向导波的传播特征研究，利用水泥砂浆锚固波导杆结构中纵向导波的传播特性，进而为试验实现声发射源定位提供理论指导。将水泥砂浆锚固波导杆结构分为两层，内层为自由圆钢波导杆，外层为水泥砂浆，如图 9.9 所示，r_1 为自由圆钢波导杆结构的半径，r 为水泥砂浆介质的半径，并且假设导波沿 z 轴方向进行传播。

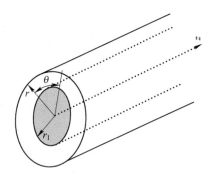

图 9.9　水泥砂浆锚固圆钢波导杆结构示意图

9.2.3.1　圆钢波导杆中的位移和应力

将圆钢波导杆定义为第一层介质，则

$$f^{(1)}(r) = A_1 J_0(\alpha_1 r) \tag{9.66}$$

$$h_\theta^{(1)}(r) = B_1 J_1(\beta_1 r) \tag{9.67}$$

式中，A_1 为向外传播的纵波幅值；B_1 为向外传播的横波幅值；$\alpha_1^2 = \dfrac{\omega^2}{c_{p1}^2} - k^2$，$\beta_1^2 = \dfrac{\omega^2}{c_{s1}^2} - k^2$；$\omega$ 为波的圆频率；k 为波数；c_{p1} 为波导杆的纵波波速；c_{s1} 为波导杆的横波波速。

$J_0(x)$ 和 $J_1(x)$ 分别为零阶和一阶的第一类 Bessel 函数。由于第二类贝塞尔函数在原点存在着奇异性，式（9.66）、式（9.67）中去掉了 $Y_0(\alpha r)$ 和 $Y_1(\beta r)$ 项。

则，

$$\phi^{(1)} = A_1 J_0(\alpha_1 r) e^{i(kz-\omega t)} \tag{9.68}$$

$$\psi_\theta^{(1)} = B_1 J_1(\beta_1 r) e^{i(kz-\omega t)} \tag{9.69}$$

把式（9.68）、式（9.69）代入式（9.30）、式（9.31），得到纵向导波在波导杆结构中的径向位移和轴向位移：

$$u_r^{(1)} = [-\alpha_1 A_1 J_1(\alpha_1 r) - ik B_1 J_1(\beta_1 r)] e^{i(kz-\omega t)} \tag{9.70}$$

$$u_z^{(1)} = [ik A_1 J_0(\alpha_1 r) + \beta_1 B_1 J_0(\beta_1 r)] e^{i(kz-\omega t)} \tag{9.71}$$

把式（9.70）、式（9.71）及式（9.28）代入式（9.21）~式（9.26），得到纵向导波在波导杆结构中的应力：

$$\sigma_{rr}^{(1)} = 2\mu_1 \left\{ \left[-\frac{1}{2}(\beta_1^2 - k^2) J_0(\alpha_1 r) + \frac{\alpha_1}{r} J_1(\alpha_1 r) \right] A_1 + \right.$$
$$\left. \left[-ik\beta_1 J_0(\beta_1 r) + \frac{ik}{r} J_1(\beta_1 r) \right] B_1 \right\} e^{i(kz-\omega t)} \tag{9.72}$$

$$\sigma_{\theta\theta}^{(1)} = \left\{ \left[-\lambda_1(\alpha_1^2 + k^2) J_0(\alpha_1 r) - \frac{2\mu_1\alpha_1 J_1(\alpha_1 r)}{r} \right] A_1 - \left[\frac{2\mu_1 ik J_1(\beta_1 r)}{r} \right] B_1 \right\} e^{i(kz-\omega t)} \tag{9.73}$$

$$\sigma_{zz}^{(1)} = \left\{ -[(\lambda_1\alpha_1^2 + \lambda_1 k^2 + 2\mu_1 k^2) J_0(\alpha_1 r)] A_1 + [2\mu_1 ik\beta_1 J_0(\beta_1 r)] B_1 \right\} e^{i(kz-\omega t)} \tag{9.74}$$

$$\sigma_{r\theta}^{(1)} = 0 \tag{9.75}$$

$$\sigma_{\theta z}^{(1)} = 0 \tag{9.76}$$

$$\sigma_{rz}^{(1)} = \mu_1 \left\{ [-2ik\alpha_1 J_1(\alpha_1 r)] A_1 + [(k^2 - \beta_1^2) J_1(\beta_1 r)] B_1 \right\} e^{i(kz-\omega t)} \tag{9.77}$$

式中，λ_1 和 μ_1 分别为圆钢波导杆的拉梅（Lamé）常数。

9.2.3.2　水泥砂浆层中的位移和应力

将水泥砂浆层定义为第二层介质，则

$$f^{(2)}(r) = A_2 J_0(\alpha_2 r) \tag{9.78}$$

$$h_\theta^{(2)}(r) = B_2 J_1(\beta_2 r) \tag{9.79}$$

式中，A_2 为向外传播的纵波幅值；B_2 为向外传播的横波幅值；$\alpha_2^2 = \dfrac{\omega^2}{c_{p2}^2} - k^2$；$\beta_2^2 = \dfrac{\omega^2}{c_{s2}^2} - k^2$；$\omega$ 为波的圆频率；k 为波数；c_{p2} 为水泥砂浆层中的纵波波速；c_{s2} 为水泥砂浆层中的横波波速。

因为波在水泥砂浆层中传播的过程中，导致波会在无穷远处衰减，使其不会反射回波导杆结构，因此这里引入第二类 Bessel 函数[152]。$J_0^{(2)}(x)$ 和 $J_1^{(2)}(x)$ 分别为零阶和一阶的第二类 Bessel 函数。则

$$\phi^{(2)} = A_2 J_0(\alpha_2 r) e^{i(kz-\omega t)} \tag{9.80}$$

$$\psi_\theta^{(2)} = B_2 J_1(\beta_2 r) e^{i(kz-\omega t)} \tag{9.81}$$

把式（9.80）、式（9.81）代入式（9.30）、式（9.31），得到纵向导波在水泥砂浆层中的径向位移和轴向位移：

$$u_r^{(2)} = [-\alpha_2 A_2 J_1(\alpha_2 r) - ik B_2 J_0(\beta_2 r)] e^{i(kz-\omega t)} \tag{9.82}$$

$$u_z^{(2)} = \left\{ ik A_2 J_0(\alpha_2 r) + \left[\frac{J_0(\beta_2 r)}{r} - \beta_2 J_1(\beta_2 r) \right] B_2 \right\} e^{i(kz-\omega t)} \tag{9.83}$$

把式（9.82）、式（9.83）和式（9.28）代入式（9.21）~式（9.26），得到纵向导波在水泥砂浆层中的应力表达式：

$$\sigma_{rr}^{(2)} = \left\{ \left[-(\lambda_2\alpha_2^2 + \lambda_2 k^2 + 2\mu_2\alpha_2^2)J_0(\alpha_2 r) + \frac{\lambda_2 - \alpha_2 + 2\mu_2}{r}J_1(\alpha_2 r) \right]A_2 + \left[2\mu_2 ik\beta_2 J_1(\beta_2 r) \right]B_2 \right\} e^{i(kz-\omega t)} \tag{9.84}$$

$$\sigma_{\theta\theta}^{(2)} = \left\{ \left[-(\lambda_2\alpha_2^2 + \lambda_2 k^2)J_0(\alpha_2 r) + \frac{\lambda_2 - \alpha_2\lambda_2 - 2\mu_2\alpha_2}{r}J_1(\alpha_2 r) \right]A_2 - \left[\frac{2\mu_2 ikJ_0(\beta_2 r)}{r} \right]B_2 \right\} e^{i(kz-\omega t)} \tag{9.85}$$

$$\sigma_{zz}^{(2)} = \left\{ \left[-(\lambda_2\alpha_2^2 + \lambda_2 k^2 + 2\mu_2 k^2)J_0(\alpha_2 r) + \frac{\lambda_2 - \lambda_2\alpha_2}{r}J_1(\alpha_2 r) \right]A_2 + \left[\frac{2\mu_2 ikJ_0(\beta_2 r)}{r} - 2\mu_2 ik\beta_2 J_1(\beta_2 r) \right]B_2 \right\} e^{i(kz-\omega t)} \tag{9.86}$$

$$\sigma_{r\theta}^{(2)} = 0 \tag{9.87}$$

$$\sigma_{\theta z}^{(2)} = 0 \tag{9.88}$$

$$\sigma_{rz}^{(2)} = \mu_2 \left\{ \left[-2ik\alpha_2 J_1(\alpha_2 r) \right]A_2 - \left[\frac{1 + r^2\beta_2^2 - r^2 k^2}{r^2}J_0(\beta_2 r) \right]B_2 \right\} e^{i(kz-\omega t)} \tag{9.89}$$

式中，λ_2 和 μ_2 分别为水泥砂浆的拉梅（Lamé）常数。

9.2.3.3　建立频散方程

问题的边界条件为：

在 $r = r_1$ 时，即圆钢波导杆和水泥砂浆的锚固面，

$$u_r^{(1)} = u_r^{(2)}, \quad u_z^{(1)} = u_z^{(2)}, \quad \sigma_{rr}^{(1)} = \sigma_{rr}^{(2)}, \quad \sigma_{rz}^{(1)} = \sigma_{rz}^{(2)} \tag{9.90}$$

在 $r = r_1$ 表面上，即水泥砂浆的外表面处，

$$\sigma_{rr}^{(2)} = \sigma_{rz}^{(2)} = 0 \tag{9.91}$$

将式（9.70）~式（9.72）、式（9.80）、式（9.82）~式（9.84）及式（9.89）代入边界条件式（9.90）和式（9.91），得到一组特征方程：

$$[M_{ij}] \cdot [N] = 0 \quad i,j = 1,2,3,4 \tag{9.92}$$

式中，$N = \begin{bmatrix} A_1 & B_1 & C_1 & D_1 \end{bmatrix}^T$；$[M_{ij}]$ 为 4×4 的系数矩阵。

要使系数行列式为零才有非零解，也就是：

$$|M_{ij}| = 0 \tag{9.93}$$

式（9.92）为水泥砂浆锚固波导杆结构中的纵向导波频散方程。

9.2.3.4　求解频散曲线

理论计算分析以及试验使用的水泥砂浆圆钢波导杆结构的材料属性见表9.2。圆钢波导杆的直径为 ϕ20mm。

表 9.2　水泥砂浆圆钢波导杆材料属性

材料	弹性模量 E/GPa	泊松比 v	密度 $\rho/\mathrm{kg \cdot m^{-3}}$	纵波衰减系数 (Np/w_1)	横波衰减系数 (Np/w_1)
水泥砂浆	2.8	0.2	2160	0.043	0.1
圆钢波导杆	210	0.3	7850	0.003	0.008

导波在水泥砂浆锚固波导杆结构中传播的过程中，波导杆体材质会使导波衰减以及导波的能量有可能泄漏到水泥砂浆中。而此时导波并不是以群速度传播，而是以能量速度传播。将群速度作为导波的传播速度就会导致结果不正确[158]。图 9.10 所示为水泥砂浆锚固波导杆结构中的纵向导波的能量速度频散曲线。

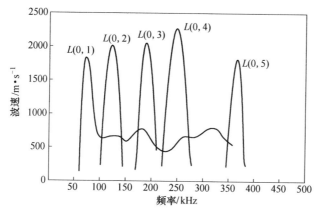

图 9.10　水泥砂浆锚固波导杆结构中的纵向导波的能量速度频散曲线

从图 9.10 可以看出，频率在 0~500kHz 范围内，水泥砂浆锚固波导杆结构中存在 5 种纵向导波模态，每个模态都存在着截止频率，但是这与自由圆钢波导杆结构中的纵向导波模态有着明显区别。其中 $L(0,1)$ 模态的频率为 61~358kHz，$L(0,2)$ 模态的频率为 100~145kHz，$L(0,3)$ 的纵向导波模态的频率为 170~210kHz。

9.3　本章小结

本章介绍了传统的模态声发射理论，并且在此基础上，提出声发射检测技术上运用杆状结构（波导结构）导波理论的模态声发射概念。简单阐述了导波的形成，导波的概念以及导波的特点，重点讨论了导波的频散特性和模态的多样性。最后在导波理论的基础上，求解了：

（1）自由圆钢波导杆结构中的纵向导波传播规律。求解了自由圆钢波导杆结构中的纵向导波的位移和应力，推导了自由圆钢波导杆结构中的纵向导波的频散方程，最终得到了自由圆钢波导杆结构中的纵向导波的相速度频散曲线和群速度频散曲线。在考虑圆钢波导杆存在衰减的情况下，计算了纵向导波的能量速度频散曲线。频率在 $0\sim500kHz$ 范围内，自由圆钢波导杆结构中有 5 个纵向导波模态，并且每个模态的相速度和群速度随着频率的变化而变化，在 $L(0, 1)$ 纵向导波模态没有截止频率，其余 4 个模态都有截止频率。频率在 $0\sim500kHz$ 范围内，自由圆钢波导杆结构中的纵向导波的群速度和能量速度频散曲线差异很小。

（2）水泥砂浆锚固圆钢波导杆结构中的纵向导波传播规律。推导了水泥砂浆波导杆结构中的纵向导波频散方程，求解了水泥砂浆波导杆结构中的纵向导波的能量速度频散曲线。

第 10 章　岩质边坡模拟试验中的导波声发射波形特征研究

10.1　引言

通常情况下，在边坡开挖形成后，由于卸荷会产生二次应力场，岩体产生大的拉应力区域，区域内岩体在拉剪应力作用下会使节理裂纹张开、扩展、断裂，影响边坡岩体的稳定性，有可能导致滑坡等地质灾害[159]。基于此，本章通过对砂浆试件的拉剪破坏声发射试验，分析砂浆试件在拉剪条件下试验过程中的声发射信号。

10.2　拉剪破坏声发射试验

10.2.1　试验目的

通过试验研究砂浆试件在三点弯和剪切条件下的声发射信号，对岩质边坡的稳定性评价和监测预警具有重要的价值。本章通过对试件的拉剪破坏试验，来模拟边坡变形注浆体中产生的声发射信号，经过波导杆的传播，来建立水泥砂浆锚固波导杆结构在拉剪条件下破坏过程的声发射特征，从而为建立边坡稳定性的声发射监测方法提供依据。

10.2.2　试件制备

试验通过水泥砂浆锚固波导杆试件来模拟波导结构埋设在边坡岩体的注浆层，为了充分反映边坡破坏过程声发射信号的特征，本次试验统一制备灰砂比为 1 : 4 的水泥砂浆试件，水泥砂浆试件尺寸为 100mm×100mm×300mm，沿纵向方向中心位置埋设一根波导杆，杆长为 1000mm，波导杆的其中一端与砂浆试件一端面持平，保证有 300mm 长的波导杆锚固在砂浆试件内，采用直径 20mm 的波导杆，试件示意图见图 10.1，波导杆、试模、制作过程及成型后试件见图 10.2～图 10.5。波导结构采用 Q235 型圆钢，试件尺寸及波导结构尺寸见表 10.1。

制备试件时，先将波导杆与试模拼装好，按灰砂比 1 : 4 配制水泥砂浆并拌制水泥砂浆拌和物，将拌制好的水泥砂浆及时装入试模，同时插捣砂浆，防止试件成型后内部留有空隙以保证波导杆与砂浆锚固完全。静置两天后脱模，之后再将试件置于养护箱内在标准条件下养护。

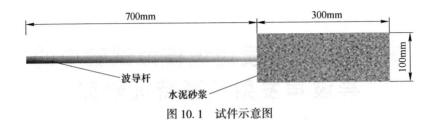

图 10.1　试件示意图

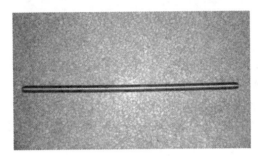

图 10.2　波导杆

图 10.3　试模

图 10.4　制备试件

图 10.5 成型后试件

表 10.1 试件尺寸

试验类型	试件尺寸(100mm×100mm×300mm)				
	波导杆长/mm	杆径/mm	自由段/mm	锚固段/mm	数量/个
三点弯试验	1000	20	700	300	2
剪切试验	1000	20	700	300	2

10.2.3 试验系统

三点弯和剪切声发射试验系统包括 YAW-2000 型压力机以及 PCI-Ⅱ型声发射检测系统两部分,如图 10.6、图 10.7 所示。试验中压力机的加载与声发射仪信号采集同时开始。压力机采用位移控制加载,加载速率控制在 0.5mm/s。

图 10.6 YAW-2000 型压力机

针对此试验对象为水泥砂浆试件,通过对比前人的研究[160]发现,水泥砂浆面开裂引起的声发射信号的频率范围主要集中在 20~60kHz。为了分析声发射信号的波形特征,所以本试验采用中心频率为 65kHz 的 UT-1000 型宽频传感器,见图 10.8。

针对本试验,采用 2/4/6 型前置放大器,带宽为 20~1200kHz,增益设置为 40dB,见图 10.9。

图 10.7　声发射系统

图 10.8　UT-1000 型传感器

图 10.9　前置放大器

10.2.4　声发射系统参数设置

由于声发射传感器的高灵敏度，在实际操作过程中，由于环境噪声、机械摩擦和电磁等因素，会影响到真实信号的接收，因此需要设置检测门槛来降低噪声对被检测试验信号的影响。如果门槛设置过低，系统在采集材料自身声发射信号的同时必定也会采集到更多的噪声信号；如果门槛设置过高，虽然系统可以避免接收到噪声信号，但是有可能会导致采集的材料信号失真或者无法接收材料真实信号。所以在实际的工程应用中，需要考虑材料自身声发射信号水平和环境的噪声水平，以确定合理的门槛值。不同的门槛值及适用范围见表 10.2。

表 10.2　门槛值及适用范围

门槛值/dB	适用范围
25～35	高灵敏度，适用于低幅度信号或高衰减对象的研究
35～55	中灵敏度，适用于无损检测和材料性能研究
55～65	低灵敏度，适用于信号幅度高或强噪声条件下研究

　　针对水泥砂浆这种复合材料，考虑试验环境噪声，并且根据已有的研究，砂浆开裂声发射信号幅值在 45dB 左右，所以本试验将门槛值设为 40dB。

　　声发射定时参数包含峰值定义时间（PDT）、撞击定义时间（HDT）和撞击闭锁时间（HLT）这三个时间参数。峰值定义时间：为了相对精确设置撞击波形的上升时间，需要设定一个时间间隔，在给定时间内寻找最大峰值。撞击定义时间：为了准确确定撞击波形的截止需设置一个时间间隔，如果设置太短会把一个撞击波形分成多个撞击波形，如果设置过长，可能会使多个撞击波形误认为一个撞击波形。撞击闭锁时间：由于波在材料的传播过程中存在折射和反射，需要设置一个时间间隔，定时关闭电路，从而消除干扰波形。AEwin™ 软件用户手册也提供了各种试验的推荐值，见表 10.3。

表 10.3　定时参数推荐值

材　料	PDT/μs	HDT/μs	HLT/μs
复合材料、非金属	20～50	100～200	300
小金属试件	300	600	1000
高衰减金属材料	300	600	1000
低衰减金属材料	1000	2000	20000

　　然而，在工程实践中由于传播介质复杂，声发射信号在同一材料中传播也不完全一致。所以在工程应用中，声发射波形会受到试件的材料、形状、尺寸等复杂因素的影响，所以各参数的设定需依据观察到的试验的实际波形来进行时间参数设置。进行断铅试验来确定合理的声发射定时参数。一般重复多次断铅试验后将得到的上升时间的平均值作为峰值定义时间，可以取峰值定义时间的两倍为撞击定义时间，取略大于撞击定义时间的值作为撞击闭锁时间。

　　针对此试验，结合断芯试验结果，将峰值定义时间（PDT）设定为 150μs，撞击定义时间（HDT）设定为 500μs，撞击闭锁时间（HLT）设定为 900μs。

10.3　试验过程

　　本试验由加载系统和声发射检测系统组成。为了到达拉剪破坏的试验效果，利用三点弯试验模具以及剪切试验模具，如图 10.10、图 10.11 所示。将试件置于模具支座上，因为试验环境噪声会对声发射信号采集有干扰，故在试件与支座的接触面上垫上橡胶垫，以避免声发射系统采集到环境噪声。

图 10.10　三点弯试验模具

图 10.11　剪切试验模具

试件放置好后，调制压力机和声发射系统，使其到达试验要求。试验进行前，应进行预加载，检验支座是否平稳，预加载控制在试件的弹性范围内受力，不能产生裂纹。

试验设备调制后，布置声发射传感器，先将传感器信号线及前置放大器连接好，在传感器表面涂抹适量耦合剂，轻轻按压传感器使其与砂浆表面接触，最后用胶带将传感器粘贴在砂浆试件表面。三点弯和剪切试验系统示意图如图 10.12、图 10.13 所示。

本试验的目的是监测试验过程声发射参数变化特征以及进行砂浆开裂声发射信号源定位。基于此，三点弯试验共布置 5 个声发射传感器，其中在波导杆自由端端面放置一个传感器，用于接收试件破坏时通过波导杆结构传播的声发射信号。同时，为了表明声发射信号主要来源于破裂面，在二维平面定位中，一个源信号至少需要三个撞击才能实现二维平面定位，也就至少需要三个传感器，为了能够使得定位结果更准确，在砂浆侧立面表面沿理想破裂面位置附近布置 4 个声发射传感器，用于声发射二维平面定位（见图 10.14），从而能够对破裂面的声发射信号源进行准确的二维定位。二维定位结果用于验证波导杆结构采集的声发射信号是否主要源于试件破坏时所产生的声发射信号。

同样，由于剪切破坏试验将产生两个破坏面，为了同时定位两个破坏面上的声发射信号，剪切试验共布置 7 个传感器，在波导杆自由端端面布置一个传感

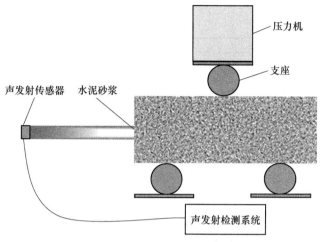

图 10.12　三点弯声发射试验系统

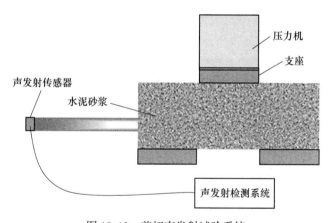

图 10.13　剪切声发射试验系统

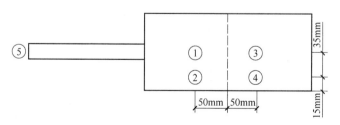

图 10.14　三点弯试验传感器布置

器,用于接收通过波导杆传播的声发射信号。在砂浆侧立面表面沿理想破裂面附近位置布置 6 个声发射传感器,用于对破裂面附近声发射信号进行二维定位,声发射传感器的布置如图 10.15 所示。

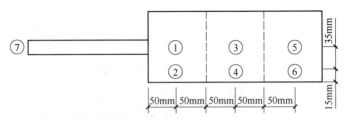

图 10.15　剪切试验传感器布置

声发射传感器与波导杆端面和砂浆表面用硅胶耦合。传感器布置完成后，通过在试件上轻轻敲击，检查传感器接触是否良好及是否正常。

试验进行之前，先在小应力状态下进行几次循环加卸载，以避免夹具和试件之间的摩擦对信号的影响，之后开始试验。正式试验时，试件加载和采集声发射信号同步进行，通过压力机自动加载，试验采用在试件中部匀速加载，使得试件三点弯和剪切破坏。在试验过程中，观察并记录试件宏观上的裂纹扩展过程以及采集声发射信号，直到裂纹贯通试件，停止加载和采集声发射信号。试验过程如图 10.16、图 10.17 所示。

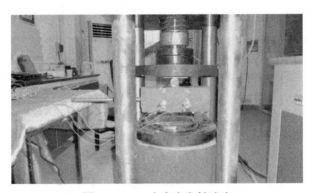

图 10.16　三点弯声发射试验

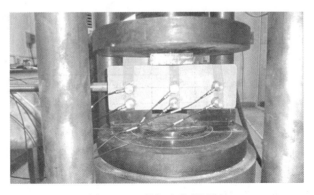

图 10.17　剪切声发射试验

10.4　试验现象

由于不同试件三点弯破坏过程基本类似，所以本节简要说明试验现象。从宏观上来分析裂纹扩展和声发射活动的强度，试件的破坏试验过程分为三个阶段：

（1）在试验初始阶段，试件处于压密过程中，水泥砂浆处于弹性变形阶段，几乎没有裂纹产生，试件内部正在积聚能量，但是并没有能量的释放。

（2）随着荷载的增加，试件下部砂浆到达其抗拉强度，试件内部产生初始裂纹并逐步扩展，试件底部出现清晰可见的微裂纹，随着试验的进行，微裂纹逐渐延伸，裂纹也逐渐变宽，裂纹开始进行到稳定扩展阶段，但是此过程裂纹并没有延伸到波导杆的位置。在这个阶段，通过波导杆接收的声发射信号逐渐增多。这说明在这个过程中试件内部在不断释放能量，表现为试件底部裂纹的形成和扩展。

（3）裂纹快速扩展到波导杆处并最终贯通整个水泥砂浆试件，整个试件完全破坏，此时采集到的声发射信号比第二阶段急剧增长，说明试件内部释放了比第二阶段更大的能量，此阶段不仅有砂浆的开裂，也包括了波导杆受弯变形，所以声发射信号不论在活动度还是强度上都比前一阶段更加剧烈。

三点弯试验开始时，只能接收到少量的声发射撞击，并且从宏观上观察，试件并没有发生变化。随着试验的进行，当下部砂浆到达其抗拉强度时，在试件中部位置开始出现一条清晰可见的裂纹（见图 10.18），同时可以听到"啪"的断裂声，随后裂纹从试件下部扩展到试件上部，直至裂纹贯通了整个试件。

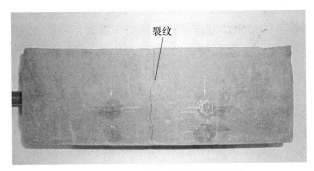

图 10.18　三点弯试验后试件裂纹

不同试件的剪切试验过程相类似，从宏观上的裂纹扩展和声发射信号强度可以为三个阶段：首先，在试验开始阶段，试件处于压密状态，并没有出现宏观上的裂纹，只伴随少量的声发射现象发生。其次，加载到一定条件时，试件底部开始出现两条沿剪切面附近的微裂纹，并且裂纹持续发展（见图 10.19），此时的声发射现象明显比上一阶段更剧烈。最后，随着裂纹持续发展，直到裂纹贯通试件，此阶段声发射活动最强烈。

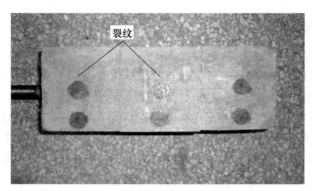

图 10. 19   剪切试验后试件裂纹

10.5   声发射信号波形分析

10.5.1   小波阈值去噪

模态声发射是以波形分析为基础的一种声发射信号处理技术[161,162]。为了研究砂浆试件在破坏过程的声发射信号时频特征，通过对接收的声发射原始信号小波阈值去噪和短时傅里叶变换时频分析，进行波形处理和分析，根据不同频率的信号成分的能量速度的不同，从而其到达传感器的时间也不同。根据不同频率成分的信号到达传感器的时间差，进而推算出声发射源的位置。

由于在试验过程中受环境噪声、电磁等干扰，声发射信号在生成和传输的过程中，经常会导致信号质量较差，从而在很大程度上影响到信号分析的结果。为了使声发射信号分析的结果最好，从接收到的声发射信号数据中来得到有效信息是至关重要的。因此，小波去噪的方式成为声发射信号波形分析的一个重要步骤。

小波去噪在去噪领域具有一定优越性。小波分析具有低熵性、去相关性、多分辨率特性以及选基灵活的特点，所以可以根据信号的特点和对信号的去噪要求来选择合适小波基，进行小波去噪。小波去噪的基本步骤：首先，对信号使用 DWT 进行信号分解，选择小波基并确定小波分解层次。然后，对小波分解高频系数进行阈值量化，在小波域选择阈值，并对小波系数进行阈值（软/硬）截断。最后，将小波分解的低频系数和阈值量化处理后的高频系数进行小波重构[163,164]。

整个去噪过程可以表示为：

$$x(t) \xrightarrow{\text{DWT}} \varphi_s(t) \xrightarrow{\text{Thresholding}} \varphi_x(t) \xrightarrow{\text{IWT}} x'(t) \tag{10.1}$$

式中，$x(t)$ 为原始信号；DWT 为离散序列的小波变换；$\varphi_s(t)$ 为小波分解后的信号；Thresholding 表示阈值处理过程；IWT 表示小波重构过程；$x'(t)$ 为重构后的信号。

小波去噪中的小波阈值去噪方式较为简单，而且去噪效果比较好。本研究利用 Matlab 中的一维小波自动去噪函数 wden 来实现。此函数需要对小波基的选取、阈值化方程的选取和阈值规则的选择进行适当的确定。

小波基的选择除要比较各小波基本身的正交性、对称性、正则性、紧支集合消失矩等之外，同时还要考虑到具体应用对象。

阈值化方程包括软阈值化（soft-thresholding）和硬阈值化（hard-thresholding）。软阈值具有连续性，获得的结果能够更加平滑。而硬阈值化将保存较多的边缘信息，这也更符合实际情况。其中，软阈值化的去噪效果较好。

阈值规则中的试探法的 Stein 无偏风险阈值 T（Heusure 规则）是最优预测变量阈值选择。假如信噪比较小，利用 SURE 估计会有很大的噪声，就适合采取这种 Heusure 规则。

为了使声发射信号进行小波去噪获得较好的处理结果，利用声发射信号和小波基的形状相似性，小波基的紧支性、对称性以及双正交性，选择 Sym8 小波基。确定分解重构层数为 2 层。阈值化方程选择软阈值方程（soft-thresholding），阈值 T 选择为最优预测变量阈值 Heusure 规则。

10.5.2　短时傅里叶变换

由于声发射信号是一种时变的、非平稳的信号，其统计特征会随时间变化，传统意义上的 FFT 可以表现出整个过程中所出现的频率，但是不能精确描述各频率之间的相互关系。通过 FFT 得到的时域-频域关系却没有"定位"能力，也就是说，无法从局部频率得到某一局部时刻。对于非平稳信号，往往利用时频分析法进行分析和处理。时频分析法结合了非平稳信号的时域以及频域分析，不仅反映了信号的频率，还能够反映频率随时间的变化[165~167]。为了了解声发射信号在不同时间附近的频域特征，可以采用时频来描述这种非平稳信号。

短时傅里叶变换（STFT）是一种相对通用的时频分析方法，通过选择一个短时间间隔内的平稳的移动窗函数，使得时频分析到达局部化的目的，得到各个时刻的功率谱。对于声发射信号这种非平稳信号，STFT 是采用滑动窗函数来对信号进行截断，并且设定窗内的信号是准平稳的，之后再分别对其进行傅里叶变换。

对于给定的时间 t，STFT 可以表示为

$$\mathrm{STFT}_Z(t, f) = \int_{-\infty}^{\infty} z(t') \eta^*(t' - t) e^{-j2\pi f t'} \mathrm{d}t' \tag{10.2}$$

式中，$\eta(t)$ 为窗函数，信号 $z(t')$ 在时间 t 处的短时傅里叶变换也就相当于信号乘上一个以 t 为中心的"分析窗"$\eta(t' - t)$ 后所做的傅里叶变换。

对于声发射信号而言，当信号剧烈改变时，主要是高频信号，这就使得窗函

数需要有很好的时间分辨率；反之，当大部分是低频信号时，就需要窗函数有很好的频率分辨率。设定了窗函数，窗函数形状就不再变化，从而 STFT 的分辨率也就随之固定了。只能以牺牲频率分辨率来获得更高的时间分辨率，或者牺牲时间分辨率来得到更高的频率分辨率。非平稳信号的这种短时平稳性与提供频率分辨率总是相互矛盾的[167,168]。因此，在分析信号时应该恰当地选择时间窗函数。

（1）窗函数的选择：矩形窗有着最窄的主瓣宽度，但是矩形窗也会造成频谱泄漏，最终在一定程度上影响分析结果。但是汉宁窗及汉明窗具有更小的旁瓣峰值和更大的旁瓣峰值衰减速度，在短时傅里叶变换时，会减少频谱泄漏，拥有更好的分析结果。

（2）窗长度选择：如果确定了分析窗，分析窗长度的选择将会对分析精度产生影响。如果窗长太长，将不能够把信号当作平稳信号，傅里叶变换就失去了意义。如果窗长过短，将会丢失信息。所以，合理地选择分析窗长是非常重要的[169]。

　　基于短时傅里叶变换的这些特征，为了同时使频率分辨率和时间分辨率达到最好的处理结果，本章采用高斯窗对信号进行局部化，其可以排除距中心点时间较远的信号影响，达到局部化频率分析的目的。用 Matlab 信号处理工具箱中的tfrgabor 函数来实现 Gabor 变换（也就是最优短时傅里叶）时频分析来得到时间-频率的二维分布图。声发射源信号传播过程示意图见图 10.20。

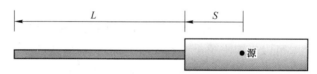

图 10.20　声发射源信号传播过程示意图

　　假设对于同一个声发射源信号，其包括 f_1 和 f_2 两种不同的频率成分。由纵向导波的频散特性可知，不同频率的纵向导波在波导杆中传播的能量速度不同，f_1 频率对应在波导杆自由段传播速度为 v_{b1}，对应在锚固段的传播速度为 v_{S1}，同样 f_2 频率对应的自由段和锚固段的能量速度分别为 v_{b2} 和 v_{S2}。声发射信号在自由段传播距离为 L，在锚固段传播距离为 S。则这两个频率成分的波到达传感器的时差 Δt 为：

$$\Delta t = \frac{S}{v_{S1}} + \frac{L}{v_{b1}} - \left(\frac{S}{v_{S2}} + \frac{L}{v_{b2}} \right) \tag{10.3}$$

也就是说，若已知时差 Δt、自由段长度 L、v_{b1} 和 v_{S1}、v_{b2} 和 v_{S2}，就能够推算出声发射源的位置 S。

$$S = \frac{v_{S1} \cdot v_{S2}}{v_{S2} - v_{S1}} \cdot \left[\Delta t - \frac{L(v_{b2} - v_{b1})}{v_{b1} \cdot v_{b2}} \right] \tag{10.4}$$

因此，通过分析不同信号成分到达传感器的时间差，进而可以计算出声发射源至传感器的距离。

在试验过程中，通过在砂浆外表面布置传感器的方式，来验证声发射信号是否来源于破裂面附近，三点弯试验时在砂浆侧立面表面沿理想破裂面位置附近布置了 4 个声发射传感器，剪切试验时在砂浆外表面沿剪切面附近布置了 6 个传感器，用于声发射二维平面定位。声发射系统在砂浆表面的定位结果如图 10.21、图 10.22 所示。

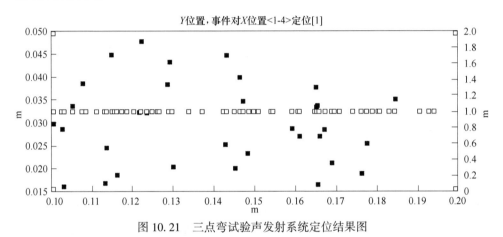

图 10.21 三点弯试验声发射系统定位结果图

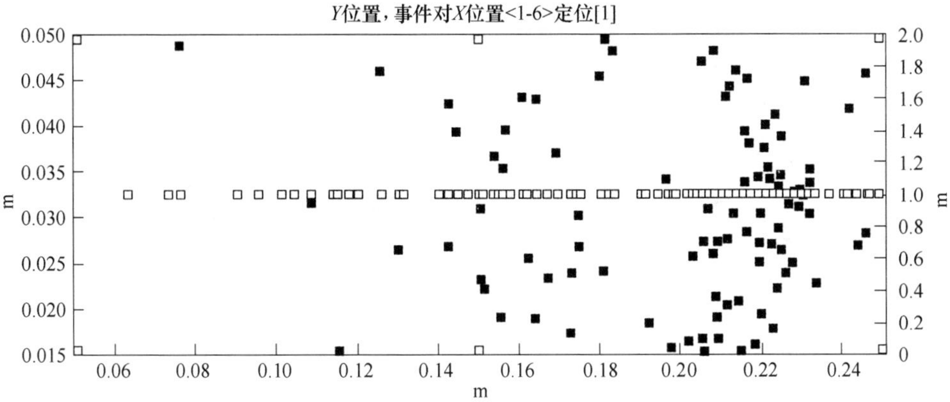

图 10.22 剪切试验声发射系统定位结果图

图 10.21 中，黑方块代表源定位结果，白方块代表 4 个传感器的布置位置。可以看出，声发射源主要集中在 1~4 号传感器之间，也就是说，三点弯试验过程的声发射信号主要来源于破裂面附近。

图 10.22 中，黑点代表源定位结果，方块代表 6 个传感器的布置位置。可以看出，声发射源产生的范围也在 1~6 号传感器之间，并且该试件试验过程中的大部分声发射源来源于右侧剪切面，左侧剪切面相对更少些，与试验过程试件裂

纹的发展情况相吻合。

从三点弯试验和剪切试验的声发射系统二维定位的结果来看，认为波导杆接收的声发射信号主要来源于试件破坏时的声发射信号，并且该信号主要产生在破裂面附近。

声发射信号在能量比较小、频率相对较低和周期较长时，两个波有可能叠加成一个波，所以为了得到时频分布正确的到达时间，对声发射信号进行分析时就需要选择那些比较高的能量频率。

以剪切试验 JQ-01 声发射信号 hit4178 为例，首先将该信号进行小波去噪，将去噪后的信号进行 Gabor 变换时频分析可知（图 10.23），该声发射信号主要存在两个不同频带，其频率分别为 40~50kHz 和 65~70kHz。为了能够得到不同频率成分的波到达传感器的准确时间，通过对该信号进行滤波，提取出这两个频带对应的时域特征分布（图 10.24），比较两个不同频率成分对应能量最大时的时差，该时差即为同一声发射源中不同频率成分的波到达传感器的时差。

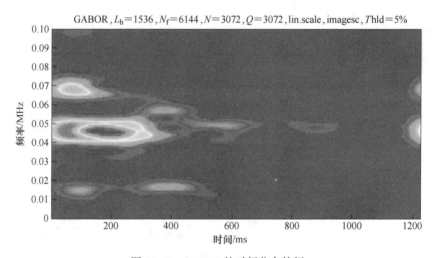

图 10.23　hit4178 的时频分布特征

前面已经通过理论数值计算出纵向导波在自由圆钢波导杆结构和水泥砂浆锚固波导杆结构中传播的能量速度频散曲线，所以利用该方法进行声发射源定位时，本章采用数值计算方法得到自由圆钢波导杆结构和水泥砂浆锚固波导杆结构中的能量速度频散值。

从图 10.24 可以得出，40~50kHz 和 65~70kHz 两个频带的波的时差为 97.9ms。根据式（10.4）和不同频率成分的波在自由杆及砂浆锚固波导杆中传播的能量速度，可计算出声发射源位置 S 为 105.6mm。而剪切试验右剪切面的位置在 200mm 左右，左剪切面在 100mm 左右，从源定位来看，此声发射信号应该来源于左剪切面砂浆开裂所产生。

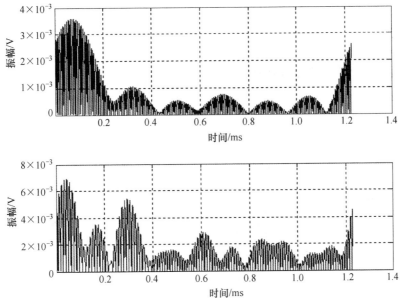

图 10.24　hit4178 两个频带成分的时域特征分布

对剪切声发射试验信号 hit4125 利用同样的方法进行分析，见图 10.25、图 10.26。可以得出，该信号主要存在 40~50kHz 和 15~20kHz 这两种频率成分的波，并且这两种频率成分到达传感器的时差是 83.2ms，由此可推算出声发射源位置 S 为 98.7mm，可见该信号也是源于左侧剪切面开裂而导致的。

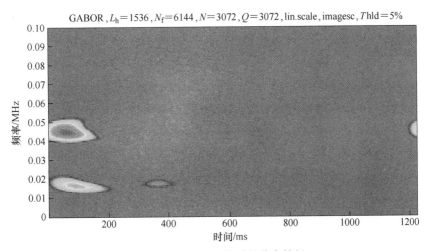

图 10.25　hit4178 的时频分布特征

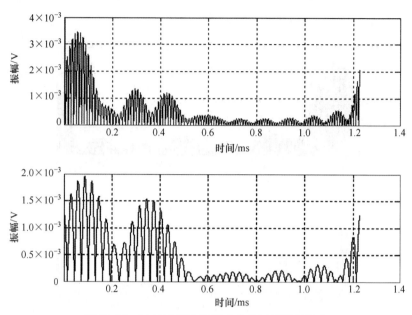

图 10.26　hit4125 两个频带成分的时域特征分布

对于三点弯试验 SDW-01 的声发射信号 hit10272，把该信号进行小波去噪，对去噪后的信号进行时频分析可知（图 10.27），该声发射信号主要存在两个不同频带，其频率分别为 20~25kHz 和 50~55kHz。图 10.28 所示为这两个频带的波的时域分布特征。从图 10.28 可以得出，这两个频带的波到达传感器的时差为 18.6ms。根据式（10.4）和不同频率成分的波在自由杆及砂浆锚固波导杆中传播的能量速度，计算出声发射源位置 S 为 157.1mm。三点弯试验破裂面位置在 150mm 左右。

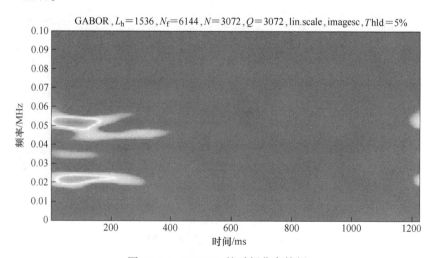

图 10.27　hit10272 的时频分布特征

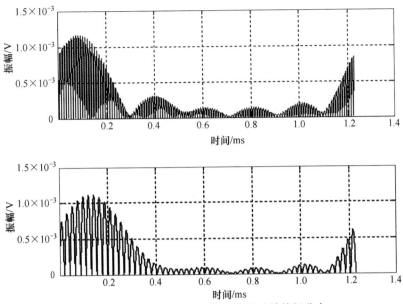

图 10.28　hit10272 两个频带成分的时域特征分布

　　同样，对三点弯声发射试验信号 hit741 进行分析可知（图 10.29、图 10.30），该信号主要存在 30~40kHz 和 55~60kHz 这两种频率成分，它们到达传感器的时差为 71.3ms，继而计算得到声发射源位置 S 为 148.9mm，在试件破裂面附近。

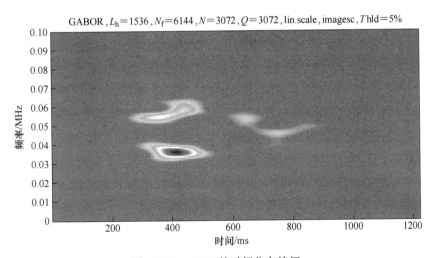

图 10.29　hit741 的时频分布特征

限于篇幅，本章只列出部分声发射撞击的时差及定位结果。如表 10.4 所示。

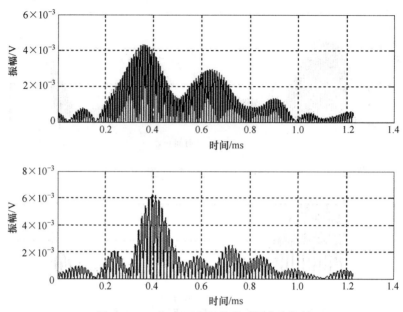

图 10.30 hit741 两个频带的时域分布特征

表 10.4 剪切和三点弯试验部分声发射信号定位结果

试验类型	声发射信号	频率成分/kHz	时差/ms	源位置 S/mm
剪切试验	hit1022	45~50	168.5	203.4
		18~20		
	hit14174	60~65	31.3	196.5
		20~25		
	hit13740	45~50	7.1	209.7
		35~40		
三点弯试验	hit2457	45~50	5.0	152.8
		35~40		
	hit584	55~65	130.5	155.2
		30~35		
	hit2466	35~40	136	154.9
		20~25		

10.6 本章小结

本章通过对经过波导杆结构后采集的声发射信号进行波形处理分析，基于导波理论，根据同一个声发射源中不同频率成分的波到达传感器的时差，进行声发射的源定位。从分析结果可以看出，用该方法进行声发射源定位，计算出的声发射源位置大致位于破裂面附近，从定位结果来看，该结果具有较高的准确性，能够为处理复杂的声发射信号、进行源定位提供一定的理论指导和现实依据。

第 11 章　岩质边坡模拟试验中的导波声发射参数特征研究

11.1　引言

本书主要研究基于波导杆监测边坡破坏的声发射模拟试验特性。由于实际应用中，波导杆先安装于监测孔内，再回填耦合材料，使波导杆与孔壁完全耦合，同时在波导杆上面布置声发射传感器。因此，通过室内用水泥砂浆浇筑波导杆试件来模拟监测孔中耦合材料和波导杆部分，再对试件进行拉剪试验，并对试件破坏过程中的声发射信号进行采集。通过阅读大量国内外文献可知，文献［4］中研究了采用单个声发射探头结合波导杆来监测土质边坡，文献［22］研究了多个声发射传感器结合波导杆监测岩质边坡，而本章对边坡监测孔中的耦合材料和波导杆部分进行研究。

从查阅到的声发射结合波导杆监测边坡的相关文献可知，国内学者采用单个声发射传感器结合波导杆在现场进行监测试验[170~174]，国外部分学者采用水泥浆、相似材料、砂子等作为耦合材料来包裹波导杆，并做剪切或压缩试验来模拟边坡不同破坏类型[124,125,127,135]，这为研究边坡的拉剪破坏类型的声发射模拟试验提供了参考，因此本章对采用水泥砂浆包裹波导杆试件进行剪切和弯曲试验。声发射结合波导杆监测边坡时，首先在边坡布置监测孔，波导杆埋设于监测孔中，波导杆周围回填耦合剂，常用的耦合剂有水泥浆、砂子等，最后传感器安置于波导杆上，接收来自监测孔中的信号。由于边坡在破坏过程中大多是剪切或弯曲破坏，且在破坏过程中耦合剂同时也被剪切或者弯曲破坏，因此只需研究耦合剂包裹波导杆的试件在剪切和破坏过程中的声发射特性即可。试验过程中，将声发射传感器布置于波导杆的端部，并采集试件破裂全过程中的声发射信号，最后对试件破坏过程的声发射特征进行分析。

11.2　波导杆选择

波导杆作为信号传递的介质，可将地表以下岩体中或耦合剂产生的声发射信号传递到地表的声发射传感器中。国内外学者有用过 PVC 管、铝管、铜棒、钢棒等材料作为波导杆的。本试验采用直径 20mm 的波导杆，杆长为 1000mm，波导结构采用 Q235 型圆钢，如图 11.1 所示。

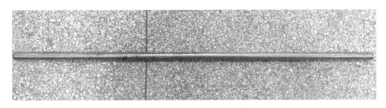

图 11.1 波导杆

11.3 耦合材料选择

耦合材料是用来传递或者产生声发射信号的。国外学者有的采用水泥浆、河砂、岩石相似材料等作为耦合材料，通过对耦合材料包裹波导杆的时间进行声发射试验来研究其破坏特征。本章选取水泥砂浆为耦合材料，浇筑灰砂比为 1：4 的水泥砂浆试件，浓度为 70%，砂子粒径不大于 2.5mm，是用河砂筛选而来的，水泥为 32.5 号硅酸盐水泥，砂子和筛子分别见图 11.2、图 11.3。

图 11.2 河砂   图 11.3 筛子

11.4 传感器布置方式

波导杆上声发射传感器的布置方式对边坡稳定性分析起着关键作用。有的国外学者将声发射传感器安装于地表出露的波导杆端部；韩国和日本学者则在波导杆上均匀布置四个声发射探头，并全部埋入监测孔中。本章采用单个声发射探头安装于波导杆的端部，布置方式如图 11.4 所示。

图 11.4 传感器布置方式

11.5 试件制作

本章利用水泥砂浆浇筑波导杆试件来模拟边坡监测孔中的波导杆和回填材料。为了保证试验条件相同，一次性浇筑灰砂比为 1：4 的水泥砂浆浇筑波导杆试件，水泥砂浆试件尺寸为 100mm×100mm×300mm，试件纵轴方向的中心位置安装一根波导杆，其长度为 1000mm、直径为 20mm，试件长度为 300mm，位于波导杆的中间部位，波导杆在试件两端各自出露 350mm 长，制作过程见图 11.5，成型后试件见图 11.6。波导结构采用 Q235 型圆钢。

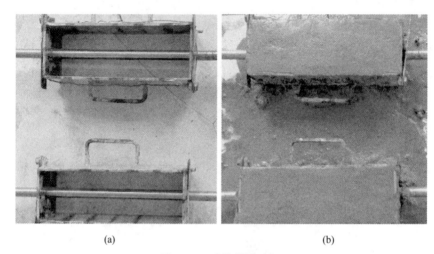

(a)   (b)

图 11.5 试件制作过程

（a）浇模前；（b）浇模后

图 11.6 成型试件

11.6 声发射监测试验

11.6.1 试验仪器

室内试验中声发射监测系统为 PCI-Ⅱ型声发射仪，试验加载仪器是全自动压力试验机 YAW-2000 型压力机。压力机采用荷载控制方式，加载速率设置为 0.2kN/s。声发射系统门槛值设定为 45dB，声发射传感器为宽频传感器 UT-1000，中心频率 65kHz，采样频率为 1MHz。试验装置如图 11.7 所示。

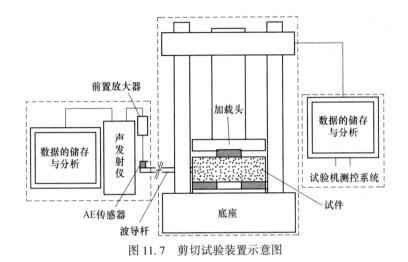

图 11.7　剪切试验装置示意图

11.6.2　剪切试验

为了模拟边坡剪切破坏的效果，通过剪切试验模型来达到该效果，如图 11.8 所示。采用特制加工的剪切装置，放置好试件，在垫片与试件之间放置橡胶垫片，防止试件与金属垫片在加载时产生摩擦等信号会对声发射信号的采集产生干扰。试件放置好之后，将传感器安装于波导杆一端的表面。在试验过程中，确保声发射监测系统、加载系统、数码相机摄像同时进行，以便后期互相对照分析。

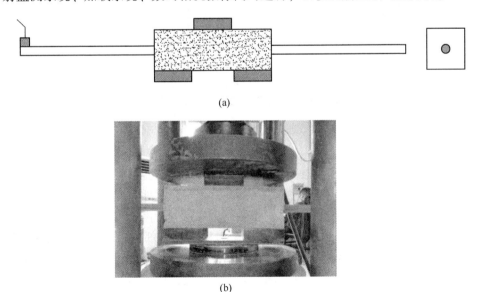

(a)

(b)

图 11.8　剪切试验加载装置

（a）剪切示意图；（b）剪切室内试验

11.6.3　三点弯曲试验

为了模拟抗拉破坏的试验效果，利用三点弯曲试验模型进行试验，如图 11.9 所示。采用特制加工的三点弯曲装置，放置好试件，在垫片与试件之间放置橡胶垫片，防止试件与金属垫片在加载时产生摩擦等信号会对声发射信号的采集产生干扰。试件放置好之后，将传感器安装于波导杆一端的表面。在试验过程中，确保声发射监测系统、加载系统、数码相机摄像同时进行，以便后期互相对照分析。

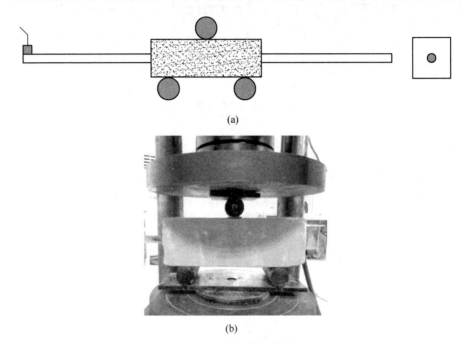

(a)

(b)

图 11.9　三点弯曲加载装置

（a）三点弯曲示意图；（b）三点弯曲室内试验

11.7　试验过程

本章试验通过三点弯试验来模拟边坡破坏过程中的受拉破坏，通过双面剪切试验来模拟边坡沿着滑移面剪切破坏。试验过程中在试件与试验装置接触面上放置橡胶垫，以排除试验中试件与装置摩擦产生的信号对声发射采集造成干扰。

连接好声发射监测仪和 YAW-2000 压力机的各个部分，进行调试以确认试验可以正常进行。在安装好试件，调试 YAW-2000 型压力机，先对试件预加载。试件安装好之后，首先在波导杆端部安装一个声发射传感器，后期为了对试件裂纹扩展状态进行研究，同时在 100mm×300mm 的试件正面布置 4 个声发射传感器，以便对试件表面的裂纹进行定位研究。加载装置示意图见图 11.10，其中波

图 11.10　加载装置示意图

导杆上的传感器与试件表面传感器所在通道的峰值定义时间（PDT）、撞击定义时间（HDT）、撞击闭锁时间（HLT）设置见表 11.1。

表 11.1　定时参数设置

位置	通道	参　数		
		PDT/ms	HDT/ms	HLT/ms
波导杆端部	通道 1	30	100	200
试件表面	通道 2~5	150	500	900

在声发射监测系统采集之前，先用小刀在试件表面轻轻滑动，看是否有声发射信号的产生，以便检查传感器是否安装好。试验过程确保声发射监测系统、压力机、摄像机同步进行。

11.8　试件破坏过程分析

根据试验方案和声发射监测方案及加载方案，对破坏过程裂纹扩展规律进行摄影记录。本章总共进行了 6 组试验，剪切和弯曲试验分别加载 6 块试件。三点弯曲试验中大部分试件的裂纹从中间竖直向下开裂，如图 11.11（a）所示；还有部分沿着支点呈"八字形"裂纹，如图 11.11（b）所示；部分试件的裂纹从上向下弯弯曲曲，如图 11.11（c）所示；部分试件除有一条竖直裂纹外，顶部支点与右下角支点之间还有一条裂纹，如图 11.11（d）所示。

剪切试验中大部分试件的裂纹沿着剪切面，呈两条竖直平行的裂隙，如图 11.12（a）所示；部分试件的裂纹扩展不规则，但是总体趋势按照八字形扩展，如图 11.12（b）、图 11.12（c）所示；部分试件的裂纹扩展类型呈"八字形"，如图 11.12（d）所示。

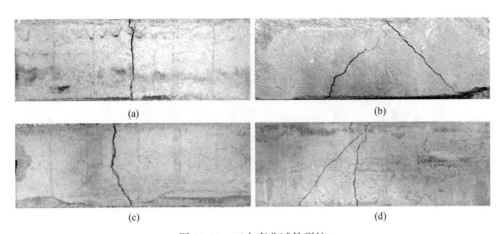

图 11.11　三点弯曲试件裂纹

（a）竖直裂纹；（b）八字形裂纹；（c）弯曲形裂纹；（d）竖直裂纹和斜裂纹

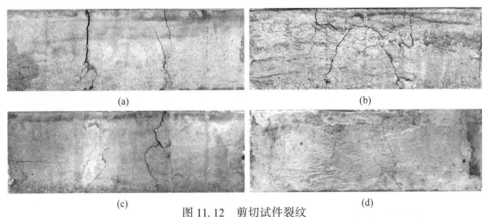

图 11.12　剪切试件裂纹

（a）竖直平行裂纹；（b）不规则裂纹；（c）不规则裂纹；（d）八字形裂纹

11.9　声发射试验结果分析

11.9.1　声发射试验数据

　　试验过程全部准备好之后，设置加载速率及声发射采集参数，所有试件统一设置参数，将试件拉剪破坏过程的声发射参数采集到计算机中。本章主要分析的参数有声发射事件数、能量、幅度、振铃计数。波导杆上的传感器所采集的声发射信号是由水泥砂浆破裂、水泥砂浆与波导杆之间的摩擦、波导杆弯曲变形所产生的。试验过程采集的声发射信号数据较多，后期通过 MATLAB 软件编程对其进行处理。

11.9.2　声发射事件特性分析

　　声发射事件率是单位时间内产生的声发射事件的总数，以个/S 为单位。它能反映出试件在破坏过程中各个时间段内产生事件数的多少。

剪切和三点弯曲破坏声发射试验过程中的声发射事件率和累计声发射事件率分别见图 11.13、图 11.14、图 3.5、图 3.6，图中黑色曲线表示试件在加载过程中的荷载随时间的变化，方块曲线表示试件在加载过程中的位移随时间的变化，竖条曲线表示试件破坏时的（累计）声发射事件率，jq-01 和 sdw-01 分别表示剪切和三点弯曲试验的第一个试件，后面的试件依此类推。

11.9.2.1　剪切试验

A　声发射事件率

剪切试验中，在荷载–时间曲线的初始加载阶段，荷载值突然上升后又下降至平稳状态，这是试件不平整、支座不稳定以及橡胶垫等因素的作用，使得加载初期的荷载产生波动。荷载平稳之后荷载值又一次突然波动，波动之后呈现增长趋势，如图 11.13 所示。

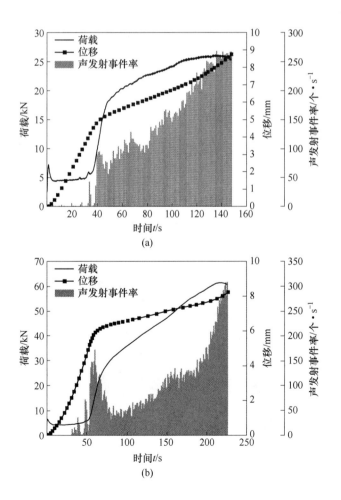

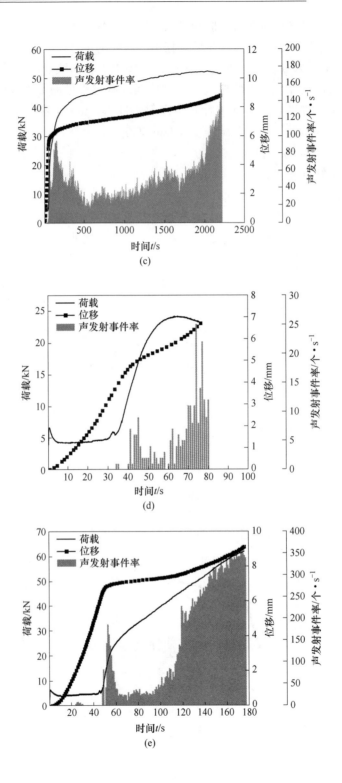

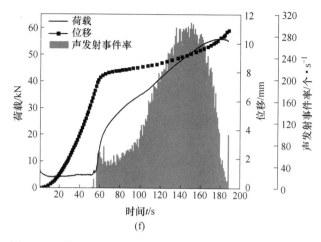

图 11.13　剪切试验下荷载–位移–时间–声发射事件率曲线
（a）jq-01 声发射事件率；（b）jq-02 声发射事件率；（c）jq-03 声发射事件率；
（d）jq-04 声发射事件率；（e）jq-05 声发射事件率；（f）jq-06 声发射事件率

由图 11.13 可看出，加载初期位移随着时间的增加持续增大，荷载值相对保持平稳，但是只有极少数甚至没有声发射事件产生。随着荷载由稳定阶段进入弹性阶段，荷载值开始增大，位移增加的速率反而开始降低；此时荷载出现了一次波动，并伴随声发射事件率的突然增加，说明这时有微裂隙的产生，同时变形速率开始降低，表明当变形速率降低时，试件很有可能已开始发生破坏。伴随荷载的继续增加，位移也逐渐增加，但是声发射事件率相应减小；当试件加载中由弹性阶段进入塑性阶段时，荷载的变化率开始降低，且声发射事件率开始增加；加载过程中的荷载峰值并不是很明显，这是由于波导杆在试件中间起到抗拉作用，试件在荷载峰值点附近时就已严重破坏。

B　累计声发射率

由图 11.14 可知，所有试件的累计声发射事件率又有类似的发展过程，试件在三点弯曲加载初期和稳定阶段几乎没有声发射事件产生，或者只有少数的声发射事件产生，这是因为试件不平整，存在微缺陷，该信号的产生是有局部微缺陷的聚合或破损产生的。进入弹性阶段时，累计声发射率显著增加，说明有裂纹产生时，声发射事件数急剧增加，声发射现象显著。过了弹性阶段之后，累计声发射事件率快速增加，表明此时有大的破坏发生，宏观表现为裂纹由底部开始扩展到波导杆，并最终贯通整个试件。

11.9.2.2　三点弯曲试验

A　声发射事件率

所有试件三点弯曲的试验中，在荷载–时间曲线的初始加载阶段，荷载值突

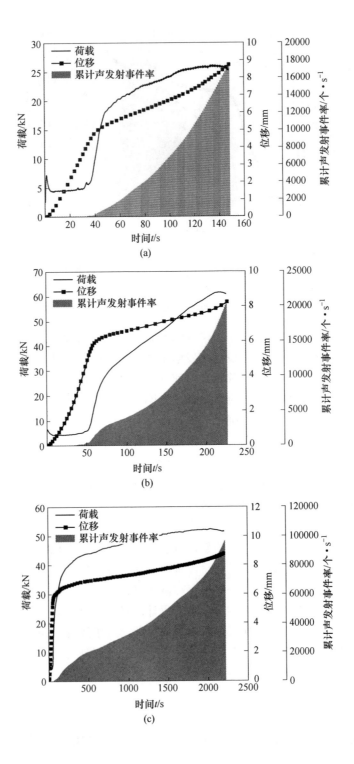

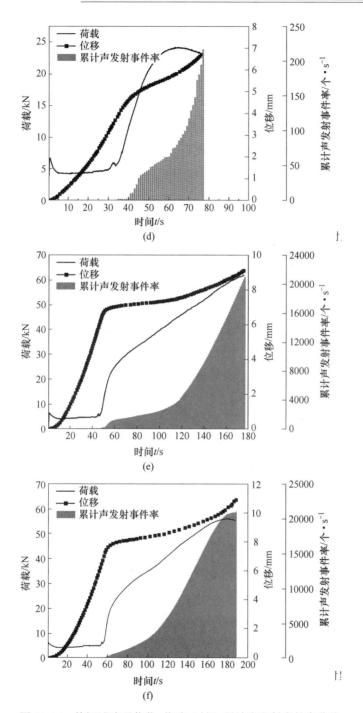

图 11.14　剪切试验下荷载-位移-时间-累计声发射事件率曲线

（a）jq-01 声发射累计事件率；（b）jq-02 声发射累计事件率；（c）jq-03 声发射累计事件率；
（d）jq-04 声发射累计事件率；（e）jq-05 声发射累计事件率；（f）jq-06 声发射累计事件率

然上升后又下降至平稳状态，如图 11.15 所示。这是试件不平整、支座不稳定以及橡胶垫等因素的作用，使得加载初期的荷载产生波动。荷载平稳之后荷载又连续出现两次波动，波动之后呈增长趋势，与剪切试验相似。

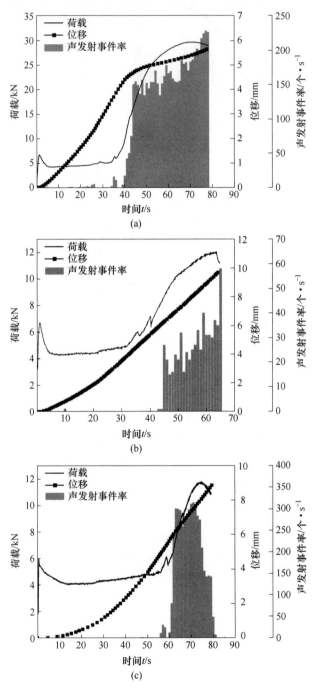

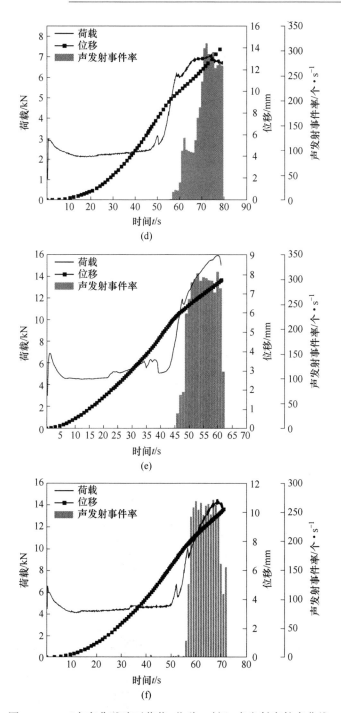

图 11.15　三点弯曲试验下荷载-位移-时间-声发射事件率曲线

（a）sdw-01 声发射事件率；（b）sdw-02 声发射事件率；（c）sdw-03 声发射事件率；

（d）sdw-04 声发射事件率；（e）sdw-05 声发射事件率；（f）sdw-06 声发射事件率

　　如图 11.15 所示，试件在加载初期，荷载曲线相对平稳，几乎没有声发射信号的产生；当进入弹性阶段时，开始有声发射事件产生，并伴随着"噼啪"的声音，但是未能观察到裂纹产生，随后就有大量的声发射事件产生。

B　累计声发射率

　　由图 11.16 可知，试件在三点弯曲试验过程中的累计声发射事件率与剪切试验的累计声发射事件率又有很大不同。同样试件在加载初期没有声发射事件产生，进入弹性阶段时有少量声发射事件产生，说明试件即将开始破坏，有微裂隙的产生；紧接着累计声发射事件率就呈直线形急剧增加，表明当试件底部有微裂隙产生之后就迅速开始向顶部扩展，穿过波导杆最后贯穿整个试件，与剪切试验相比，整个过程持续时间较短。

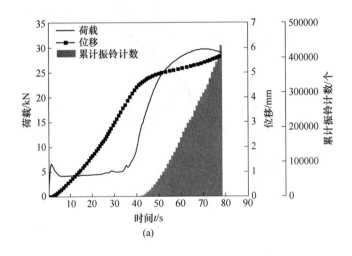

(a)

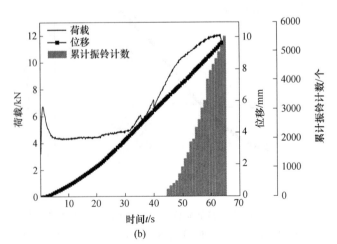

(b)

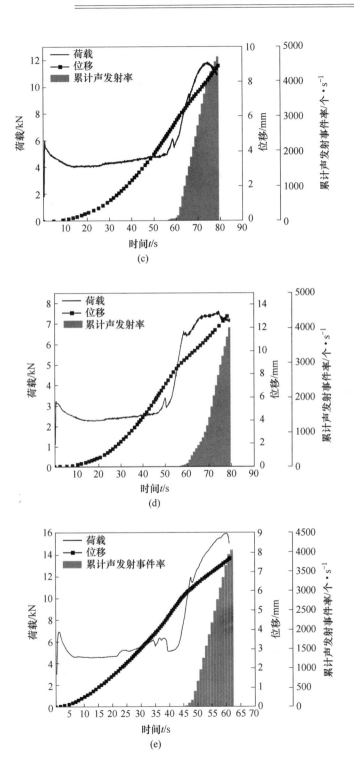

(c)

(d)

(e)

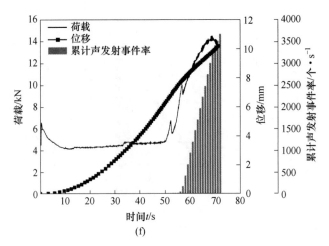

图 11.16　三点弯曲试验下荷载-位移-时间-累计声发射事件率曲线

（a）sdw-01 声发射累计事件率；（b）sdw-02 声发射累计事件率；（c）sdw-03 声发射累计事件率；
（d）sdw-04 声发射累计事件率；（e）sdw-05 声发射累计事件率；（f）sdw-06 声发射累计事件率

11.9.3　声发射幅值分析

　　幅度是声发射波形的最大振幅值，单位为 dB，定义传感器输出 1μV 时，对应的幅度为 0dB。声发射信号峰值幅度的计算公式为：

$$(dB_{AE}) = 20\log_{10}\left(\frac{A_1}{A_0}\right) \tag{11.1}$$

式中，A_0 为在信号放大之前，传感器输出 1μV；A_1 为测量时声发射信号的峰值电压。

　　表 11.2 所示为整数幅度 dB_{AE} 与之对应的传感器电压输出值。

表 11.2　常用整数幅度 dB_{AE} 对应的传感器输出电压值

dB_{AE}	0	20	40	60	80	100
V_{AE}	1μV	10μV	100μV	1mV	10mV	100mV

　　图 11.17、图 11.18 所示为试件在拉剪破坏过程中声发射信号的幅值在时间序列的分布情况，图中黑色曲线表示试件在加载过程中的荷载随时间的变化，方块曲线表示试件在加载过程中的位移随时间的变化，圆圈表示试件破坏时的声发射事件幅值分布。

11.9.3.1　声发射幅值-剪切试验

　　由图 11.17 可以看出，试件在剪切试验的弹性阶段，幅值有明显增高的趋势，此时也是位移的变化速率最小时；由弹性阶段进入非稳定破裂发展阶段时，幅值有所下降，随着破裂的不断发展，幅值缓慢增加直到试件的破坏。

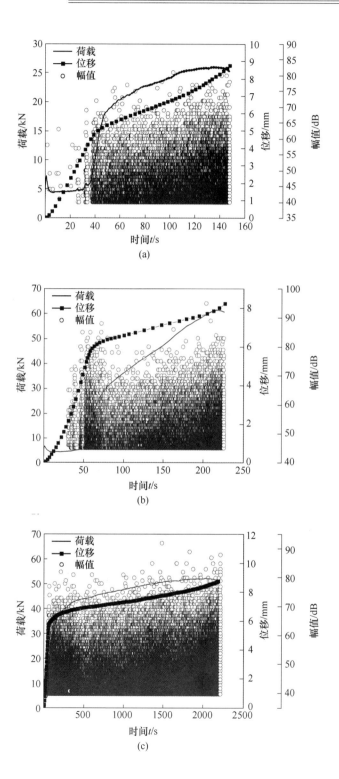

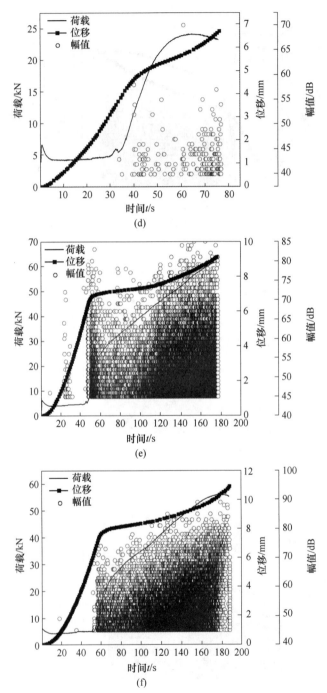

图 11.17　剪切试验下荷载-位移-时间-幅值曲线

(a) jq-01 声发射幅值；(b) jq-02 声发射幅值；(c) jq-03 声发射幅值；
(d) jq-04 声发射幅值；(e) jq-05 声发射幅值；(f) jq-06 声发射幅值

11.9.3.2 声发射幅值-三点弯曲

由图 11.18 可知，在三点弯曲的弹性阶段，声发射信号的幅值逐渐增大，接着幅值高高低低不断变化，没有一定的规律。

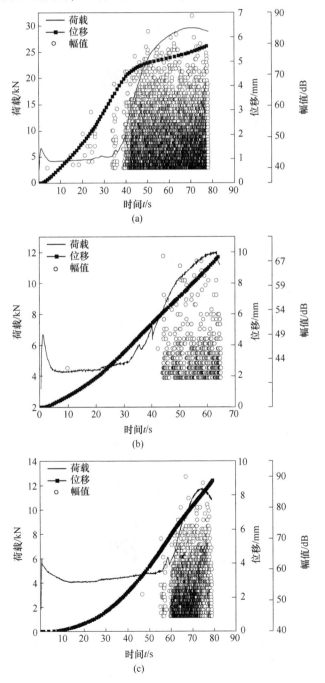

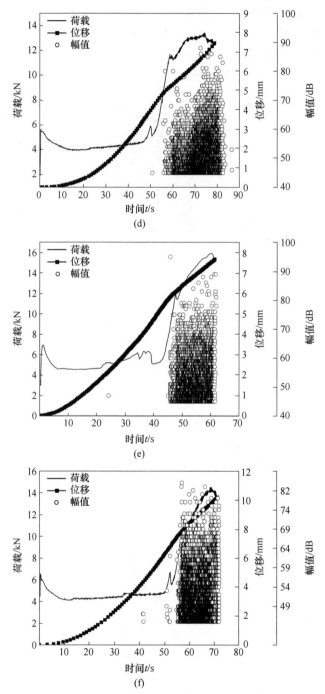

图 11.18   三点弯曲试验下荷载-位移-时间-幅值曲线

（a）sdw-01 声发射幅值；（b）sdw-02 声发射幅值；（c）sdw-03 声发射幅值；
（d）sdw-04 声发射幅值；（e）sdw-05 声发射幅值；（f）sdw-06 声发射幅值

11.9.4　声发射能量分析

声发射能量是声发射波形包络线下方所包围的面积，计算中的能量是把信号的平方、持续时间的长短及事件包络面积等作为能量参数，并不是信号的真实物理能量，它反映试件破坏过程中声发射信号的强度。能率即为单位时间内监测得到的声发射能量；累计能量就是某一时刻所测得全部声发射事件能量的累加。

图 11.19、图 11.20 所示为试件破坏过程中的声发射事件的能率和累计能量，图中黑色曲线表示试件在加载过程中的荷载随时间的变化情况，方块曲线表示试件在加载过程中的位移随时间的变化情况，柱状线为试件破坏时的能率或累计能量。

11.9.4.1　声发射能率–剪切试验

如图 11.19 所示，在剪切试验的弹性阶段，能率突然增大；当由弹性阶段结束进入非稳定破裂阶段时，能率出现骤降的现象；随后声发射能率在试件的非稳定破裂阶段缓慢增长，直到试件破坏达到最大。在弹性阶段微破裂稳定发展，并伴随着能量的急剧释放，但是观察不到宏观裂纹的产生，由于波导杆的存在，对试件的破坏起到抗剪作用，宏观裂纹发展很缓慢，裂纹出现后缓慢延伸直到破坏。

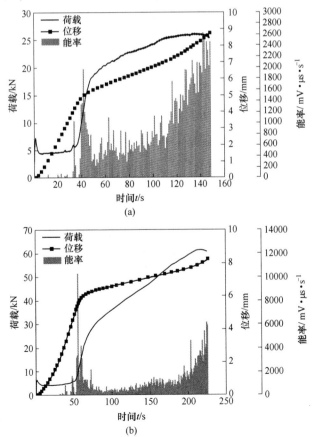

(a)

(b)

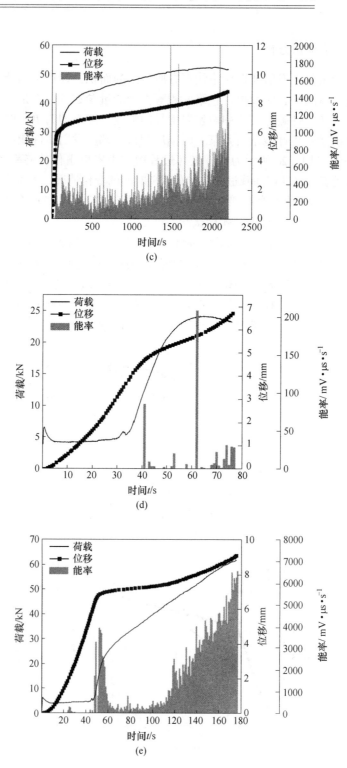

(c)

(d)

(e)

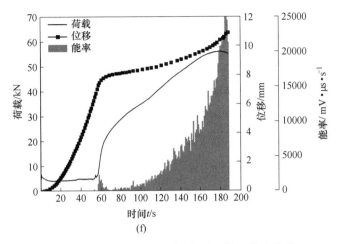

(f)

图 11.19　剪切试验下荷载-位移-时间-能率曲线

（a）jq-01 声发射能率；（b）jq-02 声发射能率；（c）jq-03 声发射能率；
（d）jq-04 声发射能率；（e）jq-05 声发射能率；（f）jq-06 声发射能率

11.9.4.2　累计声发射能量-剪切试验

如图 11.20 所示，在剪切试验的弹性阶段，声发射累计能量曲线明显增加，说明有微裂隙产生；随后累计能量缓慢增加，表明此阶段内裂纹扩展产生的能量较少；快到达峰值荷载处的一段时间内，累计能量又快速增加，此时试件中的裂纹穿过波导杆，贯穿整个试件，并伴随着大量的能量产生。

11.9.4.3　声发射能率-三点弯曲试验

由图 11.21 可知，在三点弯曲试验由稳定阶段进入弹性阶段时，能率有突增现象，随后又降低；在非稳定破裂发展阶段，能率又开始增加；在峰值荷载处能率也有突增现象，但并未达到最大值，直到峰值荷载之后试件已经完全破坏，此时能率达到最大值。

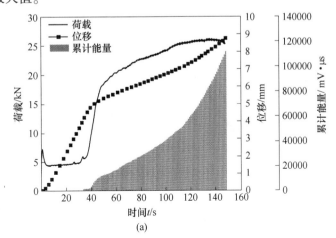

(a)

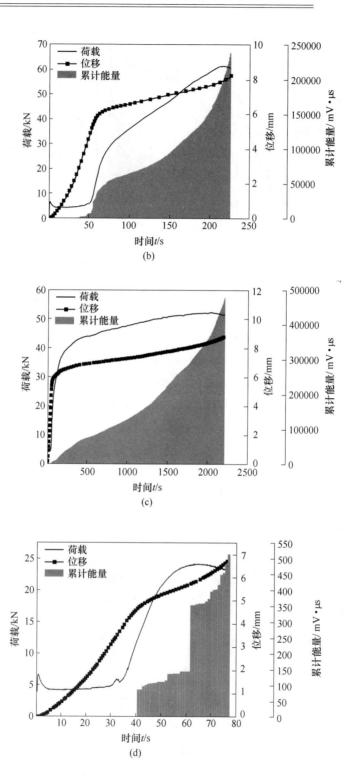

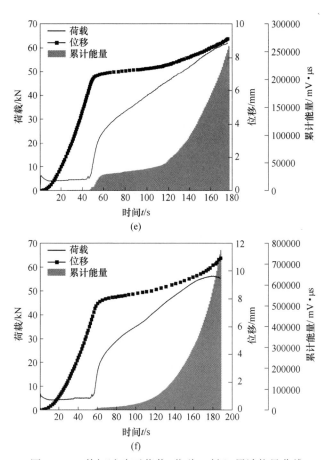

图 11.20　剪切试验下荷载-位移-时间-累计能量曲线

（a）jq-01 声发射累计能量；（b）jq-02 声发射累计能量；（c）jq-03 声发射累计能量；
（d）jq-04 声发射累计能量；（e）jq-05 声发射累计能量；（f）jq-06 声发射累计能量

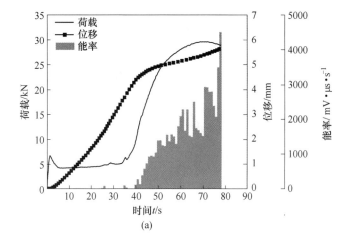

（a）

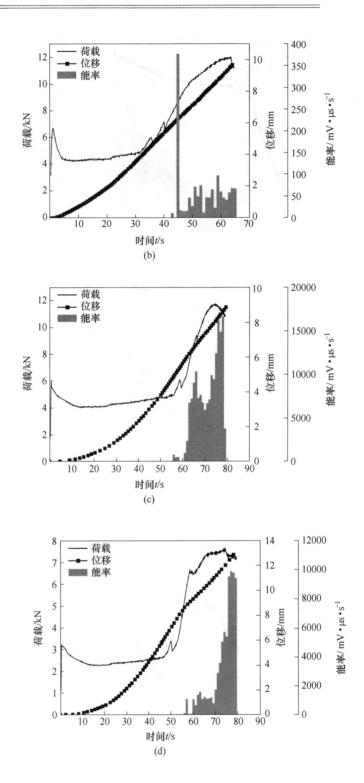

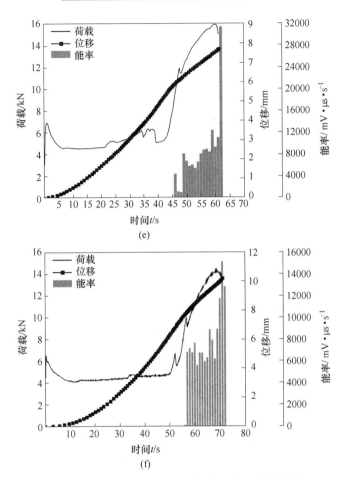

图 11.21　三点弯曲试验下荷载-位移-时间-能率曲线

（a）sdw-01 声发射能率；（b）sdw-02 声发射能率；（c）sdw-03 声发射能率；
（d）sdw-04 声发射能率；（e）sdw-05 声发射能率；（f）sdw-06 声发射能率

11.9.4.4　累计声发射能量-三点弯曲

从图 11.22 可以看出，累计能量在整个破坏过程中的变化比较均匀，没有突增现象，只有在试件最后完全破坏时累计能量增幅较大，说明试件在三点弯曲破坏过程的裂纹发展比较均匀，从裂纹产生到裂纹贯穿试件的过程没有出现突然破坏现象，这是由于波导杆在试件中起到抗拉作用，抑制了裂纹在试件中的快速扩展。

11.9.5　声发射振铃计数分析

声发射信号每超过一次门槛电压即记为一次振铃计数，其反映了试件破坏过程中声发射活动的强度和频度。声发射振铃计数率是选取每秒内所监测的振铃计数，累计振铃计数即为试件破坏全过程的某时刻所监测的振铃计数的累计。

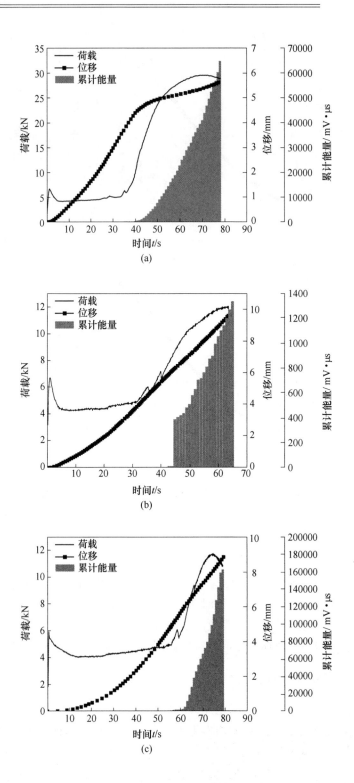

(a)

(b)

(c)

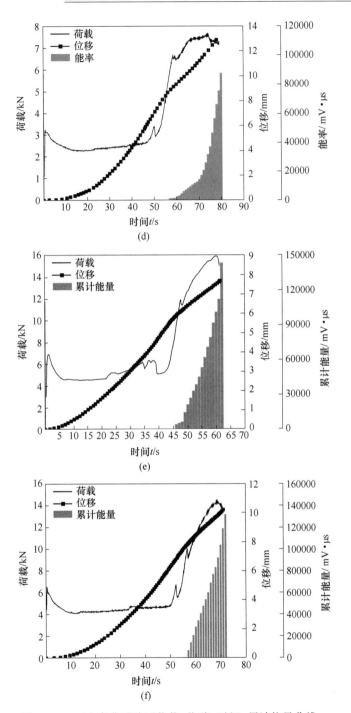

图 11.22 三点弯曲试验下荷载-位移-时间-累计能量曲线

(a) sdw-01 声发射累计能量；(b) sdw-02 声发射累计能量；(c) sdw-03 声发射累计能量；
(d) sdw-04 声发射累计能量；(e) sdw-05 声发射累计能量；(f) sdw-06 声发射累计能量

图 11.23、图 11.24 所示为试件在三点弯曲和剪切破坏声发射试验过程中声发射振铃计数率，图 11.25、图 11.26 所示为三点弯曲和剪切破坏声发射累计振铃计数，图中柱状图表示试件破坏时的振铃计数率或累计振铃计数，黑色曲线表示试件在加载过程中的荷载随时间的变化，方块曲线表示试件在加载过程中的位移随时间的变化。

11.9.5.1 声发射振铃计数率-剪切试验

由图 11.23 可以得知，试件在剪切破坏过程中的振铃计数率的变化规律与声发射事件率的变化规律在时间序列上是类似的。在荷载进入弹性阶段之后振铃计数率突然增加，且持续时间很短，其中试件 jq-06 在弹性阶段的振铃计数率突增不是很明显，这时位移曲线突然变平缓，说明此时的位移变化率很低；在弹性阶段，振铃计数率快速减少；进入非稳定破裂发展阶段，振铃计数率开始缓慢增加；在接近峰值荷载时，振铃计数率又开始迅速增加，往往在过了峰值荷载之后，试件完全破坏时振铃计数率达到最大值。这表明能率和振铃计数率存在一定的对应关系，能量急剧增长时，振铃计数也有相应的急剧增长现象。

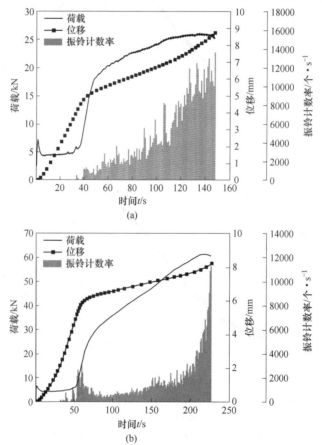

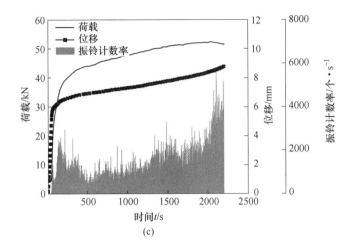

(c)

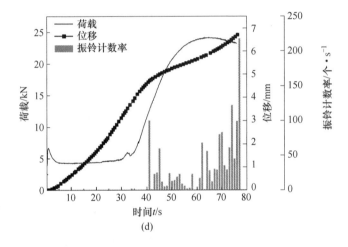

(d)

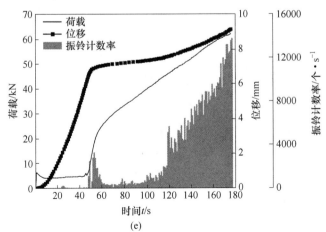

(e)

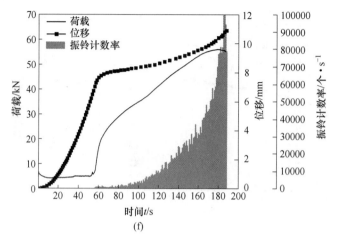

(f)

图 11.23 剪切试验下荷载-位移-时间-振铃计数曲线

(a) jq-01 声发射振铃计数率;(b) jq-02 声发射振铃计数率;(c) jq-03 声发射振铃计数率;
(d) jq-04 声发射振铃计数率;(e) jq-05 声发射振铃计数率;(f) jq-06 声发射振铃计数率

11.9.5.2 声发射振铃计数率-三点弯曲试验

通过摄影观察可知,当裂纹开始出现时,振铃计数率急剧增加,接着振铃计数率高低震荡性波动,如图 11.24 所示。在荷载峰值后达到最大值,接着在荷载不断加载过程中,振铃计数率间歇式地出现。同样在三点弯曲试验中,能量的急剧增加与振铃计数率的跃升现象是相对应的,但是能量最大时,振铃计数并不是最大。

11.9.5.3 累计声发射振铃计数-剪切试验

如图 11.25 所示,部分试件在稳定阶段有少数振铃计数产生;进入弹性阶段时,累计振铃计数有所突增,但是部分试件的累计振铃计数突增现象并不明显;进入非稳定破裂发展阶段初的一段时间内,累计振铃计数缓慢增加,表明这段时间内试件的微裂纹扩展为主;在非稳定破裂发展阶段的后期,累计振铃计数快速增加,由试验摄影可知,此阶段内裂纹从底部开始扩展,经过波导杆,最终贯穿整个试件。

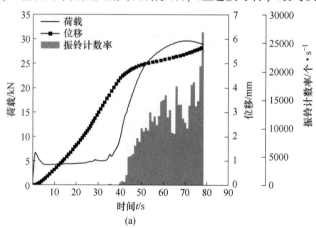

(a)

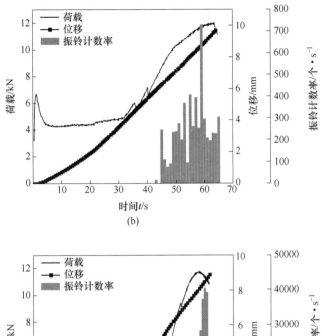

(b)

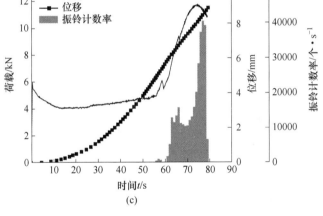

(c)

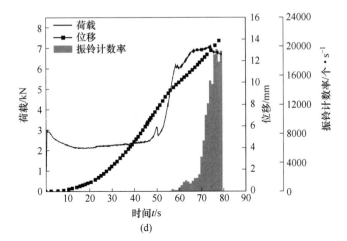

(d)

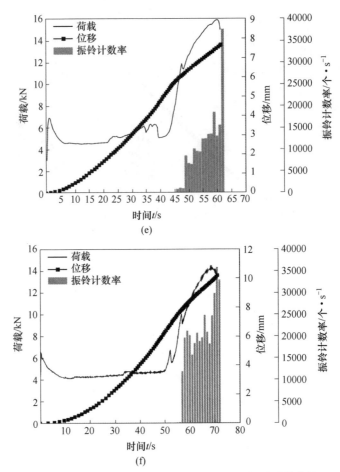

(e)

(f)

图 11.24　三点弯曲试验下荷载-位移-时间-振铃计数曲线

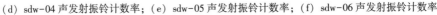

（a）sdw-01 声发射振铃计数率；（b）sdw-02 声发射振铃计数率；（c）sdw-03 声发射振铃计数率；
（d）sdw-04 声发射振铃计数率；（e）sdw-05 声发射振铃计数率；（f）sdw-06 声发射振铃计数率

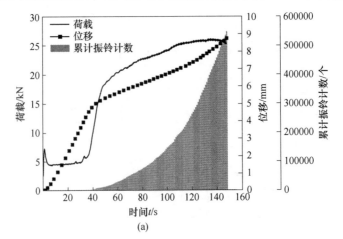

(a)

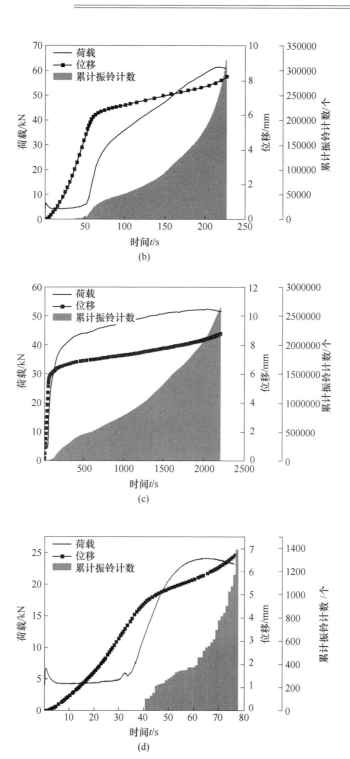

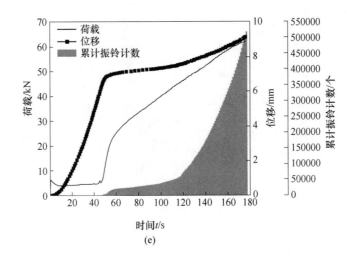

(e)

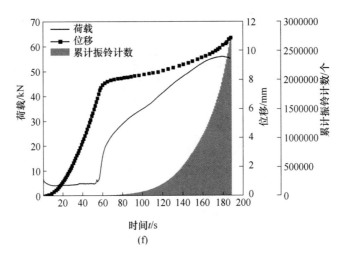

(f)

图 11.25　剪切试验下荷载-位移-时间-累计振铃计数曲线

（a）jq-01 声发射累计振铃计数；（b）jq-02 声发射累计振铃计数；

（c）jq-03 声发射累计振铃计数；（d）jq-04 声发射累计振铃计数；

（e）jq-05 声发射累计振铃计数；（f）jq-06 声发射累计振铃计数

11.9.5.4　累计声发射振铃计数-三点弯曲

如图 11.26 所示，三点弯曲试验的累计振铃计数的特征曲线与剪切试验的累计振铃计数的特征曲线的变化规律有所不同：在三点弯曲试验的弹性阶段，只有少数的振铃计数产生，且累计振铃计数并没有明显的突增现象，而是均匀地快速增加，直到试件的破坏。

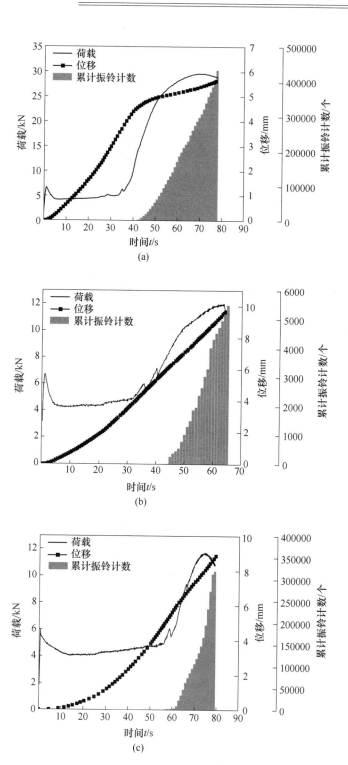

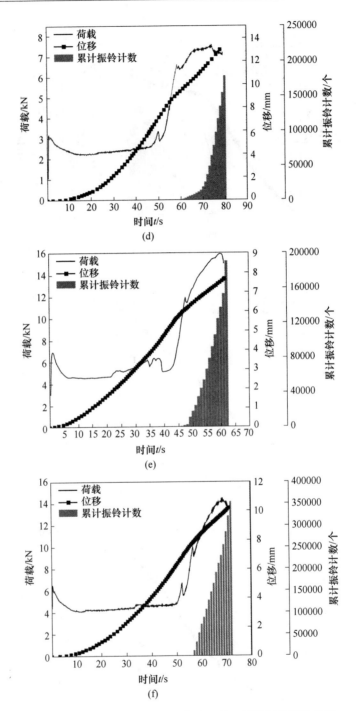

图 11.26   三点弯曲试验下荷载-位移-时间-累计振铃计数曲线

(a) sdw-01 声发射累计振铃计数；(b) sdw-02 声发射累计振铃计数；(c) sdw-03 声发射累计振铃计数；
(d) sdw-04 声发射累计振铃计数；(e) sdw-05 声发射累计振铃计数；(f) sdw-06 声发射累计振铃计数

11.10　本章小结

本章通过对水泥砂浆浇筑的波导杆试件进行三点弯曲和剪切声发射试验，介绍了试件破坏过程中裂纹的不同扩展模式，并分析了试件在破坏过程中的声发射参数特征，得出如下结论：

（1）三点弯曲试件破坏的裂纹类型主要是：裂纹从底部向上弯弯曲曲扩展，也有部分试件在上部与下部支点之间也会形成一条裂纹；剪切试验中试件的破坏裂纹主要沿着两个剪切面发展，少数试件的裂纹呈"八字形"。

（2）由于试件中间浇筑波导杆的缘故，所以试件在剪切或弯曲试验的荷载时间曲线与普通不加波导杆的试件的荷载曲线特征有所不同。

（3）剪切破坏前，当出现声发射事件率突增后又骤降时，表明此时耦合材料处于弹性阶段，还未有裂纹出现，可作为预测破坏可能发生的征兆；弯曲破坏前，往往声发射事件率急剧增大之后并未骤降，此时试件还未有裂隙产生，接着声发射事件率高高低低一直变化，可将事件率突增后为骤降的现象作为预测边坡弯曲破坏的征兆。

（4）剪切破坏过程中的能量变化规律与事件率相似，在耦合材料处于剪切状态下的弹性阶段时，能率也有突增后又骤降的现象，但此时试件并未破坏，也可作为预测边坡破坏的征兆；三点弯曲破坏前，当出现能量突增时变化幅度不大，与剪切破坏不同。

（5）剪切破坏过程中的振铃计数变化特征与事件率相似，在耦合材料处于剪切状态下的弹性阶段时，振铃计数也有突增后又骤降的现象，但此时试件并未破坏，也可作为预测边坡破坏的征兆；三点弯曲破坏前，当出现振铃计数突增时变化幅度不大，与剪切破坏不同。

第 12 章　岩质边坡模拟试验中的导波声发射分形关联维数和 r 值特征

12.1　引言

从水泥浇筑的波导杆试件破坏的声发射参数特征分析中，可以对试件破坏进行有效的预测，但只能作为试件破坏的基础依据，无法对试件内部裂纹的破坏规律进行有效的表述。查阅国内外文献，得知部分研究成果中采用声发射分形维数来分析岩石破坏中裂纹的规则程度，如文献［175］研究了岩石在单轴压缩条件下分形特征和关联维数变化特征，表明了在主断裂或破坏发生时分形维数值则会降低；文献［63］指出岩石破坏过程的声发射 r 值的增加，表明许多低能量的小事件发生，意味着裂纹的传播；r 值的增加表明少量高能量的事件发生，意味着起始破裂发生，尤其是开放式模式。

对于水泥砂浆浇筑波导杆的试件，其破坏过程中声发射信号是通过波导杆来传递的，而分形特征是否适合于这种声发射信号尚有待研究。同样适用于岩石破坏分析的 r 值，在这种声发射信号分析中是否可行，都将是本章研究的重点。故本章将对水泥砂浆浇筑的波导杆试件进行分形维数和 r 值的研究，以此来预测波导杆监测下的边坡失稳破坏的基础依据。

12.2　试件破坏过程声发射参数分形特征分析

12.2.1　关联维数的计算

分形能反映岩石微断裂的规则程度，常用分形维数来表述。分形维数可以很好地反映岩石中微破坏产生的规律性，岩石中微破裂的产生是混乱的还是有序的，所对应的分形维数各不相同，往往在分形维数降低时，表明岩石中的微破裂从杂乱到有序的变化[58]，本章中的关联分形维数将采用 G-P 算法，具体方法与第 4 章 4.2 节相同。

12.2.2　m 值确定及分形特征判断

参照第 4 章 4.2 节，本章在试件破坏过程中选取 50 个声发射时间序列的数据作为一个单元，相对应一个声发射关联维数值，比例常数 k 取 15，采样的时间间隔 Δt 取 4。本次声发射分形关联维数计算中以第五组试验的剪切试件 jq-05 和三点弯曲试件 sdw-05 来分析，见图 12.1。

由图 12.1 (a) 可知，在剪切试验的声发射振铃计数中，当相空间维数 m 位于 2~4 区间段时，关联维数 D 趋于线性变化，于是选择 3 为剪切试验的相空间维数 m 值；由图 12.1 (b) 可知，在三点弯曲试验的声发射振铃计数中，当相空间维数 m 位于 3~6 区间段时，关联维数 D 趋于线性变化，于是选择 4 为三点弯曲试验相空间维数 m 值。

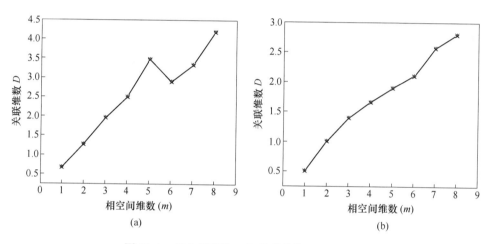

图 12.1　相空间维数 m 与关联维数 D 关系曲线
(a) 剪切试验相空间维数 m 与关联维数 D 的关系曲线；
(b) 三点弯曲试验相空间维数 m 与关联维数 D 的关系曲线

选取水泥砂浆浇筑波导杆试件破坏试验的最后 50 个声发射数据，计算其关联维数，判断试件破坏试验过程声发射幅值、振铃计数、能量是否具有分形特征，图 12.2 所示为各参数计算出的 $\ln r$ 与 $\ln C(r)$ 的关系曲线。

12.2.2.1　剪切试验

如图 12.2 所示，水泥砂浆浇筑波导杆试件的剪切试验过程中的声发射能量、振铃计数、幅值的 $\ln r$ 与 $\ln C(r)$ 相关系数在 0.95 以上。研究表明，水泥砂浆浇筑波导杆试件的剪切试验破坏过程中的声发射能量、振铃计数、幅值序列具有分形特征。

12.2.2.2　三点弯曲试验

如图 12.3 所示，水泥砂浆浇筑波导杆试件的三点弯曲试验破坏过程的声发射能量的 $\ln r$ 与 $\ln C(r)$ 相关系数为 0.737，声发射振铃计数和幅值相关系数在 0.95 以

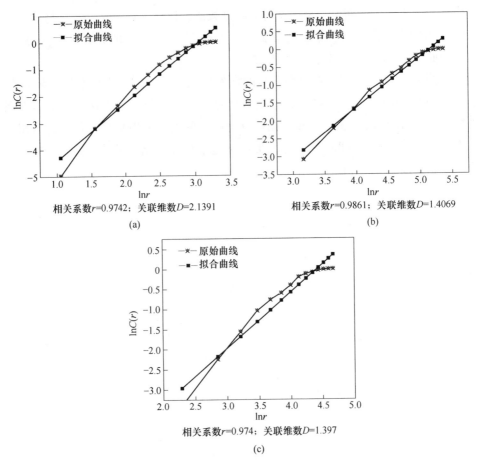

图 12.2　剪切试验声发射各参数的 ln r-ln C (r) 关系曲线

(a) 幅度的 ln r-ln C(r) 关系曲线；(b) 振铃计数的 ln r-ln C(r) 关系曲线；

(c) 能量的 ln r-ln C(r) 关系曲线

上。研究表明，水泥砂浆浇筑波导杆试件的三点弯曲试验破坏过程的声发射能量的分形特征并不明显，而声发射振铃计数和幅值序列具有明显的分形特征。

12.2.3　剪切破坏关联维数的计算结果及分析

水泥砂浆浇筑波导杆试件的剪切破坏试验的相空间维数 m 的取值为 3，选取 50 个声发射事件序列数据为一组，对水泥砂浆波导杆试件破坏过程中的声发射幅值和声发射振铃计数时间序列的分形维数进行计算。其中关联维数作为纵坐标，选取的每组数据的中间时刻作为横坐标，得到图 12.4(a)、图 12.5(a)、图 12.5(b) 的曲线。由于关联维数时序的原始曲线看起来很"杂乱"，不易观察其规律，故对其进行平均值处理，见图 12.4~图 12.6。

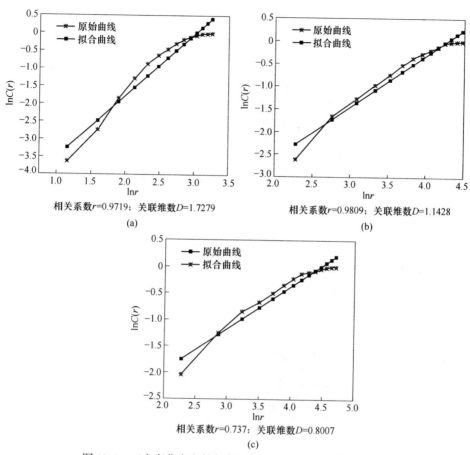

相关系数 r=0.9719；关联维数 D=1.7279

(a)

相关系数 r=0.9809；关联维数 D=1.1428

(b)

相关系数 r=0.737；关联维数 D=0.8007

(c)

图 12.3　三点弯曲声发射各参数的 $\ln r$-$\ln C(r)$ 关系曲线

（a）幅度的 $\ln r$-$\ln C(r)$ 关系曲线；（b）振铃计数的 $\ln r$-$\ln C(r)$ 关系曲线；

（c）能量的 $\ln r$-$\ln C(r)$ 关系曲线

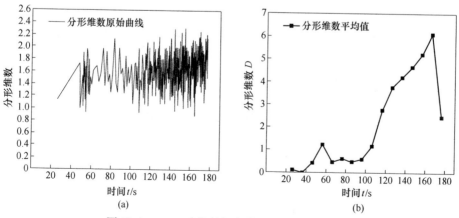

图 12.4　jq-05 声发射幅度关联维数的时序曲线

（a）原始曲线；（b）取平均值后

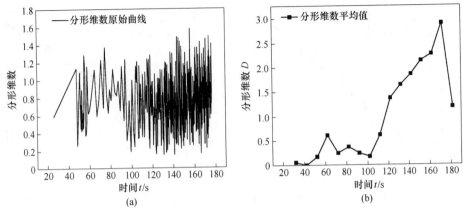

图 12.5　jq-05 声发射振铃计数关联维数的时序曲线

（a）原始曲线；（b）取平均值后

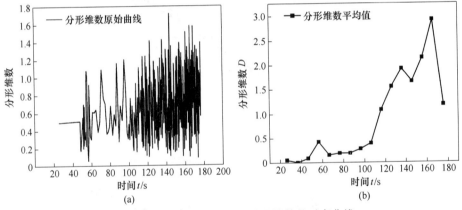

图 12.6　jq-05 声发射能量关联维数的时序曲线

（a）原始曲线；（b）取平均值后

由图 12.4~图 12.6 可知，声发射幅值、声发射振铃计数、声发射能量的关联维数曲线的总体变化规律是一致的：在加载初期，分形维数值处于较小水平，变化没有规律；随后分形维数值有两次小幅度的震荡现象，说明试件中微裂隙扩展形态发生变化，此时微裂隙产生较多，声发射事件以小事件为主；随着加载的继续进行，分形维数较快上升，说明微破裂增加，损伤断裂增长；声发射能量的分形维数值在上升过程中有一次小幅度的降低，表明有主裂纹产生，与实验摄影对比可知，此时在试件的左侧有裂纹产生；最后分形维数值陡降，此时裂纹已完全贯穿整个试件，试件已经破坏。

12.2.4　三点弯曲破坏关联维数的计算结果及分析

水泥砂浆浇筑波导杆试件的三点弯曲试验的相空间维数 m 的取值为 4，以 50

个声发射事件序列数据为一组，对水泥砂浆波导杆试件破坏过程中的声发射幅值和声发射振铃计数时间序列的分形维数进行计算，其中关联维数作为纵坐标，选取的每组数据的中间时刻作为横坐标，得到图 12.4（a）、图 12.5（a）、图 12.6（a）所示曲线，由于关联维数时序的原始曲线看起来很"混乱"，不易观察其规律，故对其进行平均值处理，见图 12.7、图 12.8。

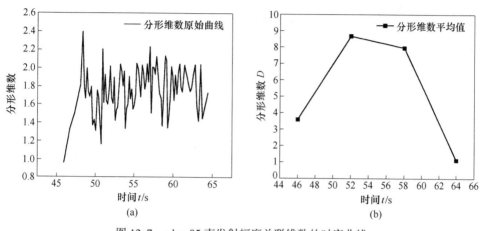

图 12.7　sdw-05 声发射幅度关联维数的时序曲线

（a）原始曲线；（b）取平均值后

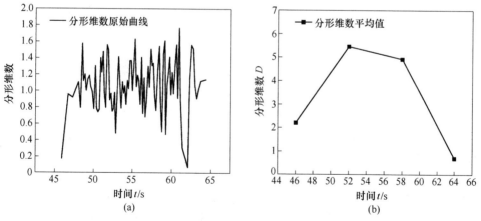

图 12.8　sdw-05 声发射振铃计数关联维数的时序曲线

（a）原始曲线；（b）取平均值后

由图 12.7、图 12.8 可知，三点弯曲试验过程中的声发射幅值、声发射振铃计数的关联维数曲线的总体变化规律是一致的：加载初期阶段，水泥砂浆浇筑波导杆试件结构中产生大量微损伤、损伤断裂，这些损伤断裂的大小和分布没有规律，而分形维数能够对这些无规律的损伤裂纹进行度量，能够反映试件在破坏过程中微损伤的统计演化情况，分形维数的上升表示试件破坏以小尺度的微破裂为主，并且在试件中均匀分布。

随后关联维数值开始下降，表明在水泥砂浆浇筑波导杆试件中有越来越多的微裂隙产生，且密集的微裂隙将形成宏观的裂纹；直到关联维数降低到最小值，表示此时试件中已经产生大的破裂，试件将要发生破坏。

12.3 试件破坏过程声发射 r 值特征分析

12.3.1 声发射 r 值的计算

声发射 r 值即为声发射累计撞击数与声发射累计能量的比值，记作 $\sum N / \sum E$。早在 1996 年 ZANG. A 等就研究了软岩在破坏过程中声发射 $\sum N / \sum E$ 的变化规律。文献 [63] 表明了 $\sum N / \sum E$ 比值的假设：$\sum N / \sum E$ 比值的上升说明有许多小的、低能量的试件产生，这种变化常常与裂纹的扩展或者剪切破裂联系起来；$\sum N / \sum E$ 比值下降，说明有一小部分高能量试件产生，可能发生在大的断裂的开始，特别是开放式破裂。

声发射能量的计算公式：

$$U = \frac{1}{R} \int_{t_1}^{t_2} V_p^2 \mathrm{d}t \tag{12.1}$$

式中，R 为动态电阻变化值；V_p 为时间函数波的振幅；t_2 为声发射信号起始时间；t_1 为声发射信号结束时间。

于是，本部分对水泥砂浆浇筑波导杆试件破坏过程中的声发射 $\sum N / \sum E$ 比值进行分析，研究该比值在试件破坏前后是否有明显的变化规律，分析其在试件微裂纹扩展和大破坏产生时，与 ZANG. A 等研究软岩的规律是否有相似之处。本章中 $\sum N / \sum E$ 的比值，$\sum N$ 值是以每秒中产生的累计声发射撞击数来计算的，$\sum E$ 值同样是以每秒钟以内的声发射能量的总和来计算的。试图利用 $\sum N / \sum E$ 比值在试件破坏过程中的变化规律来对边坡的失稳破坏进行预测和预警。

12.3.2 剪切破坏声发射 r 值分析

从图 12.9 中可知，在试件加载的稳定阶段，$\sum N / \sum E$ 比值变化无规律，只有试件 jq-01 和 jq-04 的 $\sum N / \sum E$ 值在加载初期的稳定阶段有降低现象，说明有一小部分的高能量事件产生，假设是由大破裂的开始发出的；而在弹性阶段，其余试件的 $\sum N / \sum E$ 值都有陡降现象，同样说明有少数能量高的事件发生；随后 $\sum N / \sum E$ 值又开始缓慢上升，说明有许多能量低的事件发生，这时往往有大量微破裂产生，这是由裂纹的发展或者剪切破坏造成的；最后 $\sum N / \sum E$ 值开始缓慢降低，此时有少数能量高的事件发生，说明试件中的裂纹正在扩展。

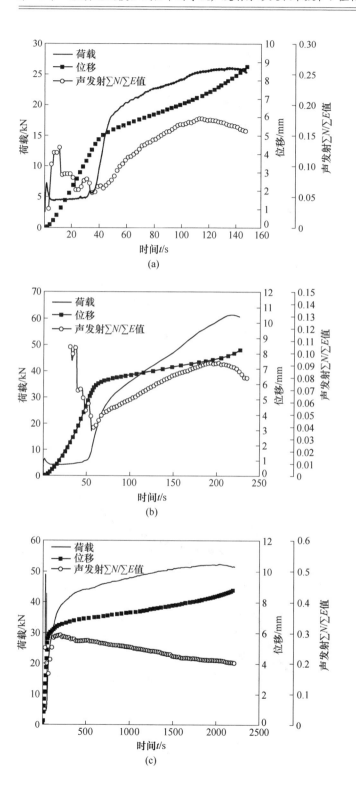

(a)

(b)

(c)

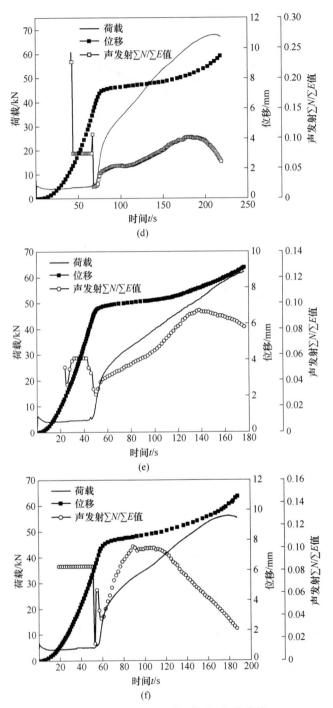

图 12.9　剪切试验 r 值-荷载-位移曲线

(a) jq-01 声发射 r 值；(b) jq-02 声发射 r 值；(c) jq-03 声发射 r 值；

(d) jq-04 声发射 r 值；(e) jq-05 声发射 r 值；(f) jq-06 声发射 r 值

12.3.3　三点弯曲破坏声发射 r 值分析

由图 12.10 可知，三点弯曲试验的声发射 $\sum N/\sum E$ 值，在加载初期阶段或弹性阶段都有一个陡降过程，其中只有试件 sdw-01 的声发射 $\sum N/\sum E$ 值在加载初期出现陡降现象，说明有少数能量高的事件发生，可能出现初始断裂，尤其是开放式破坏；随后 $\sum N/\sum E$ 值相对平缓变化。

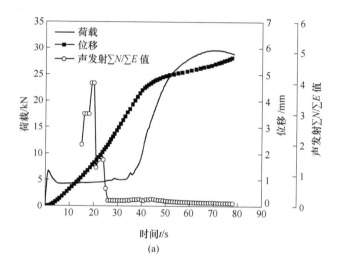

(a)

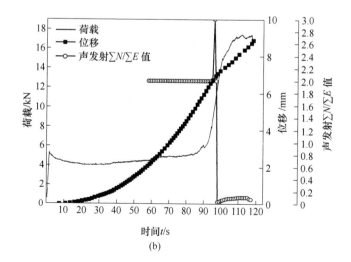

(b)

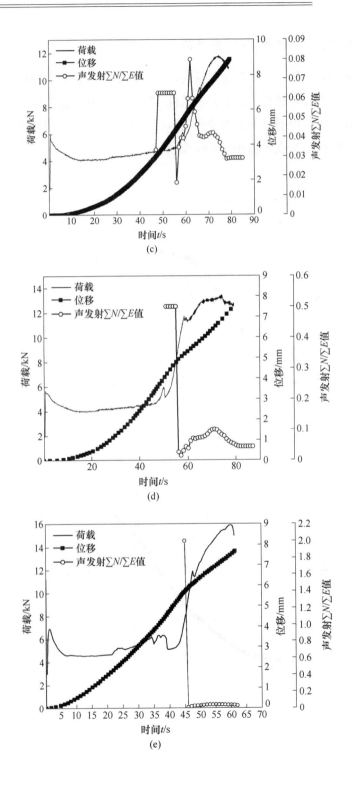

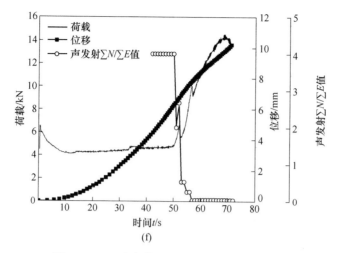

图 12.10　三点弯曲试验 r 值–荷载–位移曲线

（a）sdw-01 声发射 r 值；（b）sdw-02 声发射 r 值；（c）sdw-03 声发射 r 值；
（d）sdw-04 声发射 r 值；（e）sdw-05 声发射 r 值；（f）sdw-06 声发射 r 值

12.4　本章小结

本章对水泥砂浆浇筑波导杆试件的试验破坏过程中声发射分形关联维数时序变化特征进行了分析，并研究了声发射 r 值在试件破坏过程的变化规律，得出以下几点结论：

（1）剪切试验的声发射幅值、声发射振铃计数、声发射能量的 $\ln r$ 与 $\ln C(r)$ 相关系数在 0.95 以上，因此水泥砂浆浇筑波导杆试件剪切实验声发射的幅值、声发射振铃计数、声发射能量序列在时域上具有分形特征；三点弯曲试验声发射能量的 $\ln r$ 与 $\ln C(r)$ 相关系数为 0.737，声发射幅值、声发射振铃计数的相关系数在 0.95 以上，表明水泥砂浆浇筑波导杆试件三点弯曲实验的声发射能量序列在时域上不具有明显的分形特征，而声发射幅值和声发射振铃计数具有明显的分形特征。

（2）通过对剪切试验和三点弯曲试验的声发射幅值、声发射振铃计数、声发射能量的关联维数时序特征分析，得出试件拉剪破坏过程中的关联维数规律都有各自不同之处。总体来说，可以把关联维数的增大作为试件开始产生裂纹的基础依据。

（3）通过对试验过程中声发射 $\sum N / \sum E$ 值的变化规律进行分析，表明三点弯曲和剪切破坏试验的声发射 $\sum N / \sum E$ 值的规律不同，剪切破坏的 $\sum N / \sum E$ 值在突降之后又一段缓慢上升再下降的趋势，而三点弯曲的 $\sum N / \sum E$ 值在陡降之后变化缓慢，基本平缓变化，可以作为判断不同破坏类型的一个基础依据。

（4）通过对拉剪实验过程中试件破坏前后及破坏时间段内的声发射 $\sum N/\sum E$ 值特征进行分析，得知 $\sum N/\sum E$ 值在试件破坏前出现了降低，可以作为剪切和弯曲发生破坏的基础判据。

第 13 章　耦合材料断裂过程
数值模拟分析

13.1　引言

前面相关章节从声发射参数特征对边坡监测孔中水泥砂浆浇筑的波导杆试件的弯曲、剪切破坏过程进行了分析和预测，而本章利用利用离散元软件 PFC^{2D}，从细观结构出发，对水泥砂浆弯曲和剪切试验建立模型，对试件的破坏过程进行数值模拟试验，并结合声发射定位，分析裂纹扩展与声发射定位之间的联系。将对这种试件破坏过程的微观裂隙的扩展变化进行研究分析，从微观方面揭示其水泥砂浆浇筑波导杆试件破坏时的内部演化规律。如文献 [176] 用 PFC^{2D} 软件很好地模拟了钢筋混凝土结构的破坏过程，以及观察裂纹发展的全过程；文献 [177] 对侧限压缩下的非均匀花岗岩岩样进行了声发射时空特征研究，验证了在岩石破坏过程中存在损伤愈合过程。

13.2　PFC 数值模拟分析

本章通过 PFC^{2D} 软件对试件裂隙的发展进行模拟，PFC^{2D} 作为离散元的一种，用来分析由离散颗粒组成材料的力学特性，是在 1979 年由 Cundall 提出的。其基本思路是将研究对象视为许多相互独立的颗粒组成的集合体，从细观层次出发，对颗粒材料的运动规律和相互作用进行模拟，分析颗粒材料的宏观力学特性。

水泥砂浆试件长 300mm，宽 100mm，高 100mm，其单轴抗压强度为 9.2MPa，弹性模量为 2.8GPa，泊松比 0.2。模型由 41904 个颗粒组成，粒径为 0.15~2.5mm，服从正态分布，具体参数见表 13.1。

表 13.1　PFC2D 模型细观力学参数

法向刚度与切向刚度之比	有效模量	法向临界阻尼比	摩擦系数	平行黏结拉伸强度	平行黏结内聚力	平行黏结内摩擦角
1.7	1.55e9	0.5	0.577	3.30e6	50.0e6	0°

图 13.1 为数值模拟与现场试验的试件的最终断裂图。三点弯曲试验中裂纹的扩展方式属于"张开型"，即裂纹表面的位移和裂纹面垂直。试件破坏过程中内部裂纹分为萌生、扩展、贯通、宏观裂纹产生四个过程。试件的破坏主要是由

试件中复合应力场在其中传播而引起的，在裂纹扩展过程中，砂子的强度较高，使得裂隙发展过程中遇到阻碍，裂隙绕过砂子颗粒偏离中心线继续向前扩展，于是出现了一条弯曲的裂隙，这与数值模拟过程类似，如图 13.1(a) 所示，微裂纹分布在中部裂隙附近，三个支点附近也有少量的裂纹。

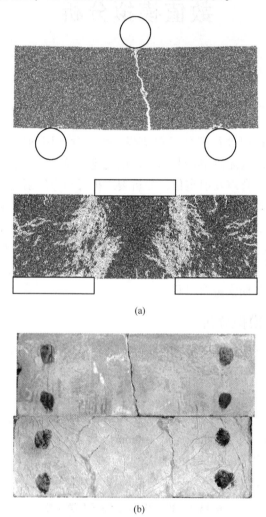

(a)

(b)

图 13.1　试件最终裂纹对比
(a) PFC 数值模拟试件裂纹演化；(b) 现场试验试件裂纹示意图

　　剪切模拟中试件内部的微裂纹扩展如图 13.1(a) 所示，裂纹大多分布于双剪切面附近，试样两侧也有少量裂纹，但是随着荷载的增加并不是所有的裂纹都进一步扩展破坏，最终试件沿着裂纹集中方向扩展，导致宏观裂纹展现为不规则性，这是由于水泥砂浆内部的砂子颗粒间存在不同的几何物理性质差别，造成试件破坏力学机理多样性，但是竖向切应力在试件破坏过程中占主导作用。观察发现试件表面的裂纹处出现了不同程度水泥砂浆崩落的现象，原因在于局部应力高度集中水泥砂浆颗粒被破碎，其次，裂隙的发展引起法向应力增大，最终导致试件在横向方向产生膨胀。PFC 模拟可从细观角度解释试样的应力应变曲线的变化机制，当试样内部出现整块颗粒体发生相对滑动时，不同块体之间产生了相对不平衡力，这种不平衡力在剪切面附近的颗粒间相互摩擦力中起主导作用。数值模拟试验表明，大颗粒间的接触力在颗粒间的接触力链中起到主导作用，这种颗粒间的接触力链图能有效地反映不平衡力的大小和剪切面的方向。

如图 13.2 所示，能够直观地看出试样内部主要的力链结构分布，整体移动的颗粒块体与下部颗粒块体之间接触力是很大的，颗粒位移的方向与接触力方向几乎垂直，说明这种接触力阻碍着颗粒之间的相对滑动。

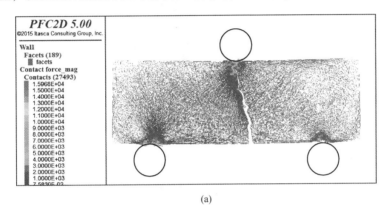

(a)

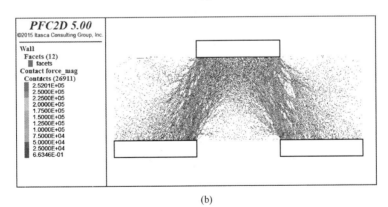

(b)

图 13.2　试样模拟接触力链分布

（a）三点弯曲接触力链；（b）剪切接触力链

三点弯曲力链图中整体分布较均匀，仅在少数接触力较大位置有较大力链集中；剪切力链图中接触力较大的力链呈八字形，也就是力链朝裂纹扩展的方向靠近，这也解释了试件在双面剪切下产生宏观裂纹之后，试件的正面出现了"八字形"或"梯形"分布的宏观裂隙。

13.3　声发射定位分析

通过对试件测波速求平均值，最后确定本组定位波速度为 2164m/s，事件定义值 240，试件闭锁值 400，过定位置 24。选择二维平面定位，三点弯曲试件的正面左侧布置两个传感器，坐标分别为（30，80）、（30，20），右侧两传感器坐标分别为（270，80）、（270，20），剪切试验中同样是二维平面定位，传感器坐标分别为（50，50）、（50，10）、（250，50）、（250，10），试件在破坏过程中的声发射定位图及声发射事件分布如图 13.3、图 13.4 所示。图的监测面是试件的正侧面。

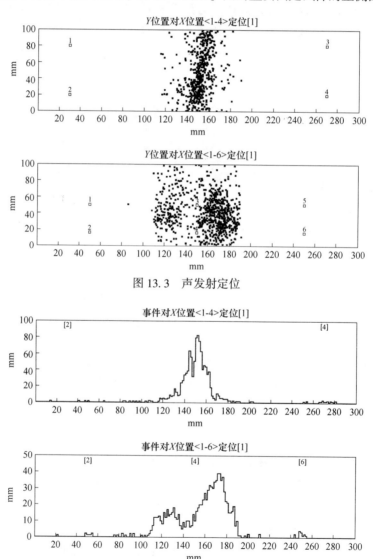

图 13.3　声发射定位

图 13.4　声发射定位事件分布

从图 13.3、图 13.4 可以看出，在三点弯曲试件中破裂点大多集中在中间部位，大多数声发射事件发生于试件的中部，与 PFC^{2D} 软件的数值模拟和试件裂纹轨迹结果吻合；剪切试验中破裂点集中在中间部位的两侧，与试件裂纹轨迹和数值模拟结果有一定的误差，这是由于定位过程中传感器的灵敏度不同以及波速的误差，导致定位结果不尽如人意，因此声发射定位时应尽量挑选灵敏度相近的传感器，波速的测定，建议用声发射仪自带的 AST 功能来计算。

13.4　本章小结

本章利用离散元软件 PFC^{2D} 进行了水泥砂浆浇筑波导杆试件的弯曲和剪切竖直模拟试验，对水泥砂浆浇筑波导杆试件细观参数进行标定，为后面的三点弯曲和剪切试验的数值模拟奠定了基础，并对试件的破坏形态进行研究，主要结论如下：

（1）首先建立了水泥砂浆颗粒离散元模型，并简要介绍了模型的生成方法，通过引入伺服控制机制来实现加载的稳定性。

（2）根据理论分析以及多次的尝试、试算、调整，做了很多不同细观参数条件下的水泥砂浆试件单轴压缩数值模拟试验，通过与室内单轴压缩试验得出的应力应变曲线比较，最终实现了对水泥砂浆细观参数的标定，将细观参数和宏观参数联系起来，为后面的混凝土简支梁的数值模拟提供了依据。

（3）介绍了 PFC^{2D} 中微裂纹的定义，通过对数值模拟结果的观察，描述了水泥砂浆浇筑波导杆试件的破坏形态。加载初期，颗粒之间黏结断裂，因此有较少的损伤裂纹产生，随后荷载不断增大，微裂隙逐渐扩展，其生成的数目越来越多，最终在模型中形成了连续贯通的宏观裂纹，这与试验过程中裂纹的扩展规律是相吻合的。

第 14 章 第二部分结论和展望

14.1 结论

本部分研究声发射结合波导杆监测边坡滑移面破坏，选取水泥砂浆浇筑波导杆试件为研究对象，采用试验研究、理论分析及数值分析相结合的方法，研究了水泥砂浆浇筑波导杆试件在三点弯曲试验和剪切试验条件下的力学及声发射特征，并运用 PFC^{2D} 模拟了水泥砂浆浇筑波导杆试件的微观裂隙发展。得出以下主要结论：

（1）基于导波理论，求解了自由圆钢波导杆与水泥砂浆锚固圆钢波导杆结构中的纵向导波传播规律，并推导了自由圆钢波导杆与水泥砂浆锚固圆钢波导杆结构中的纵向导波频散方程，得到了自由圆钢波导杆与水泥砂浆锚固圆钢波导杆结构中的纵向导波的能量速度频散曲线。

（2）试件在三点弯曲条件下破坏的裂纹扩展类型主要是：裂纹从底部向上弯弯曲曲扩展；剪切试验中试件的破坏裂纹主要沿着两个剪切面发展，少数试件的裂纹呈"八字形"。

（3）剪切破坏前，当出现声发射事件率突增后又骤降时，表明此时耦合材料处于弹性阶段，还未有裂纹出现，可作为预测破坏可能发生的征兆；三点弯曲破坏前，往往声发射事件率急剧增大之后并未骤降，此时试件还未有裂隙产生，接着声发射事件率高高低低一直变化，可将声发射事件率突增后为骤降的现象作为预测边坡弯曲破坏的征兆。

（4）剪切破坏过程中的声发散能量变化规律与声发射事件率相似，在耦合材料处于剪切状态下的弹性阶段时，能率也有突增后又骤降的现象，但此时试件并未破坏，也可作为预测边坡破坏的征兆；三点弯曲破坏前，出现能量突增之后变化幅度不大，与剪切破坏不同。

（5）剪切破坏过程中的声发散振铃计数变化特征与声发散事件率相似，在耦合材料处于剪切状态下的弹性阶段时，声发散振铃计数也有突增后又骤降的现象，但此时试件并未破坏，也可作为预测边坡破坏的征兆；三点弯曲破坏前，出现声发散振铃计数突增之后变化幅度不大，与剪切破坏不同。

（6）水泥砂浆浇筑波导杆试件剪切试验声发射的幅值、振铃计数、能量序列在时域上具有明显的分形特征；水泥砂浆浇筑波导杆试件三点弯曲试验的声发射能量序列在时域上不具有明显的分形特征，声发射幅值和振铃计数具有明显的分形特征。通过对剪切试验和三点弯曲试验的声发射幅值、振铃计数、能量的关联维数时序特征分析，得出试件拉剪破坏过程中的关联维数规律都有各自不同之处，总的来说，可以把关联维数的增大作为试件开始产生裂纹的基础依据。

（7）针对试验过程各阶段中 $\sum N/\sum E$ 值的变化情况，进行破坏前后及破坏期间 $\sum N/\sum E$ 值的变化分析，发现破坏前 $\sum N/\sum E$ 值呈现出的下降可以作为剪切和弯曲发生破坏的前兆。

（8）介绍了 PFC^{2D} 中微裂纹的定义，通过对数值模拟结果的观察，描述了水泥砂浆浇筑波导杆试件的破坏形态。加载初期，颗粒之间黏结断裂，因此有较少的损伤裂纹产生，随后荷载不断增大，微裂隙逐渐扩展，其生成的数目越来越多，最终在模型中形成了连续贯通的宏观裂纹，这与试验过程中裂纹的扩展规律是相吻合的。

（9）通过对试验采集的声发射信号进行波形处理和分析，基于自由圆钢波导杆和水泥砂浆锚固波导杆的能量速度频散曲线，根据不同频率成分的波到达传感器的时差来进行声发射源定位，从定位结果来看，用该方法进行声发射源定位具有较高的准确性，能够为处理岩质边坡滑移失稳产生的复杂声发射信号进行源定位提供一定理论和现实依据。

14.2　展望

本章对水泥砂浆锚固圆钢波导杆的拉剪破坏声发射试验的研究，是在基于理论计算和室内试验的基础上，与现场应用于岩质边坡稳定性监测还存在一定差距。将试验成果应用到工程实际中还需做大量的现场试验，包括水泥砂浆参数调整，圆钢波导杆的类型、直径和长度选取，波导杆在岩质边坡上的布置方式等。因此，在实验室试验和理论计算的基础上，还应进行工程化试验研究，进一步验证在岩质边坡上布置波导杆结构来监测边坡稳定性问题上的可行性。

若将此研究运用在岩质边坡滑移面识别及稳定性监测方面，首先应该通过数值计算方法，确定岩质边坡的潜在滑移面，接着在边坡中安装长波导杆，并穿过潜在滑移面，如图 14.1 所示。在此基础上，根据试验及理论分析边坡在拉剪破坏条件下所产生的声发射波形信号在波导杆中的传播特征，确定波导杆中声发射信号的速度频散方程，根据不同频率成分的波到达波导杆端面的时差以及波形信号的速度频散值，计算得到潜在滑移面的大概范围，最后根据波导杆中声发射特征参数监测边坡滑移失稳前期特征。

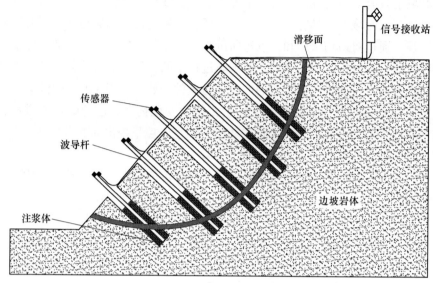

图 14.1　边坡滑移失稳的波导声学监测

第三部分

次声波技术在矿山应用的
理论与试验研究

第 15 章 绪 论

15.1 研究背景及意义

声发射技术的提出始于 1950 年，当时德国人 Josef Kaiser 对金属材料声发射现象进行了研究，并提出了著名的"Kaiser 效应"。此后，经过人们的不断努力，才使得声发射技术不断成熟并得以广泛运用。尽管声发射技术存在着诸多优点，例如，通过声发射特征参数能够反映材料在受荷载下的力学行为以及损伤状态，传感器频带范围及门槛水平可以大大降低噪声带来的影响，但是也正是由于传感器自身物理特性，决定了传感器与材料的耦合性必须良好，因此存在着一定的局限性，而且对于具有波长较长、衰减较小的超低频信号（例如次声波）的采集及处理，传统的声发射技术也无能为力。

次声波信号作为超低频信号的代表，其频率低（0.01~20Hz）、传播距离远、衰减小、抗干扰能力强等特点[178]，决定了次声传感器的布置更具简便性（无需实现耦合），更适用于复杂的地质地形条件，使得次声波探测这一技术用于工程岩体稳定性监测成为可能。

但目前运用次声波探测技术监测边坡岩体稳定性方面的成果相对较少，在室内岩石次声波试验研究成果方面，朱星等[179]通过室内岩石加载试验，采集岩石破裂过程中的次声波信号，通过分析发现花岗岩、灰岩、泥岩等典型岩石在破裂过程中均能产生次声波信号，花岗岩破裂过程中次声波卓越频率分布在 2~8Hz，灰岩卓越频率分布在 2~6Hz，泥岩卓越频率分布在 3~6Hz 等。

15.2 研究现状和进展

次声波信号频率范围为 0.01~20Hz，同超声波一样超出了人耳可听范围。次声波信号具有频率低、波长长、衰减小、穿透能力强等特点[178]，正因如此，使得次声波技术广泛应用于火山活动、雪崩、地震、海啸和泥石流研究等领域。

对次声波信号的研究最先来源于对火山活动的记录，1963 年 Richard 首次记录到次声波[180]，来源于夏威夷和斯特隆布利市的火山活动。夏威夷大学 Grace 教授[181]认为火山喷发可以产生次声波，频率为 1~10Hz。美国华盛顿大学 Johson 教授[182]对 Stromboli 等 5 处活火山进行历时 5 年的监测，通过对火山次声波的特征研究，进而对火山的活动类型进行分类。19 世纪 80 年代，Krakatoa 火山爆发所产生的次声波信号影响了气压计的计数[183]，才加深了人们对于次声波信号的认识。1980 年美国 St. Helen 火山爆发，Reed[184]通过对该火山活动产生次声波信息的特征，估算出火山爆发的能量。Johnson 等[185]通过对 Santiaguito 火山活动的次声波特征研究，认为次声监测可以作为一种强有力的技术手段，进行相关地质灾害的研究及风险评估。

20 世纪 80 年代，美国 NOAA 研究发现雪崩也能产生次声波信号，频率为 1~5Hz[186]。随后欧洲科学家 Chritin 等在此基础上，布设次声波监测系统对雪崩进行预报[187]。Bedard Jr 等[188]通过对雪崩次声波活动长期研究，采用 MCCA 技术对雪崩次声波事件自动识别，并为雪崩的监测预警提供了有效的技术手段。

利用地震产生的次声波信号对地震进行预测、评估也是次声波探测技术的一项重要应用成果。1964 年 Bolt[189]在 Nature 杂志上首次报道了位于美国阿拉斯加大地震的次声波信号。1971 年 Cook 报道了位于 Montana 发生的地震，并对地震次声波进行了分类阐述，将其分为震中次声波、衍射次声波和本地次声波[190]。20 世纪 90 年代，国内一些学者也开始关注这一课题，谢金来[191]对日本北海道发生的地震次声波进行监测并进行完整记录，对此次北海道地震次声波特征进行了研究。邵长金等[192]在北京成功地监测到了 2003 年 9 月 26 日日本北海道地震的前兆次声波和震后次声波。2005 年北京工业大学夏雅琴教授[193]对震前次声波特征进行分析，发现次声波信号频率很低，主要集中在 $0 \sim 4 \times 10^{-3}$Hz 频段，甚至发现绝大部分的大地震 1~30 天内均出现过异常次声波信号，且地震震级越大，次声波波信号幅值越明显，其幅值与监测距离呈负相关性。成都理工大学许强[194]对 2013 年 4 月 20 日四川省芦山多次 3 级以上余震采用次声波监测仪监测，发现该地区地震次声波特征频率为 3~4Hz，卓越频率为 3.2Hz，并指出该地震震级与时频分析强度呈现良好的线性关系。

次声波信号的研究在泥石流这一地质灾害中的运用始于 20 世纪 80 年代。K. Arnod[195]研究发现泥石流会产生两个频段的声波，其中的次声波信号频带集中在 4~15Hz。Kogelnig. A 等人[196]通过对澳大利亚、瑞士、中国特定地区进行泥石流次声波信号监测，结果显示可监测到的次声波频率为 1~20Hz，接近人耳可听频率范围。中国科学院成都山地灾害研究所章书成研究员发现[197]，泥石流在运动中与沟床的摩擦和冲撞产生强烈的次声波信号，其卓越频率分布在 5~15Hz，在此基础上首次研发了 DFW-I III 型泥石流次声波报警装置，对 5.12 汶川地震进行了完整的记录[198]。周宪德[199]对云南蒋加沟泥石流观测资料研究发现，当地发生的泥石流大部分次声频率分布在 5~7Hz，并且随着泥石流流量增大，次声频率呈现递减的规律。

　　岩石是自然界天然地质作用下各种矿物的集合体，为地下工程的基本组成单元。地应力的存在使得岩石处于一种受载状态。基于不同受载状态下的岩石传统声发射研究成果相对比较成熟，但对岩石次声波信号方面的研究却较为缺乏。成都理工大学朱星进行室内试验时，发现岩石破裂过程中产生了次声波，并建立了次声波声发射与岩石岩性的定性关系。

第16章 单轴压缩下红砂岩峰值应力前后次声信号波形特征

16.1 引言

物体或结构在外部条件（如应力、温度及电磁场等）下，引起自身局部不稳定并迅速释放能量，这种现象被定义为声发射[200]。声发射信号中包含了材料或结构的损伤特征信息，这些特征信息在一定程度上反映了其破坏过程，因此获取材料或结构损伤相关的信息的相关手段就变得非常重要了。较常用的声发射信号处理技术主要涉及到波形分析、参数特征分析法。本章将首先对采集到的次声信号进行波形分析，分析其波形的时域特征和时频特征。

针对单轴压缩条件下红砂岩次声波信号采集数据，本文将通过 Matlab 软件平台，利用小波工具箱进行初步处理，其次根据岩样应力-时间特征，获取其破坏特征频带的次声时域信号；最后将时域信号进行短时傅里叶变换（STFT），得到次声信号的时频特征，并结合岩样的力学参数（应力、时间），对红砂岩岩样在加载条件下，其峰值应力前后的次声时域信号及时频特征进行研究。

16.2 试验简介

16.2.1 岩样制备

本次试验红砂岩岩样试件均来自赣州某地区岩体，参照《工程岩体试验方法标准》（GBT 50266—2013）试验规范，试验时的标准岩芯试件高径比控制在 2：1 左右，直径尺寸控制在 48~54mm，先将取回的岩体经过钻孔取样机取样得到直径为 50mm 左右的柱状岩芯，而后将岩芯岩体进行切割、打磨处理，制成标准试验尺寸的试件。得到单轴压缩试验的标准尺寸试件共计 12 个，见图 16.1。测量获得各试件尺寸，经检查各试件尺寸均符合相应规范要求，各试件直径及高度如表 16.1 所示。

图 16.1 单轴压缩试验标准试件

表 16.1　单轴压缩试验试件尺寸

试件编号	直径/mm	高度/mm
0-1	49.38	98.22
0-2	49.60	98.84
1-1	49.88	99.22
1-2	49.50	97.82
1-3	49.50	98.24
1-4	49.72	99.12
1-5	49.66	98.72
1-6	49.62	98.02
02-1	49.36	99.72
02-2	49.34	100.20
02-3	49.52	99.72
02-4	49.34	100.20

16.2.2　试验仪器及加载方案

室内岩石次声试验在江西理工大学矿业工程重点实验室进行，相关研究发现红砂岩在单轴加载过程中有明显的次声信号出现，且红砂岩均质性较好、结构稳定，因此，本章选取红砂岩作为研究对象，研究其峰值应力前后次声特征。

试验方案按照试验组成分为力学加载试验及次声信号采集试验。力学加载试验主要分为前期准备阶段、正式加载阶段、数据处理阶段。前期准备阶段主要包括：（1）岩块取样、岩样钻取、切割、打磨；（2）岩样尺寸标定及编号编排；（3）试件照片拍摄及试件密封保存。次声信号采集试验主要分为本底信号采集阶段、岩石次声信号采集阶段、数据处理阶段。整个试验流程简明如图16.2所示，其中①为 RMT-150C 岩石力学试验系统，②为次声波信号采集系统。

试验力学加载系统由中国科学院武汉岩土力学研究所研制 RMT-150C 岩石力学加载系统提供。试验采用位移加载控制方式，对于位移加载方式，其加载速率在一些规程中并没有明确的指定，参照传统声发射试验位移加载速率确定方法（考虑其加载持续时间），选定位移加载速率为 0.005mm/s。

次声信号采集系统为中国科学院声学研究所研发的次声波仪，该系统主要组成部件由 CASI-2009 次声传感器、CASI-MDT-2011 网络传输仪及次声采集计算机组成。

该次声传感器工作原理：空气中声压的改变引起传感器敏感元件电容量变化，进而转化为电压幅值，以获取采集信号（电信号）。该传感器具有灵敏度

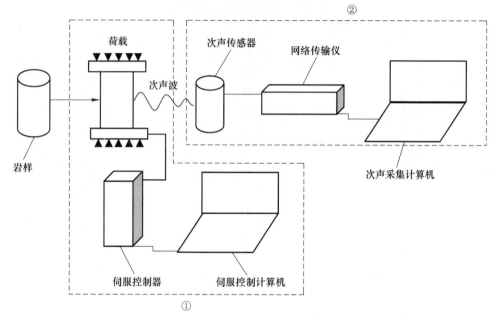

图 16.2 试验流程示意图

高、频响宽、非接触式等优点，并且只对声波敏感，对振动不敏感，频带范围为 0.001~100Hz，灵敏度为 422mV/Pa（频率为 1Hz 时）。CASI-MDT-2011 网络传输仪可以将采集的信号通过宽带等形式传送到服务器，最高采样率可达到 250kHz，具有操作简单、便于存储、携带等特点。次声采集计算机可以将网络传输仪中存储的数据通过相应连接方式（宽带线）导入其中，同时又可以达到对采集参数进行实时修改的目的。

图 16.3 所示为次声波采集系统，通过宽带信号线将网络传输仪中的数据进一步传入计算机服务器，与此同时，服务器还可以起到参数设置的作用。图 16.4 为 CASI-2009 次声传感器灵敏度随频率特征响应曲线图。从图中可以反映出，周期在 0.01~10s 范围内，即频率在 0.1~100Hz 范围内传感器灵敏度呈现平稳状态且灵敏度相对较高；频率在 0.001~0.1Hz 范围内，灵敏度呈现明显下降趋势，低频通带边界频率 0.001Hz 时灵敏度最低，不足 130mV/Pa。

次声信号采集主要考虑其采样频率。根据采样定理：在连续信号与离散信号转化时，采样频率大于信号中最高频率的 2 倍时，能真实反映信号的频谱信息。通常情况下采样率一般都设定为信号中最高频率的 5~10 倍以上，而本次试验使用的次声传感器频带范围为 0.001~100Hz，因此本次信号采集试验采样频率设定为 1024Hz。其他相应参数设置为：首通道为 0、通道数为 1，增益为 1，总长度为 50000。

试验时由于存在外部条件干扰，这些外部条件包括空气不稳定流通（开关

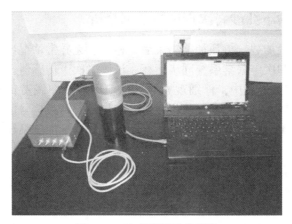

图 16.3 次声信号采集系统

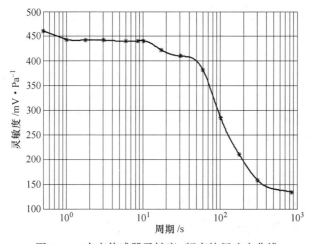

图 16.4 次声传感器灵敏度-频率特征响应曲线

门）、水流发出的超低频声、空调处于工作状态所发出的声音等。对于这些可控的次声源，试验在凌晨进行，关闭相应的电器设备，以减少外界带来的干扰。本次试验所涉及的本底信号主要体现在力学加载系统工作时，振动所发出的声音。由于岩石加载主要是利用油压高压进行加载，因此此次试验本底信号也必须是力学试验系统处于高压状态下，对该状态下的环境信号实行采集。本底信号采集步骤如下：首先开启液压源，对岩石力学加载系统进行 10min 左右的低压预热，以保证系统能稳定的转入高压运行；而后将加载系统转入高压运行状态，保持一段时间，同时进行次声传感器校零及信号采集参数设置，并做好开始采集的准备；最后正式采集本底信号，采集时间一般控制在 2min 左右，采集结束时转换采集数据并保存采集文件。

16.3　单轴压缩下红砂岩次声试验数据分析

试验先进行预加载，待预加载结束后，检查有无异常情况出现，然后实行力学加载试验系统和次声采集系统同步运行。试验时次声传感器至岩样水平距离约为1.5m。试验加载过程中，仔细观察红砂岩应力应变曲线变化趋势，对于峰值应力后渐进式破坏岩样，力学试验停止时，应该同时结束信号的采集；若峰值应力过后，应力发生瞬时跌落，则信号截断时间根据力学加载系统最终时间进行确定。试验完成时，岩样力学数据会自动保存在力学系统计算机内；对于信号采集系统，信号数据存盘后进行数据转换，自动转换成电幅值数据；待转换完成后，取下破坏后的岩样进行照片拍摄并进行封存。

试验结束时，部分岩样破裂后示意图如图16.5所示。通过对岩样破裂后结构面观察发现，整体岩样呈剪切式破坏，拉伸破坏表现相对不明显。岩样1-2、1-6呈现出较明显的单斜面式剪切破坏，表现出较明显的由上而下宏观节理面。岩样1-1出现平行的剪切面，其中一剪切面从上至下形成主宏观断裂面，另一剪切面附近出现"交叉"，"交叉"后两结构面发生了汇合。岩样0-1、0-2节理面呈现"Y"形，随着时间的推移，岩样两侧结构面逐渐扩展延伸最终融合贯通，通过两者对比发现，岩样0-1最终破坏后节理程度较0-2岩样更为丰富。岩样1-4破坏后即出现了两平行节理面，同时又含有"Y"形节理面，由于岩样本身出现了一定程度的风化（伴有其他杂质），导致其破坏后的节理面呈现出与岩样1-2、1-6较大的差异。

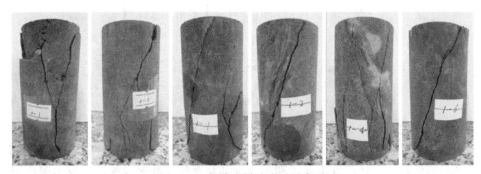

图16.5　部分岩样破裂后示意图

16.3.1　力学试验数据

图16.6为部分岩样应力-时间曲线图。从图中可以直观地看出，各岩样在加载初期没有较明显的裂隙压密现象出现，弹性阶段相对比较明显，应力-时间（位移控制）曲线近似呈直线，进入屈服阶段，应力-时间曲线斜率逐渐变缓，微破裂发展出现新的变化，并随着荷载进一步施加，裂隙持续扩展，直至岩样发生宏观破坏。

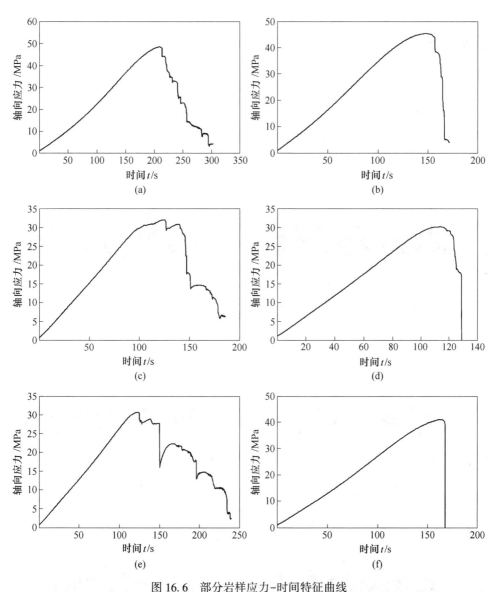

图 16.6　部分岩样应力-时间特征曲线

（a）岩样 0-1 应力-时间特征；（b）岩样 0-2 应力-时间特征；（c）岩样 1-1 应力-时间特征；
（d）岩样 1-2 应力-时间特征；（e）岩样 1-4 应力-时间特征；（f）岩样 1-6 应力-时间特征

　　峰值应力过后，应力-时间曲线呈现不同的表现形式。岩样在峰值应力前期岩样就已发生扩容，岩样内部裂隙出现不稳定扩展，相继出现各种结构面，各结构面之间的承载能力不尽相同，导致各自破裂时间不同步，出现渐进式破坏，如岩样 1-1、1-4。但对岩样 1-6 而言，其应力-时间曲线在峰值应力后却发生瞬时跌落，形成脆性断裂面，说明荷载在未达到峰值应力时，岩样就已出现主宏观裂隙，并伴随着弹性能急剧释放，导致峰值应力后瞬时宏观结构面形成。

16.3.2 次声信号数据

图 16.7 为部分岩样加载过程中次声波波形图。该波形图是将采集信号数据首先经过去直流处理，然后利用小波工具箱进行分解重构得到的。由于荷载在峰值应力到达之前，试件已发生微裂隙不稳定扩展。在微裂隙不稳定扩展直至宏观滑移面形成过程中，岩石内部储存的弹性能会突然释放，因此声发射活动也会有较明显的增强。根据这一特征，来初步确定岩样加载过程中其破坏特征频带范围。

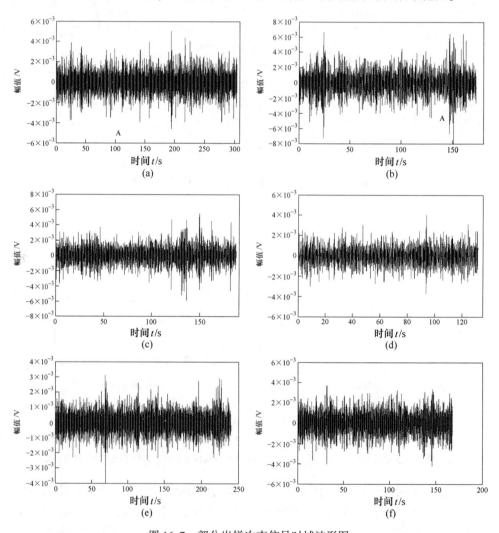

图 16.7　部分岩样次声信号时域波形图
(a) 岩样 0-1 次声信号；(b) 岩样 0-2 次声信号；(c) 岩样 1-1 次声信号；
(d) 岩样 1-2 次声信号；(e) 岩样 1-4 次声信号；(f) 岩样 1-6 次声信号

从图可以直观地看出，岩样所受荷载达到峰值应力之后，相应的次声波信号幅值参数表现形式因后期呈现的破坏方式不同而异。综合前面岩样应力-时间曲线可以发现，对于渐进式破坏岩样（如岩样 1-1、1-4），峰值应力后期的次声信号幅值水平表现依然突出，表明峰值应力后期随着应力发生跌落，岩样内部还在继续发生裂隙的压密与张开，同时释放出强烈的次声信号。而对于脆性断裂式破坏岩样（如岩样 1-6），峰值应力后期次声信号幅值水平并没有出现明显异常，反而在峰值应力前期表现较为突出。

16.4 本底信号分析

本底信号是指未进行试验时，环境信号所处的水平。通常，试验时这些信号也会夹在试验对象信号里，因此对试验真实信号分析时就必须对本底信号进行事先分析，以免造成信号混叠严重、甚至失真的现象出现。若本底信号与有用信号频域范围不重叠，则利用经典滤波方法就可以将有用信号频带范围以外信号滤除。经典滤波手段包括 FFT 简单滤波、FIR 数字滤波、IIR 数字滤波等。如果本底信号与真实信号频域信号发生重叠，则考虑其整体幅值水平，若两者水平影响不大，为了避免信号失真，可以不进行处理；若影响较为严重，则必须找到噪声来源，进行抑制或消除，或寻求其他滤波手段，如现代滤波手段（维纳滤波、卡尔曼滤波）。

对本次单轴压缩条件下采集的红砂岩次声波信号和本底信号分别通过小波工具箱进行小波分解，首先确定试验信号的有用频带范围，然后将此频带范围内信号幅值水平与本底信号对应频带范围幅值水平做比较，考虑本底信号的影响程度。因此，必须事先考虑小波基的选取问题，合适的小波基能够减小由此带来的重构误差，然后对分解层数进行确定，最后再对重构后本底信号与试验信号进行幅值水平的比较。

16.4.1 小波基函数

对信号进行小波变换时，小波基选取十分重要。选取小波基原则主要考虑其支撑宽度、对称性、消失矩阶数、正则性、相似性等特点[201]。常见的小波基函数主要有 Haar 小波、Daubechies 小波、Symlets 小波、Meyer 小波等。下面简单介绍小波基的主要特点及两种常见声发射信号处理小波基 Daubechies、Symlets 小波特征。

16.4.1.1 小波基特点

A 支撑宽度

小波基函数 $\psi(x)$ 在有限区域内是非零，根据小波变换定义所满足的容许

条件

$$C_\psi = \int_{-\infty}^{\infty} \frac{|\hat{\psi}(\omega)|}{|\omega|} d\omega < \infty \qquad (16.1)$$

式中，$\hat{\psi}(\omega)$ 为 $\psi(x)$ 傅里叶变换。

当 ω 趋近 0 时，则有

$$\hat{\psi}(0) = 0 \qquad (16.2)$$

根据傅里叶变换数学定义，若该点角频率幅值为 0 时，则会有

$$\hat{\psi}(0) = \int_R \psi(t) e^{-j\omega t} dt = 0 \qquad (16.3)$$

将 $\omega = 0$ 代入式（16.3）中，得到

$$\int_R \psi(t) dt = 0 \qquad (16.4)$$

式（16.4）表明小波基函数需要具有一定的支撑宽度，在信号分解和重构过程中，一般要求小波基具有一定的紧支撑性。

B　对称性

因为小波变换对应的滤波器具有线性相位的特点，因此要求小波基函数具有较好的对称性，减小因相位突变带来的影响。

C　消失矩

小波变换消失矩定义公式为 $\int t^p \psi(t) = 0 , 0 < p < N$，则称小波基函数具有 N 阶消失矩。消失矩越大，同时支撑宽度也会越大。

D　正则性

正则性在某种程度上代表了该函数的光滑性，正则性越大，光滑性越好。但是这种正则性刚好与其紧支撑性相互制约，要求在两者间进行取舍，提高小波变换性能，达到更好的实际效果。

16.4.1.2　Daubechies 小波和 Symlets 小波

A　Daubechies 小波

DbN 小波族具有正交性，但没有对称性，导致相位容易失真。DbN 小波随着 N 增大，函数曲线光滑，但其支撑宽度也会变大。图 16.8 为 N 取 1~8 的 DbN 小波族函数图。

B　Symlets 小波

Symlets 小波和 Daubechies 小波类似，支撑宽度均为 $2N-1$，且具有正交性，但对称性较 Daubechies 小波更好，其相位失真情况较好。图 16.9 为 N 取 1~8 的 SymN 小波族函数图。

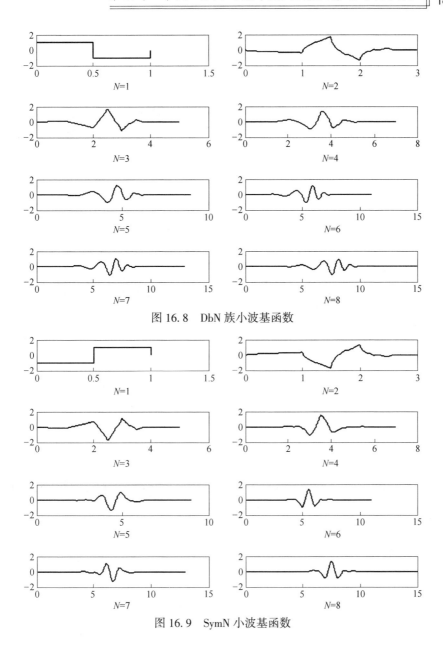

图 16.8 DbN 族小波基函数

图 16.9 SymN 小波基函数

16.4.2 小波基选取

小波基选取一般主要考虑小波基与信号之间的相似性和重构误差最优原则。本小节将通过对 DbN($N=4\sim8$) 和 SymN($N=4\sim8$) 小波基进行重构误差的计算，根据这两种常用声发射信号小波基的信号重构误差，作为小波基选取的主要依据。

针对上述内容，图 16.10 为其中某组岩样试件信号经过以上两组小波基分解重构误差示意图（横坐标为采样点数，均为 10^4 数量级）。

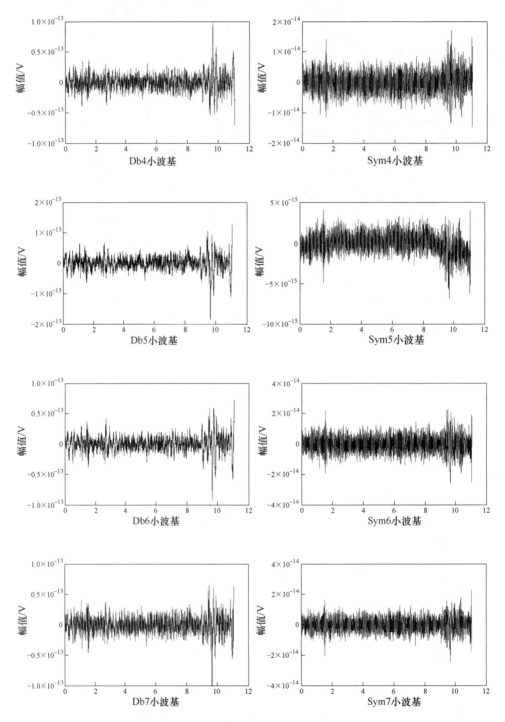

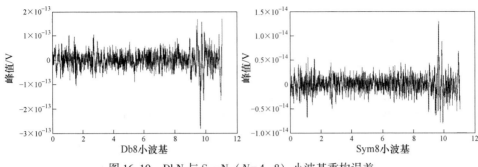

图16.10　DbN与SymN（$N=4\sim8$）小波基重构误差

从图可直观看出，DbN系小波基中Db4和Db6小波基重构误差相差不大，且是该族小波基中重构误差最小的一组，从$N=6$开始，随着N增大，重构误差越来越大，说明信号重构选取的小波基并不是消失矩阶数越大越好。而SymN系小波族在信号重构误差上，普遍小于其DbN系小波族，在SymN小波族中，Sym5和Sym8小波基重构误差较小，均处于10^{-15}数量级水平上。但是Sym8小波基在对称性上要优于Sym5小波基，而且光滑程度也较好，故本章将采用Sym8这一小波基对后续信号进行处理。

16.4.3　小波分解层数确定

通过对采集的试验信号进行小波分解，分解成各个细节部分和最后一层近似部分，试验时次声波信号采样频率为640Hz。根据小波理论则信号分析频率为320Hz，将信号分解8层后，依次得到细节部分D8、D7、D6、D5，其中最高尺度细节部分D8的频率范围为$1.25\sim2.5$Hz，D7频率范围为$2.5\sim5$Hz，D6频率范围为$5\sim10$Hz，D5频率范围为$10\sim20$Hz。由于次声波信号频率上限20Hz，故D4及以上细节部分将不在这里不进行考虑。试验某岩样（编号0-2）的次声波信号，经小波分解后其细节部分D5～D8波形如图16.11所示。

从各个细节部分来看，信号的主要频带信息集中在D8，此频带信号能量也是最大的，D5～D8细节部分信号的幅值水平随着尺度增大而逐渐增高，这些较高频部分细节信号对于试验信号的研究起着十分重要的作用。通过对若干组试验次声波信号处理结果发现，在峰值轴向应力附近均有较明显的次声信号产生，当荷载在峰值应力到达之前试件已发生微破裂时，随着微破裂不稳定扩展直至宏观滑移面形成，伴随着岩石内部储存的弹性能释放，声发射活动会有较明显的增强。图16.11中各细节信号所代表的岩样峰值应力到达时间为148s，对应其信号采样点的位置为$148\times640=94720$，从D8细节部分来看，峰值应力后次声信号表现较峰值应力前更为明显，峰值应力后D7、D6、D5部分也出现相对明显的次声信号。通过对这些若干组岩样次声信号整体分析，发现每组信号其次声表现主要

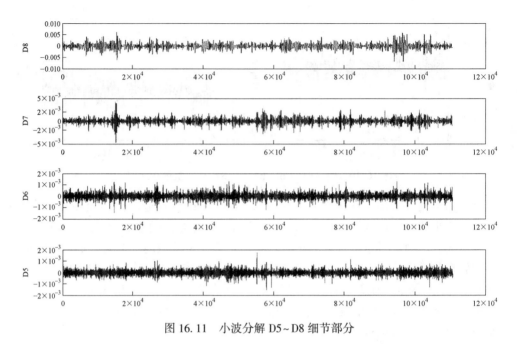

图 16.11　小波分解 D5~D8 细节部分

活跃在 D8 或 D7 细节部分，为了较好体现出岩样峰值前后次声特征，最终将小波分解层数定为 8 层。

16.4.4　本底信号分析

小波分解小波基及层数确定后，再对采集的本底、试验信号进行小波分解与重构。本次试验采集的本底信号是当加载系统处于高压预加载时的环境信号，从而获取到更接近试验时的本底信号。图 16.12 所示为某试验本底信号和岩样 0-2 加载的试验信号，其中图 16.12(a) 所示为本底信号，图 16.2(b) 所示为试验信号。

本次试验本底信号采样频率同样为 640Hz，而且两者信号频率范围均为 1.25~20Hz。从图 16.12(a) 中可以看出，本底次声信号幅值变化水平整体相对较为平稳，其信号幅值水平（绝对值）整体在 0.003 之内。而图 16.12(b) 反映出试验次声信号幅值水平为非平稳特征，其次声信号异常部分幅值均大于 0.004，平稳部分水平也在 0.003 左右，说明了试验信号相对平稳部分中包含着本底信号成分，但是本底信号幅值整体水平较低且较为平稳，因此影响并不大。本次虽然只将一组岩样次声信号与本底信号进行比较，但通过对若干组岩样次声信号特征研究，发现本底信号幅值水平相对于其试验信号均较低，故本节不再一一进行阐述。

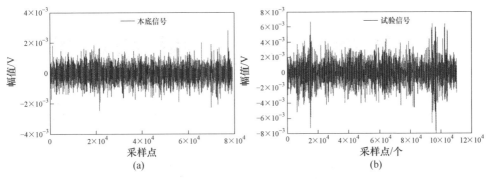

图 16.12　重构后本底、试验信号

（a）重构后本底信号；（b）重构后试验信号

16.5　应力−次声时域信号特征

16.5.1　次声时域信号特征

在小波基函数及分解层数确定基础上，对岩样加载过程中次声信号进行小波分解及重构，得到如图 16.13 所示的部分岩样次声信号时域波形图。

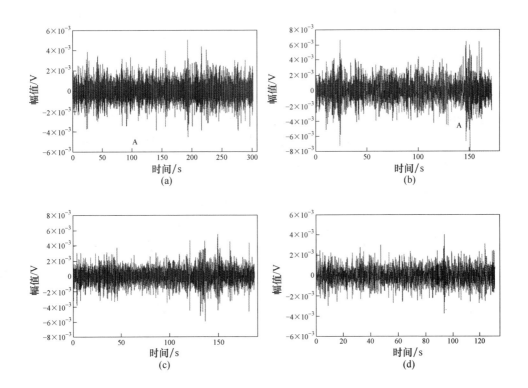

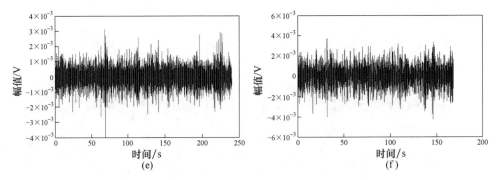

图 16.13　部分岩样次声信号时域波形图

（a）岩样 0-1 次声信号；（b）岩样 0-2 次声信号；（c）岩样 1-1 次声信号；
（d）岩样 1-2 次声信号；（e）岩样 1-4 次声信号；（f）岩样 1-6 次声信号

16.5.2　部分岩样应力–次声时域特征

16.5.2.1　岩样 0-1

如图 16.14 所示，岩样 0-1 峰值强度为 48.52MPa（图中 E 点），由于采用的位移加载控制方式，所以得到了峰值应力后较完整的应力–时间曲线，加载最终应力值水平为 4.26MPa。从峰值应力附近的次声信号幅值来看，当加载应力分别为 34.15MPa（图中 A 点，约为峰值强度的 70%）、38.38MPa（图中 B 点，约为峰值强度的 79%）时，出现较高的次声信号幅值，其幅值分别为 0.0039 和 0.0040。临近峰值应力点的 C 点，次声信号幅值达到最大值，其应力值为 46.91MPa（约为峰值强度的 96%），而在 C 点之前次声信号幅值较平稳，表明 C 点附近岩样内部裂隙出现较大的变化。峰值应力时刻（图中 E 点）次声信号幅值为 0.0019，表现不明显，C 点至 E 点幅值特征体现出较明显的相对平静期。峰值应力后的 D 点次声信号也很明显，其幅值为 0.0044，其加载应力为 44.16MPa

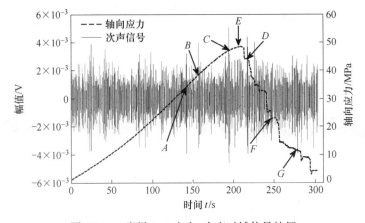

图 16.14　岩样 0-1 应力–次声时域信号特征

（约为峰值强度的 91%），从 D 点及其之后的次声信号特征来看，随着峰值应力后岩样发生渐进式破坏，后期也会有较明显的间歇性次声信号出现。

16.5.2.2　岩样 0-2

岩样 0-2 应力-次声时域信号特征如图 16.15 所示。该岩样峰值强度为 45.28MPa（图中 C 点），出现在第 148.8s 处。从图中可以明显看出，峰值应力附近有非常明显次声信号产生。如图中的 B 点和 D 点，D 点幅值水平最高，出现在峰值应力后，其幅值为 0.0084，出现在应力水平第一次跌落之前。仔细观察发现，B 点至 D 点之间，幅值特征出现极短暂平稳阶段。D 点过后依然有较明显的信号幅值异常情况出现（E 点），E 点幅值为 0.0064，其应力值为 37.84MPa（约为峰值强度的 84%）。从应力曲线来看，E 点的位置刚好处于应力第二次下降时，此时内部裂纹还在进一步发展，之后的次声信号趋于平静，表明岩样内部产生了较大的宏观裂纹，而后与之对应的应力-时间曲线呈现近似的"瞬时跌落"。从 B、D、E 点的各自次声信号幅值特征来看，裂隙扩展主要活跃在峰值应力附近，峰值应力后期 D 点附近，岩样所受荷载加速了其内部裂隙发展，在岩样发生整体破坏前裂隙发展程度呈现明显下降趋势，次声特性呈现出与之对应的特征。

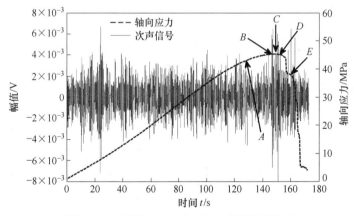

图 16.15　岩样 0-2 应力-次声时域信号特征

16.5.2.3　岩样 1-1

岩样 1-1 应力-次声时域信号特征如图 16.16 所示。岩样的峰值强度为 31.98MPa（图中 C 点），发生时刻在第 123.7s，该岩样峰值应力前后次声信号非常明显，特别是峰值应力后期。如图中的 B 点和 D 点，发生时刻分别在 121s 和 136.5s，其对应的信号幅值分别为 0.0047 和 0.0060，应力分别为 31.82MPa（接近峰值强度）、29.99MPa（约为峰值强度的 93%），次声信号表现非常明显。B 点至 D 点附近，次声信号幅值水平出现明显下降，伴随着应力水平的第一次下降。随着岩样内部裂隙不断发展，岩样所能承受载荷水平逐渐下降（发生渐进式破坏），后期仍有明显的次声信号以"共生"形式存在，如图中的 E、F、G 点。

这种"共生"形式体现在不同程度应力水平下降之前的一段时间内，都有着较为明显的次声信号出现，并且其幅值水平与而后应力跌落的大小与速度呈现出某种关联性。

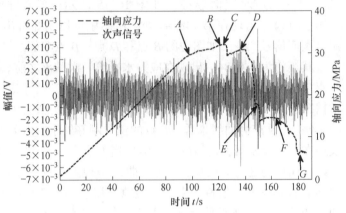

图 16.16　岩样 1-1 应力-次声时域信号特征

16.5.2.4　岩样 1-2

岩样 1-2 应力-次声时域信号特征图如图 16.17 所示。该岩样峰值强度为 30.14MPa（图中的 B 点），发生时刻在第 113.8s。图中 A 点和 C 点次声信号幅值水平比较高，其中 A 点的信号幅值为 0.004，其应力值为 27.34MPa（约为峰值强度的 91%），C 点信号幅值为 0.003，应力值为 26.43MPa（约为峰值强度的 87%）。A 点至 C 点过程中，次声信号幅值水平相对平稳，但是仔细观察仍然可以发现 B 点附近次声信号幅值有所下降。C 点附近应力曲线出现极微小"凸起"，次声信号幅值呈现出与之对应的关系。C 点至最终应力水平之前，次声信号幅值较之前的 A、C 点出现较明显的下降趋势。从峰值应力前后幅值特征来看，峰值

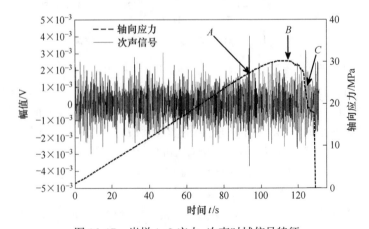

图 16.17　岩样 1-2 应力-次声时域信号特征

应力前的次声信号较峰值应力后更为明显，说明荷载在未达到峰值应力之前，岩样内部裂隙已发生较大的变化，导致失稳前（C 点及以后）次声信号活动出现较明显下降。

16.5.2.5　岩样 1-4

岩样 1-4 应力-次声时域信号特征如图 16.18 所示。峰值应力过后，应力-时间曲线呈"鼓包"状，与岩样 1-1 相似，表明峰值应力后岩样内部裂纹仍然在不断孕育、扩展。这种峰值应力后渐进式的破坏，伴随内部能量不断转化与释放，部分能量以其强烈的次声信号体现出来，例如图中 C、D、E、F 点。临近峰值应力 B 点之前出现幅值水平较高的 A 点，在 A 点至 B 点过程中，次声信号幅值水平突然骤降，出现较明显平静期。C 点次声信号幅值突然上升，而后应力水平发生大幅度下降，说明 C 点附近岩样内部裂隙发生了急剧扩张。随着岩样应力水平不断下降，次声信号活动也会随着应力水平呈现"共生"关系，即在应力水平发生"突变"之前（急剧下降），次声信号幅值出现明显异常。这种"突变"所共生出的次声信号特征与岩样 1-1 相似，体现出渐进式破坏下岩样所呈现的次声信号特征。图中 A 点应力值为 29.69MPa（约为峰值强度的 97%）。

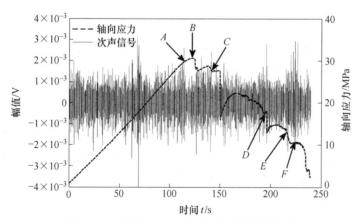

图 16.18　岩样 1-4 应力-次声时域信号特征

16.5.2.6　岩样 1-6

岩样 1-6 应力-次声时域信号特征如图 16.19 所示。该岩样峰值强度为 40.91MPa（图中 C 点），发生时刻在第 162.8s。由于加载应力达到峰值应力时，岩样宏观滑移面已经形成，导致应力瞬时跌落，得到了脆性断裂式破坏下的应力-时间曲线。如图中的 B 点，发生时刻在第 145.8s，其应力值为 38.83MPa（约为峰值强度的 95%），其次声信号幅值达到最大值且为 0.0043，次声活动非常明显。而 B 点之后直至峰值应力 C 点时段内，次声信号平稳呈现平稳特征，出现较为明显的平静期。C 点至最终破坏之前，次声信号幅值虽然有较小的增大趋势，但信

号幅值整体水平较 B 点不高，说明次声信号强度主要与其前期裂隙的形成相关，后期的裂隙活动性出现较明显的下降趋势。这种峰值应力后呈现的脆性断裂方式，其峰值应力之后的次声信号表现较之前不明显，体现出与岩样 1-2 相似的峰值应力前后次声特性。

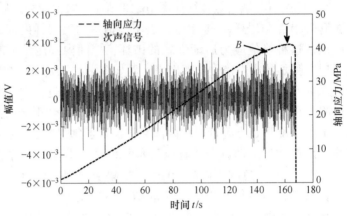

图 16.19　岩样 1-6 应力-次声时域信号特征

综合上述 6 组岩样应力-次声时域信号特征分析，发现其峰值应力前，均有较明显的次声信号出现，而后会经历不同程度的平静期，由于岩样内部结构的离散性，导致岩样呈现渐进式或脆性断裂破坏。对于较明显渐进式破坏岩样（如岩样 1-1 和 1-4），峰值应力后的次声信号也会表现得非常活跃，其应力水平在不同程度下降之前，由于岩样内部裂隙的进一步扩展，伴随着较为明显的次声信号出现，且这种次声信号强度主要与其内部裂隙发展程度呈现出一定的关联性。对于脆性断裂式破坏岩样（如岩样 1-2 和 1-6），通常在峰值应力前，有非常活跃的次声信号产生，峰值应力后直至整体破坏前，由于裂隙程度发展程度下降，导致其整体强度较之前出现一定程度的下降。

16.6　应力-次声时频特征

大部分次声信号（如地震信号）本身是一种非线性、非平稳信号[202]，而传统的 FFT 主要反映的是平稳信号在某一段时间内的频率特征，并不具有对信号局部分析的功能，因此也无法同时获取时间与频率特征信息。而时频分析作为常用的信号处理手段，它可以反映出信号频率随时间变化规律，常见的时频分析函数包括短时傅里叶变换（STFT）、小波变换、Wigner-Ville 分布等。而短时傅里叶变换（STFT）作为较常用的时频分析手段，在信号处理方面运用较为广泛。下面将首先对短时傅里叶变换基本概念进行相应概述，而后选定红砂岩次声信号时频分析时的窗函数类型及相应的时窗长度，最终基于 Matlab 软件平台，并对峰值应力前后次声信号时频特征进行分析。

16.6.1　短时傅里叶变换（STFT）

Gabor 于 1946 年提出了短时傅里叶变换[203]。它与传统傅里叶变换不同，通过对原始信号进行"加窗"，可以得到信号某个具体频率位置的时域信息，解决了传统傅里叶变换无法同时反映时间–频率的问题。下式为其短时傅里叶数学定义：

$$\hat{f}(\tau, \omega) = \int_{-\infty}^{\infty} f(t)\bar{g}(t - \tau)e^{-jwt}dt \tag{16.5}$$

式中，$f(t)$ 为采集的时域信号；$\bar{g}(t)$ 为窗函数 $g(t)$ 的共轭函数。

从式（16.5）可以看出，通过对信号加窗并进行傅里叶变换时，可以得到在 τ 时刻的频率信息，并且反映出该频率的分量。与此同时，进行短时傅里叶变换时，窗函数时窗长度和窗函数类型选择的多样性，会直接导致分析结果不尽相同。

假设 f 为 $L^2(R)$ 的函数，则 f 在 a 点处附近位置 t 点处的时域分辨率 $\Delta_a f$ 和频域分辨率 $\Delta_\alpha \hat{f}$ 定义为

$$\Delta_a f = \frac{\int_{-\infty}^{\infty} (t-a)^2 |f(t)|^2 dt}{\int_{-\infty}^{\infty} |f(t)|^2 dt} \tag{16.6}$$

$$\Delta_\alpha \hat{f} = \frac{\int_{-\infty}^{\infty} (\lambda-\alpha)^2 |\hat{f}(\lambda)|^2 d\lambda}{\int_{-\infty}^{\infty} |\hat{f}(\lambda)|^2 d\lambda} \tag{16.7}$$

$$\Delta_a f \cdot \Delta_\alpha \hat{f} \geqslant \frac{1}{4} \tag{16.8}$$

式（16.8）为著名的不确定性原理。不确定性原理认为，时域分辨率和频率分辨率不可能同时小，信号时域分辨率越小，频率分辨率就会越大。

窗函数种类具有多样性，不同窗函数对信号加窗傅里叶变换也会有影响，进而影响短时傅里叶变换性能。为了提高短时傅里叶变换性能，选取窗函数主要原则一般有以下两点[204]：

（1）窗函数主瓣（频域）应尽量窄，以获得较高的频率分辨率；

（2）窗函数旁瓣相对于主瓣应尽量小，使能量集中于主瓣，减少旁瓣带来的能量泄漏。

用于短时傅里叶变换的几种常见的窗函数主要有矩形窗、汉宁窗、海明窗、高斯窗、凯瑟窗等。这几种窗函数在信号时频分析时都经常涉及，以下将对其中三种典型窗函数（矩形窗、汉宁窗以及海明窗）的时域和频域特征做简单介绍，

为窗函数选取提供一定的依据。

对图 16.20 所示的三种典型的窗函数时频域特性图分析比较，发现：

（1）矩形的主瓣最窄，因此得到的频率分辨率最高，但是其最大旁瓣比主瓣值仅低 21db，因此能量最容易泄漏；

（2）海明窗的最大旁瓣比其主瓣低 41db，在以上窗函数中能量泄漏最少，但其主瓣的宽度比矩形窗宽度增加 1 倍；

（3）汉宁窗的最大旁瓣比其主瓣低 31db，介于以上两者之间，其主瓣宽度与海明窗一样。

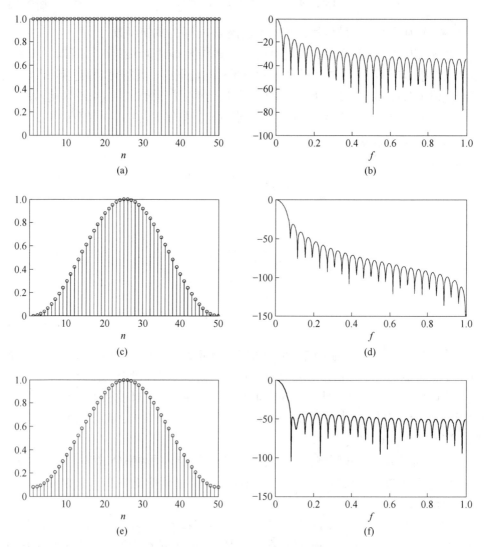

图 16.20　三种窗函数的时域和频域特性

（a）矩形窗时域；（b）矩形窗频域；（c）汉宁窗时域；（d）汉宁窗频域；（e）海明窗时域；（f）海明窗频域

通过对以上三种窗函数时域和频域特征分析，发现这些窗函数在进行短时傅里叶变换时，不能同时满足主瓣频域宽度较窄、主瓣能量相对集中的要求，在保证能量泄漏较小的情况下，适当降低频率分辨率，因此对后续次声信号时频分析时，选取海明窗这一种窗函数进行次声信号时频分析。

短时傅里叶变换进行时频分析时，窗函数一旦确定，时域窗和频域窗的宽度就相应确定了。因此对信号进行加窗时，需要考虑信号本身频率特征，对于低频信号，当采样长度足够时，一般要求长时窗，获得较高的频率分辨率；而对于高频信号，一般采用短时窗，获得较高的时间分辨率[205]。

16.6.2　部分岩样应力-次声时频特征

16.6.2.1　岩样 0-2

该岩样峰值应力时刻为第 148.7s，通过对其时域波形（图 16.21）分析，以 16s 为时间间隔对提取的数据进行时频分析，起始时间从第 140s 开始，如图 16.22(a)、(b) 所示。通过图 16.22(a)、(b) 的观察，发现该岩样破坏特征频率范围为 1~4Hz，4Hz 以上的次声信号强度已经很弱了。图 16.22(a) 中 B 点所示的位置（第 8.7s 处）为岩样峰值应力时刻，在 B 点之前的 A 区域和之后的 C 区域，均有较强烈的次声信号，且 C 区域的整体次声信号强度会高于 A。在 B 点前附近的一段时间内，次声信号强度很低，出现短暂平静期。随着岩样内部裂纹继续形成，明显的次声信号会呈间歇性形式出现，如图 16.22(b) 中的 D、E、F 区域。F 之后，岩样释放次声信号的强度骤然下降。

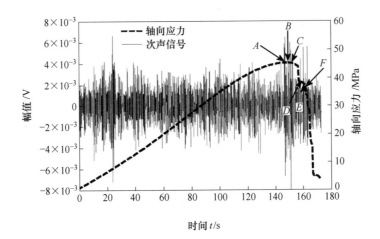

图 16.21　岩样 0-2 次声信号时域波形

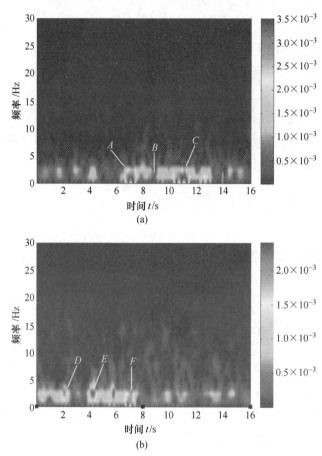

图 16.22　岩样 0-2 次声信号时频特征

（a）岩样第 140~156s 时频特征；（b）岩样第 156~172s 时频特征

16.6.2.2　岩样 1-1

通过对岩样 1-1 时域波形（图 16.23）分析，其峰值应力时刻出现在第 123.7s，时域信号数据的选取时间起始于第 115s，然后以 16s 为时间间隔进行信号数据时频分析，如图 16.24(a)～(e)所示。其中，图 16.24(e) 中，时间长度为 8.2s。图 16.24(a) 中的 C 点位置为峰值强度对应时刻，其次声信号强度很低，但在峰值应力前的 B 区域次声信号活动却很明显，从 B 至 C 点的时间间隔将近 2.7s，出现较短暂的平静阶段。随着峰值应力后期裂纹的压密、张开，会伴有间歇性明显的次声信号出现，如图中的 F、G、L 区域。应力下降最终水平时，仍有较明显的次声信号出现（如 L 区域）。上述较明显的区域（时频特征），反映出岩样次声信号的强度与其裂隙的发展程度存在一定的关联性。

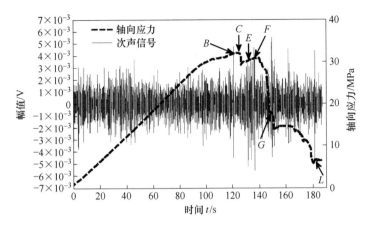

图 16.23　岩样 1-1 次声信号时域波形

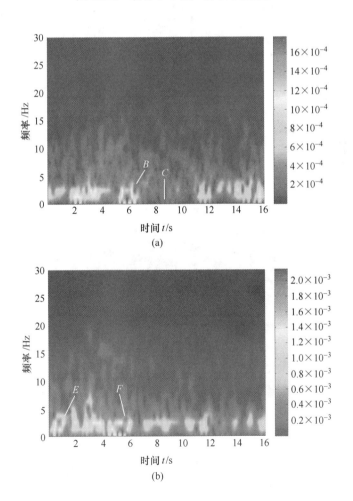

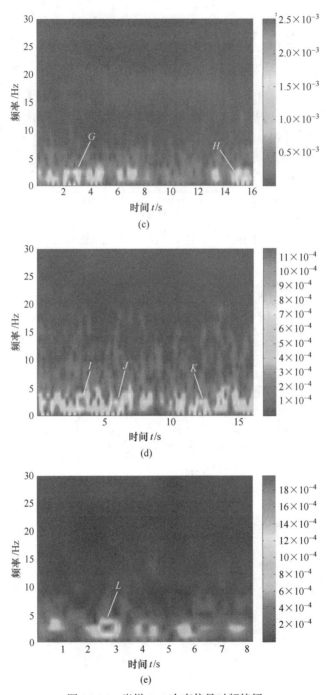

图 16.24 岩样 1-1 次声信号时频特征

（a）岩样第 115~131s 时频特征；（b）岩样第 131~147s 时频特征；（c）岩样第 147~163s 时频特征；
（d）岩样第 163~179s 时频特征；（e）岩样第 179~187.2s 时频特征

16.6.2.3　岩样 1-2

岩样 1-2 次声信号时频特征如图 16.25 所示。该岩样峰值应力出现时间在 113.8s（图中 D 点），从峰值应力前次声信号频率分量来看，A、B、C 区域次声信号强度较高，出现在峰值应力前裂隙扩展阶段，而峰值应力时次声信号强度却很弱，附近出现极短暂平静期。峰值应力过后应力-时间曲线并未发生瞬时跌落，在此过程中也释放出较明显的次声信号，如图 16.26(c) 所示的 F 区域，表明岩样在岩样整体破裂之前还存在裂隙进一步扩展。F 区域过后，岩样次声信号强度出现较明显的下降趋势。

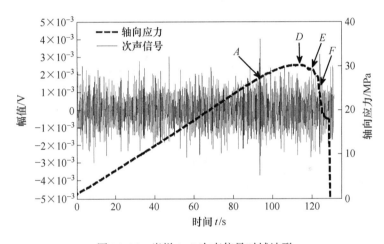

图 16.25　岩样 1-2 次声信号时域波形

16.6.2.4　岩样 1-6

岩样 1-6 次声信号时频特征如图 16.27 所示。时域信号数据起始时间为第 130s，以 16s 为时间间隔进行时频分析，如图 16.28(a)、(b)、(c) 所示。由于岩样呈现明显的脆性断裂破坏，所以次声信号强烈的区域主要位于峰值应力之前。岩样在第 145s 附近有非常强烈的次声信号，应力水平接近峰值强度，如图 16.28(a) 中的 B 区域。第 152~162s 时间内也有较明显次声信号出现，如图中的 C、D、E 区域，但其信号强度均比 B 区域的强度低，临近峰值应力点 F 点之前，出现较短暂的平静期。岩样加载到 167s 时应力发生瞬时跌落，通过对图 16.28(c) 观察发现，在峰值应力后直至整体破坏之前的 3.5s 时间内，虽然次声波信号也较为明显，但较峰值应力前其次声强度已有所下降，如图中的 G、H 区域，说明随着岩样在最后整个滑移面形成过程中，还存在着宏观裂隙的进一步贯通。

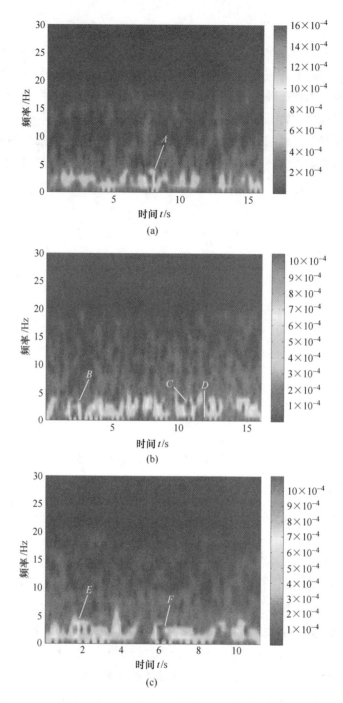

图 16.26 岩样 1-2 次声信号时频特征

（a）岩样第 86~102s 时频特征；（b）岩样第 102~118s 时频特征；（c）岩样第 118~129.2s 时频特征

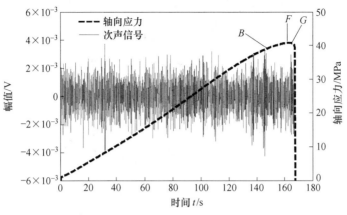

图 16.27　岩样 1-6 次声信号时域波形

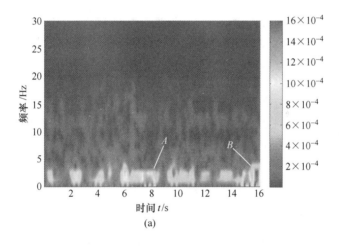

(a)

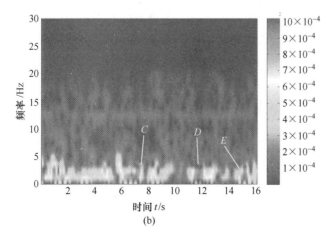

(b)

图 16.28 岩样 1-6 次声信号时频特征

(a) 岩样第 130~146s 时频特征;(b) 岩样第 146~162s 时频特征;(c) 岩样第 162~167s 时频特征

综合以上 4 组岩样时频分析结果,发现此次试验红砂岩的破坏特征频率范围集中在 1~4Hz,峰值应力前期均有较明显的次声信号,且都会经历一段平静期,峰值应力时的次声信号表现均不明显。随着峰值应力后所呈现的渐进式破坏或脆性断裂式破坏,其次声信号又表现出不同的特性。对于渐进式破坏的岩样,随着裂纹的继续扩展,应力水平下降,形成"鼓包"式应力-时间曲线。在每次"鼓包"下降之前的一段时间里,通常都伴随着较为明显的次声信号,由于这种渐进式破坏出现,导致峰值应力后期的次声信号强度也会有较明显的表现。而对于脆性断裂式破坏岩样,在宏观滑移面即将形成之前,岩样内部裂隙虽然还在进一步贯通,但较峰值应力前次声信号强度已有所下降。

16.7 本章小结

本章对某地区的红砂岩次声信号进行了分析,首先确定了 Sym8 小波基进行信号的分解和重构,其次根据岩样应力-时间特征确定了分解层数(8 层),而后并考虑了本底信号对试验信号的影响,对本底信号不做处理,最后对红砂岩岩样进行应力-次声信号时域特征、时频特征分析。

通过对时域信号、时频特征分析,发现此次试验红砂岩岩样破坏特征频率范围集中在 1~4Hz,峰值应力前都有明显的次声信号存在,且都伴随着不同程度的平静期,而峰值应力后的次声信号特性与其呈现的破坏方式有关。对于渐进式破坏的岩样,由于后期内部还在发生不同程度的裂隙扩展,其峰值应力后期的次声信号强度还会有较明显的表现。对于脆性断裂式破坏的岩样,峰值应力后期次声信号强度较之前有一定程度的下降,说明峰值应力前已有较大的裂隙形成,由于宏观滑移面形成之前还存在着内部裂隙进一步贯通,因此还伴随着较明显次声信号出现。

第 17 章　单轴压缩下红砂岩峰值应力前后次声信号特征参数

17.1　引言

波形分析和特征参数分析是声发射信号处理较为常用的两种技术手段。在前一章对红砂岩单轴加载条件下次声信号波形特征分析的基础上，本章将对其信号特征参数进行分析，具体选用的特征参数为振铃计数、能量计数。振铃计数作为声发射活动性评价指标之一[200]，可以粗略地反映出信号的频度和强度，但易受门槛值的影响，而能量计数则反映了声发射事件的相对能量和强度，不受门槛值的影响。本章基于以上两种特征参数，对单轴压缩条件下峰值应力前后的红砂岩次声信号进行分析。

17.2　应力-次声累计振铃计数特征

17.2.1　门槛值的确定

振铃计数的统计，源于对门槛值大小的设定，若门槛值过小，则会增大本底信号对真实信号的影响，门槛值过大，则会使得真实信号特征无法完整地表现出来。成都理工大学朱星[178]对室内岩石次声试验其信号的门槛值的确定，首先考虑了其本底信号幅值峰值水平，作为其初步阈值，并参照试验本身信号幅值水平情况进行综合考量，确定最终的门槛值。通过对本底信号、试验信号分析，最终确定其门槛值为 0.0028（见图 17.1）。在门槛值确定的基础上，再对信号振铃计数进行统计，并对部分岩样其峰值应力前后的次声累计振铃计数特征进行描述。

17.2.2　岩石应力-次声累计振铃计数特征

17.2.2.1　岩样 0-1

岩样 0-1 应力-次声累计振铃计数如图 17.2 所示。图中 A 点的应力为 46.91MPa（约为峰值强度的 96%），从图中可以明显看出，A 点累计振铃计数增量出现明显的剧增趋势，1s 内出现的次声振铃计数达到 91 个，是整个加载过程中累计振铃计数增量最大位置，而且幅值水平也非常高，表明了 A 点位置附近裂隙扩展程度较为剧烈。B 点为峰值应力时刻，在 A 点过后 B 点未到达之前，累计

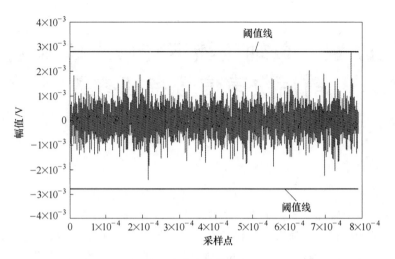

图 17.1　某本底信号水平

振铃计数增量相对之前的 A 点变得较为平缓（累计振铃计数增量为 40 个），而且在 B 点附近累计振铃计数增量为 0，在 A 点至 B 点之间出现相对平静期。图中 C 点的累计振铃计数增量 1s 内达到 72 个，发生应力水平第二次下降之前，岩样内部有较强的次声信号释放出来。图中 D 点是第二次峰值应力后累计振铃计数增量较大的位置，1s 内振铃计数达到 35 个，岩样此时已接近整体破坏。以上三处次声信号强烈位置均出现在对应的应力水平下降之前，说明了强烈的次声信号（累计振铃计数增量）出现伴随着裂隙不同程度的发展，且其累计振铃计数增量与其裂隙发展程度有关。

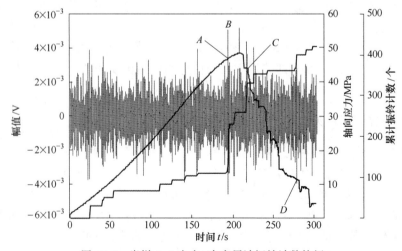

图 17.2　岩样 0-1 应力-次声累计振铃计数特征

17.2.2.2　岩样 0-2

岩样 0-2 应力-次声累计振铃计数特征如图 17.3 所示。图中 A 点应力值接近峰值强度 (B 点)，A 点之前的临近时段内，累计振铃计数增量几乎为 0，表现出现相对平稳阶段，而 A 点处 (145s) 的振铃计数开始急剧增加，直至第 148s 其振铃计数达到 344 个。而在 B 点峰值应力附近 2s 内 (149~151s) 的振铃计数才只有 12 个，平静期非常短暂。B 点过后 C 点又开始出现大量的振铃计数，达到439 个 (151~153s 内)，而后又伴随着短暂的相对平稳阶段，应力此时发生了第一次明显的下降，预示着岩样内部已有较大的裂隙形成。而在岩样最终破裂之前，D 点附近的次声振铃计数又开始有所增加，其振铃计数达到 134 个 (159~164s)，较之前的 C 点、D 点附近的次声信号累计振铃计数增量整体水平较低。表明岩样在宏观破裂面形成之前，裂隙发展程度出现一定的下降趋势，外在体现出的次声信号累计振铃计数增量出现一定程度的下降。

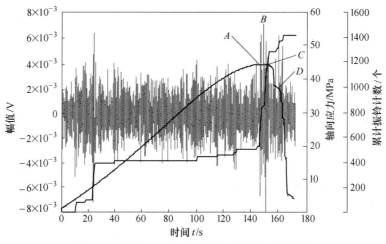

图 17.3　岩样 0-2 应力-次声累计振铃计数特征

17.2.2.3　岩样 1-1

岩样 1-1 应力-次声累计振铃计数特征如图 17.4 所示。B 点为峰值应力所处位置，其对应的累计振铃计数-时间曲线近似水平，出现了较明显的短暂平静期，直至 C 点后才有较明显的累计振铃计数增量。在 B 点之前的 A 点位置附近累计振铃计数有小幅度的上升，达到了 153 个 (119~122s)，且幅值水平较高。从 A 点至 C 点持续了 8s(123~130s) 累计振铃计数增量为 0 的阶段，次声信号相对平稳，此过程中应力水平发生了第一次下降，且在应力水平发生显著下降时，次声信号并不明显。C 点后 (131~137s) 次声信号累计振铃计数又开始急剧增加，达到 719 个，次声信号表现得异常明显，紧接着应力水平出现较大的下降趋势。C 点之后 D 点附近的累计振铃计数急剧增加，仔细观察发现，在 D 点应力水平未下降之前伴随着高幅值的次声信号，体现出与 A 点、C 点相似的特征，而且在 D 点之后的 E、F 点也具有这样的相似特性，说明在岩样内部裂纹扩展，其不同程度应力水平下降之前，都伴随着强烈的次声信号出现，这种次声特性在峰值应力后岩样发生渐进式破坏下体现得愈加明显。

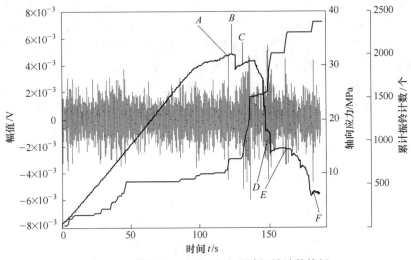

图 17.4   岩样 1-1 应力-次声累计振铃计数特征

17.2.2.4   岩样 1-2

岩样 1-2 应力-次声累计振铃计数特征如图 17.5 所示。图中 A 点（位于 93.8s 处）附近累计振铃计数急剧增加，1s 内（第 94s）的次声振铃计数达到 103 个，且次声信号幅值水平较高，在峰值应力前出现了明显的次声信号征兆。A 点过后经过较长的平稳阶段（95~124s），其对应的次声累计振铃计数-时间曲

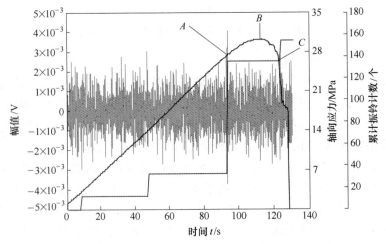

图 17.5   岩样 1-2 应力-次声累计振铃计数特征

线为水平直线，表现出较明显的平静期现象。而后即使在 C 点附近（第 125s 内）也只出现了 19 个低频度的次声振铃计数，此时应力并未直接下降到最终水平，次声信号表现较不明显。C 点过后岩样 1-2 没有振铃计数产生。从 B 点前后的次声信号累计振铃计数特征来看，这种脆性断裂破坏的岩样在峰值应力后期，次声信号累计振铃计数增量表现得不是很明显，体现出与渐进式破坏的不同之处。

17.2.2.5　岩样 1-6

图 17.6 所示为岩样 1-6 应力-次声累计振铃计数特征。图中 B 点为峰值应力时所处位置（第 163.4s），B 点之前 A 点（第 146s）附近产生了大量的振铃计数，其中 145~148s 内的振铃计数达到 216 个，幅值水平也较高，次声信号表现相对明显，并且通过 A 点附近振铃计数率数据发现，此时附近（146~148s）单位时间内振铃计数依次为 138 个、31 个、18 个，振铃计数率逐渐变小，直至峰值应力附近 5s 内振铃计数为 0（149~164s），出现较明显的平静期现象。随着 B 点后期岩样发生整体破坏，在第 165s 内出现了 23 个振铃计数，有小幅度的振铃计数产生。从峰值应力前后的次声信号累计振铃计数特征来看，其峰值应力后的次声信号较之前并不明显。这种脆性断裂破坏的岩样体现出的次声累计振铃计数特征与岩样 1-2 相似。

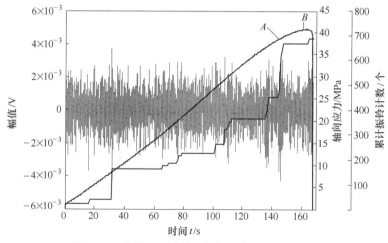

图 17.6　岩样 1-6 应力-次声累计振铃计数特征

通过对以上 5 组岩样峰值应力前后的应力-累计振铃计数特征进行综合分析，发现脆性断裂式破坏岩样（如岩样 1-2、1-6），其峰值应力前次声信号累计振铃计数都有很明显的上升趋势，但其峰值应力后直至岩样整体破坏过程中次声累计振铃计数增量较之前不明显，其峰值应力后的次声信号表现不明显，且峰值应力前存在着不同程度的平静期。而对于渐进式破坏的岩样（如岩样 0-1、1-1），峰值应力后期次声累计振铃计数增量比之前也会有较明显的表现，即渐进式破坏下岩样不同程度应力水平下降之前，通常都伴随着次声累计振铃计数的相对上升趋势。

17.3 应力-次声能率特征

17.3.1 能率计算方法

根据电子学理论[164]，声发射均方电压 V_{rms} 随时间的变化就是声发射信号的能量变化率，声发射信号 $t_1 \sim t_2$ 时间内的总能量 E 可表示如下：

$$E \propto \int_{t_1}^{t_2} (V_{rms})^2 dt = \int_{t_1}^{t_2} V_{ms} dt \qquad (17.1)$$

上式可反映出，声发射信号能量正比于各采样点幅值的平方，并对其时域内进行积分，然后将该积分统计值作为该时段内能量。基于上述理论，作者将对 1s 内信号能量计数作出统计，统计结果用能率表示。本节将结合应力、能率特征参数对部分红砂岩峰值应力前后的次声信号特征进行阐述。

17.3.2 岩石应力-次声能率特征

17.3.2.1 岩样 0-1

图 17.7 所示为岩样 0-1 应力-次声能率特征。从图中可以看出，在峰值应力出现之前的 A、B 点次声信号能率水平比较突出，其中 A 点的近似应力值为 38.18MPa（约为峰值强度的 79%），B 点近似应力值为 46.75MPa（约为峰值强度的 96%），但是 A 点至 B 点过程中次声信号能率特征却相对平稳。B 点至峰值应力过程中能率呈现下降趋势，该过程中出现相对平静期。随着应力水平的不断

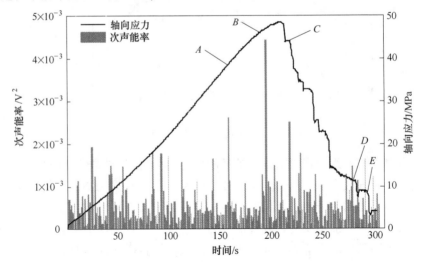

图 17.7 岩样 0-1 应力-次声能率特征

下降，伴随着裂隙不断扩展与压密，峰值应力后期仍然出现能率水平较高的次声信号，特别是加载到最终应力水平之前（D、E 点），次声信号能率又出现较小幅度的增大，表明岩样宏观断裂面的形成前，还存在着岩样内部裂隙的扩展，伴随着相对明显的次声信号释放出来。

17.3.2.2　岩样 0-2

岩样 0-2 应力-次声能率特征如图 17.8 所示。图中 A、B、C 点位置非常接近，其中 B 点为峰值应力时刻，而 D 点的近似应力值为 37.63MPa（约为峰值强度的 83%）。从图中可以直观看出，在该岩样峰值应力点前后（A 点、C 点），次声信号能率水平都非常高，且峰值后 C 点能率达到最大值，表明峰值应力后裂隙扩展伴随着岩样内部次声能量的释放，但是峰值应力点位置能率却较低，出现了短暂的相对平静阶段。C 点后随着裂隙持续扩展，导致应力水平的下降，但仍有部分时间内的次声信号能率较高（D 点），表明在岩样内部在未完全形成宏观断裂面之前，还伴随着次声能量的释放，而这种峰值应力后期的次声信号特征同其后期呈现的破坏方式有关。

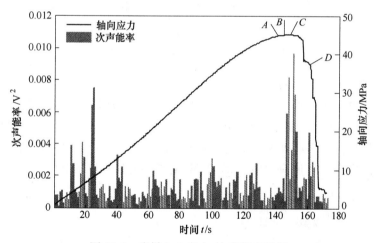

图 17.8　岩样 0-2 应力-次声能率特征

17.3.2.3　岩样 1-1

岩样 1-1 应力-次声能率特征如图 17.9 所示。A 点位于峰值应力前，其应力值接近峰值强度。在进入 A 点时次声能率有所增加，而在进入峰值应力时，次声信号能率水平较低，出现短暂的平静期。在进入下一个"鼓包"时次声信号能率又开始逐渐加强（临近 B 点），而后应力下降至 C 点时，次声信号能率达到最大值，然而 B 点至 C 点次声能率水平却相对平稳，从后期的 D 点至 E 点阶段也体现出相似的特性。从次声信号能率图中可以看出，在每次"鼓包"形成过程中，应力水平（不同幅度）下降之前都伴随着较高能率的次声波信号出现，而应力水平在下降过程中次声信号却表现得不是很明显。说明岩样不同程度的裂隙扩展，都伴随有较明显的次声信号，在宏观裂纹形成之后，次声信号强度又开始出现明显的下降。从峰值应力前后的次声能率特征来看，这种渐进式破坏下岩样的次声能率特征在峰值应力后期，表现得非常明显。

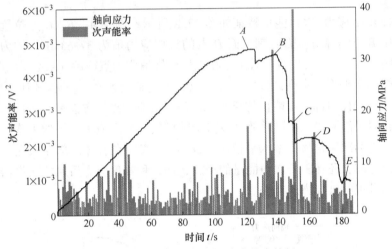

图 17.9　岩样 1-1 应力-次声能率特征

17.3.2.4　岩样 1-2

岩样 1-2 应力-次声能率特征如图 17.10 所示。从峰值应力前后的次声信号能率特征来看，峰值前次声信号相对明显，而在峰值应力后直至岩样整体破坏过程中，次声信号能率却表现得不是很明显，说明次声信号主要活跃在前期裂隙扩展阶段。图中 A 点近似应力值为 27.21MPa（约为峰值强度的 90%）。

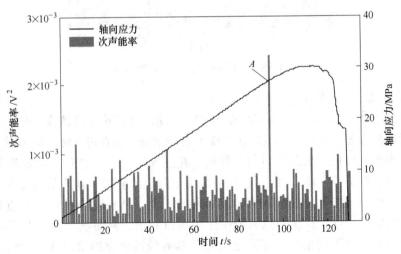

图 17.10　岩样 1-2 应力-次声能率特征

17.3.2.5 岩样 1-6

岩样 1-6 应力-次声能率特征如图 17.11 所示。C 点为该岩样峰值应力时所处位置，A、B 点所处位置的近似应力分别为 37.13MPa（约为峰值强度的 91%）、38.76MPa（约为峰值强度的 95%）。从图中可明显看出，A 点和 B 点次声信号能率水平较高，而在 B 点至 C 点阶段，能率又趋于较低水平，该阶段出现了较明显的平静期。在峰值应力过后，次声信号能率有所增高，但是较 A、B 点的能率水平较低，说明在宏观滑移面形成之前还存在内部裂隙的发展，体现出岩样 1-2 相似的次声特性（峰值应力前后），且这种后期所呈现出的次声特性与其峰值应力后的破坏方式有关。

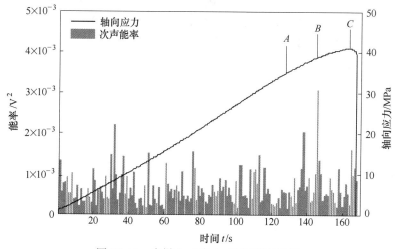

图 17.11 岩样 1-6 应力-次声能率特征

综合分析以上 5 组岩样应力-次声能率特征，发现在加载过程中岩样峰值应力前，均有较高能率水平的次声信号出现。峰值应力时的次声信号能率值却相对较低，在峰值应力前都存在着不同程度的平静期，而峰值应力后的次声能率特征与其峰值应力后呈现的破坏方式有关。对于脆性断裂破坏下的岩样（如岩样 1-2、1-6），在宏观断裂面形成过程中，虽然能率有所增大，但整体次声能率水平较峰值应力前有明显下降趋势。而对于渐进式破坏下的岩样（如岩样 0-1、1-1），其峰值应力后的次声能率特征与应力-时间曲线所形成的"鼓包"有关，在每次"鼓包"下降之前，通常都伴随着能率水平较高的次声信号出现。

17.4 本章小结

本章主要对部分岩样在单轴加载过程的峰值应力前后次声特征参数（累计振铃计数、能率）进行分析，得出以下结论：

（1）脆性破坏下的岩样，其峰值应力前次声信号累计振铃计数都有很明显的剧增趋势，而其峰值应力后直至岩样整体破坏过程中次声累计振铃计数增量较之前表现得不明显，且峰值应力前存在着不同程度的平静期。而对于渐进式破坏的岩样，峰值应力后期次声信号累计振铃计数较之前也会有较明显的表现，即渐进式破坏下岩样不同程度应力水平下降之前，通常伴随着累计振铃计数相对上升的趋势。

（2）岩样峰值应力前，均有较高能率水平的次声信号出现，峰值应力时的次声信号能率值却相对较低，在峰值应力前都存在着不同程度的平静期，峰值应力后的次声能率特征与其峰值应力后呈现的破坏方式有关。对于脆性断裂破坏下的岩样，在宏观断裂面形成过程中，虽然能率有所增大，但整体次声能率水平较峰值应力前有明显下降趋势，而对于渐进式破坏下的岩样，其峰值应力后的次声能率特征与应力-时间曲线所形成的"鼓包"有关，在每次"鼓包"下降之前，通常都伴随着能率水平较高的次声信号出现。

第 18 章　不同加载方式下红砂岩破坏过程次声信号特征

18.1　引言

在实际采矿工程活动中，岩石破坏的模式多种多样，岩石破坏过程中，产生大量声信号，目前，国内外对这类声发射信号进行了大量研究，但少有学者针对岩石在不同加载方式下破坏过程中的次声信号进行专门研究。本文通过室内试验方法，采用岩石单轴压缩试验、斜剪试验、劈裂试验及循环加卸载试验四种加载方式，探究岩体在不同加载方式下岩石受压失稳过程产生的次声信号特征。采集岩石加载直至破坏过程中产生的次声信号进行波形处理及参数分析，研究了各种破坏模式下岩石所产生的次声信号特征，为监测岩体稳定性提供了一条可行性路径。

18.2　试验仪器及方案

18.2.1　试验仪器

18.2.1.1　力学加载系统

力学加载试验采用中国科学院武汉岩土力学研究所研制的 RMT-150C 岩石力学加载系统。该系统为数字控制的电液伺服，专为岩石力学性能试验而设计，在技术性能上，因良好的动、静态特性和系统刚度，能及时跟踪岩石的瞬间破坏，得到较好的应力-应变曲线。

18.2.1.2　次声信号采集系统

次声信号采集系统主要采用由中国科学院声学研究所研制的次声波仪，该系统主要由 CASI-2009 次声传感器、CASI-MDT-2011 网络传输仪及次声采集计算机组成。次声波采集信号参数设置见 16.2 节。

18.2.2　试验对象

试验对象为红砂岩，取自江西赣州某地，为减少实验的离散性，所有试样均取自一块大型红砂岩。试样分别加工成直径 50mm、高 100mm 的圆柱体试样（单轴压缩试验、剪切试验及单轴加卸载试验）和直径 50mm、高 50mm 圆柱体试件（劈裂试验）。在选取试样时对有裂隙发育、层理明显等现象的试样进行剔除。

18.2.3　单轴压缩试验

单轴压缩试验采用位移控制模式，参数设置为：加载速率为 0.002mm/s，力终点为 200kN，力极限为 250kN，位移终点为 2.0mm，位移极限为 2.5mm。设置好参数后进行预加载，预加载结束后，检查次声信号采集系统参数设置情况，若无误，同步运行加载系统和采集系统，直至试件破坏。试验过程如图 18.1 所示。

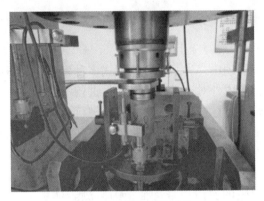

图 18.1　单轴压缩试验

18.2.4　剪切试验

本组试验为试件呈 45°角度斜剪试验，RMT-150C 岩石力学试验系统可采用荷载控制和行程控制两种加载方式。由于岩石试件轴向与垂直方向呈一定角度，在荷载控制模式下，荷载的变化难以反映岩石的破坏点，本试验加载方式采用行程控制，剪切试验采用行程控制位移加载方式，加载速率为 0.01mm/s，设置好参数后进行预加载，预加载结束后，检查次声信号采集系统参数设置情况，若无误，同步运行加载系统和采集系统，直至红砂岩试件完全破裂，压力机自动停止为止。试验过程如图 18.2 所示。

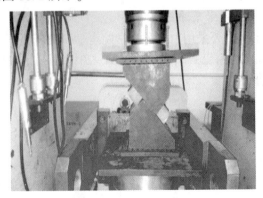

图 18.2　45°剪切试验

18.2.5　劈裂试验

本组试验采用劈裂方式。RMT-150C 岩石力学试验系统可采用荷载控制和行程控制两种加载方式。在行程控制模式下荷载的变化难以把握，为使各试件试验条件统一，本试验加载方式采用荷载控制，加卸载速率均为 0.5kN/s，设置好参数后进行预加载，预加载结束后，检查次声信号采集系统参数设置情况，若无误，同步运行加载系统和采集系统，直至试件破坏。试验过程如图 18.3 所示。

图 18.3　劈裂试验

18.2.6　单轴循环加卸载试验

本次试验采用的加载方式为单轴压缩分级循环加卸载。RMT-150C 岩石力学试验系统可采用荷载控制和行程控制两种加载方式。在行程控制模式下荷载的变化难以把握，为使各试件试验条件统一，本试验加载方式采用荷载控制，加卸载速率均为 0.5kN/s。为使试验顺利进行，在进行大量试验前，先取试件 Y1 及 Y2 试验，调试试验参数，进而为余下多个试件的试验参数设置提供合理的依据。根据试件 Y1 及 Y2 的试验情况，各试件均进行 5 次循环加卸载。各级循环加载的上限荷载依次为 25kN、50kN、75kN、100kN、125kN，为了使得压力机保持稳定及所测得的试验数据的连续性，当各级加载至上限荷载时，均卸载至约 5kN。因此，除第一次循环加载的下限荷载为 0kN 外，其余各级循环加载的下限荷载均约为 5kN。试验过程如图 18.4 所示。

图 18.4　单轴压缩循环加卸载试验

18.3 岩石破坏次声信号波形参数分析

18.3.1 实验室本底噪声及数据分析

本底信号是指没有进行岩石加载时机器设备运转所产生的环境噪声信号，是不可避免的噪声信号。次声波仪采集岩石加载产生的次声信号，这些信号不仅包含岩石受压所产生的信号，还包含了实验室机器运转等环境噪声，声波的频率是由振源振动特性决定，因此有必要对这些噪声信号进行单独采集。噪声信号采集时将加载系统打开，低压运行 30min 后转入油压高压运行状态。调试好次声波仪，采样频率设置为 1024Hz，采集时长为 2min。

把本底信号数据导入 Matlab，用 symN 系列小波基进行小波分解与重构，通过对比分析发现（4≤N≤8），sym8 小波基比较适合此次试验。采样频率设置为1024Hz，小波分解到第 9 层，得到低于 20Hz 的细节部分为 D6、D7、D8、D9、A9，将这 5 组细节部分重构即得到本底信号的次声时域波形，如图 18.5 所示。得到时域波形后可进行门槛值判定，y 轴原始信号是次声波仪传感器的电压值，这里可用幅值来代表电压值。通过多次重复试验，排除本底信号外其他干扰，取多次门槛值的平均值，最终确定门槛值为 0.0058。

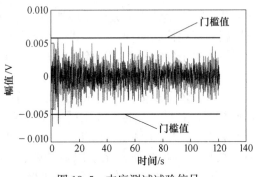

图 18.5 本底测试试验信号

18.3.2 单轴压缩试验结果分析

信号的特征参数分析方法是分析时域信号最普遍也是最常用的方法。该方法是采用 matlab 软件算法将次声信号转换为门槛值、幅值、振铃计数率、能率等特征参数，从而了解产生次声发射的声源的某种特征。门槛值是实验室压力机高压运转下稳定的环境噪声信号幅值；幅值是次声波仪传感器接收到次声波信号时所产生的电压信号，峰值幅度与信号本身的能量相关；振铃计数率是 1s 内超过门槛值的脉冲个数累计计数值；能率是单位时间内幅值平方之和，反映信号强度与时间的关系特征。次声波仪采集信号通过去直流处理与傅里叶转换，将电压信号转换为时域波形信号。

根据本底信号的时域特征，可设置岩石破坏时次声时域信号的门槛值。门槛值确定后，运用 Matlab 可计算出各试验组试验过程中的声信号振铃计数率、声信号能率，结合单轴压缩、剪切、劈裂试验过程中的轴向应力特征，对比各试件破坏过程中次声信号的振铃计数、能率等声信号特征。主要通过加载过程中的次声时域信号来进行能率分析和振铃计数率分析。

多次探测实验室本底信号后，获得实验室本底信号特征，开始进行单轴压缩加载试验，信号采集与压力机加载同时运行。图 18.6 所示为试件 Y9 单轴压缩过程中次声信号的时域波形。

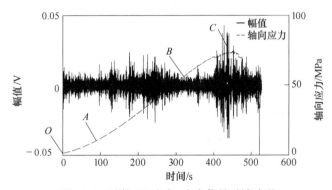

图 18.6　试件 Y9 应力–次声信号时域波形

图 18.6 虚线为应力–时间曲线，实线曲线为次声信号时域波形。由于单轴加载采用位移控制模式，因此，从应力–时间曲线可以判断岩石在加载过程中的受力变形各个阶段。从图可以看出，整个加载过程中次声信号的幅值均有大于门槛值 0.0058。OA 段次声信号较为平缓且信号幅值只比门槛值略大，次声信号并不明显，AB 段次声信号变化明显且信号幅值开始大幅增加，B 点之后出现一段次声信号并不明显的"平静期"，在接近应力峰值时次声信号幅值急剧增加，在 C 点达到信号强度峰值，应力峰值略滞后于信号峰值。

图 18.7 所示为试件 Y9 应力–次声信号能率。能率的计算方法是通过计算单位时间内时域信号幅值的平方和来进行计算。能率的大小反映出单轴加载过程中次声信号强弱的变化特征。从图 18.5 可以看出，本底信号幅值较小且较为平稳，本底信号对能率影响不大，因此本节在计算能率时包含了本底信号。

从图 18.7 可以看出，A 点之前次声信号能率相对较小，能率变化相对平缓。AB 段次声信号能率变化起伏较大，且能率明显比 A 点前大。B 点之后能率大幅减小，出现一段近 80s 的低能率且平缓时期，平缓之后能率急剧上升，在 C 点达到峰值。

图 18.8 所示为试件 Y9 应力–次声信号振铃计数率，振铃计数是根据试件破

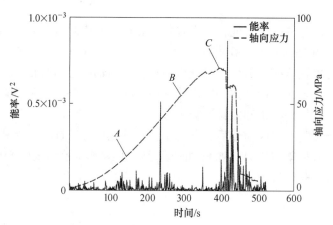

图 18.7 试件 Y9 应力-次声信号能率

坏过程中次声信号幅值强度超过实验室本底信号的噪声门槛值来进行一次有效振铃计数，即试件次声信号幅值的绝对值超过噪声门槛值 0.0058，计一次有效振铃，通过累计单位时间内的振铃计数得出振铃计数率。

从图 18.8 可以看出，A 点之前振铃计数相对较小且稀疏，AB 段及 C 点前后振铃计数较为密集，BC 段之间振铃计数相对较小且稀疏。

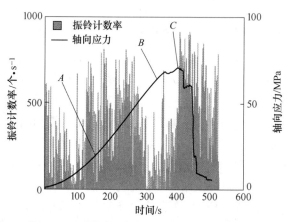

图 18.8 试件 Y9 应力-次声信号振铃计数率

以上单轴压缩试验参数特征分析，发现 A 点之前特征参数都相对较小且较为平缓，说明次声信号在岩石压密阶段活动并不明显；AB 段各特征参数大幅上升且变化剧烈，说明岩石裂隙发育阶段次声信号较为突出；B 点之后的一段时期内，无论是时域信号、能率还是振铃计数率的表现都非常不明显，是岩石声发射典型的平静期现象；C 点为信号峰值点，振幅、能率、振铃计数率都在 C 点达到最大值，之后紧接着应力达到峰值点，说明岩石单轴破坏瞬间前次声信号活动最为活跃。

18.3.3　剪切试验结果分析

图 18.9 所示为试件 Y8 呈 45°角度斜剪试验过程中的应力-次声信号时域波形。可以看出，剪切试验过程中的时域信号在 C 点达到峰值，同时应力曲线也达到峰值，并能听到明显的破裂声，但此时应力并没有大幅度下降，表明红砂岩试件还有一定残余强度。实际上从 C 点之后的应力曲线图也可以看出，试件在达到应力峰值点 C 点时已经破坏，岩石试件在剪切破裂之后，随着轴向压力的增加，剪切面的摩擦力也在增大，因此表现出试件在应力峰值之后还存有一定残余强度，与剪切试验应力变化规律基本一致。

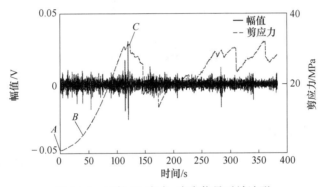

图 18.9　试件 Y8 应力-次声信号时域波形

图 18.10 所示为试件 Y8 剪切试验过程中的能率与应力-次声信号能率的关系。由于本底信号比较平稳，且影响不大，故能率计算包含了本地信号。从图 18.10 可以看出，剪切过程中的次声信号能率峰值点前明显比峰值点 C 后高，红砂岩呈 45°破坏过程中的次声信号强度比破裂后剪切面滑移所产生的次声信号强度大，说明岩石内部裂隙发展所产生的次声信号与岩石颗粒摩擦所产生的次声信号有一定的区别。

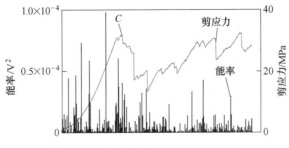

图 18.10　应力-次声信号能率的关系

图 18.11 所示为试件 Y8 剪切试验过程中应力-次声振铃计数率。振铃计数率的计算同样是取高于本底信号最大值 0.0058 为一次有效振铃。从图 18.11 可以看出，应力峰值点前的振铃信号明显强于应力峰值点 C 后，岩石试件在第一次应力峰值点 C 点时已经破坏，C 点之后岩石试件所表现出的残余强度其实是剪切面摩擦力所致，有效振铃计数明显减少，大部分时间段甚至没有有效振铃，说明岩石斜剪破裂后滑移时产生的次声信号较破裂过程中产生的次声信号明显减少。

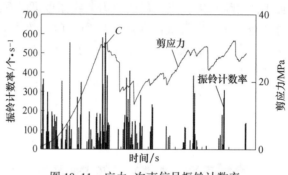

图 18.11　应力-次声信号振铃计数率

18.3.4　劈裂试验结果分析

进行劈裂试验时，劈裂垫条产生楔形作用，使得试件产生横向变形，岩石试件产生拉伸破坏，本次试验劈裂垫条位置与岩石试件轴向方向一致，且上下中心对称，因此本次进行劈裂试验的岩石试件可以算作没有产生轴向应力（只有劈裂垫条那一个面有轴向应力），只计算其拉应力。

图 18.12～图 18.14 所示为试件 R2、R3、R4 劈裂试验应力-时域信号。通过进行多组劈裂试验发现，劈裂试验结果与单轴压缩、剪切试验结果不同，劈裂试验采用力控制模式，多组破裂试验持续时间为 20～30s。

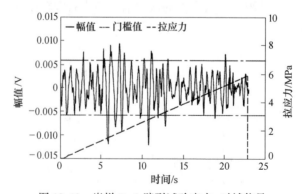

图 18.12　岩样 R-2 劈裂试验应力-时域信号

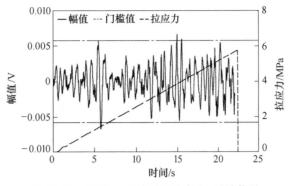

图 18.13　岩样 R-3 劈裂试验应力-时域信号

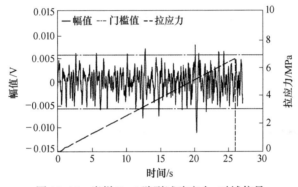

图 18.14　岩样 R-4 劈裂试验应力-时域信号

从图 18.12~图 18.14 可以直接看出，劈裂试验过程中产生的次声信号非常少，在门槛值取 0.0058 的情况下只有极少数信号强度超过门槛值，次声信号强度非常弱。但岩石试件在劈裂破坏时破裂声信号较为突出，可听声信号明显，笔者推测岩石在拉应力作用下，岩石直到破坏，劈裂试验次声现象不明显存在两种可能：其一，劈裂时产生的次声信号强度较小，比实验室环境噪声还小；其二，劈裂试验破坏时大部分声信号为高频信号，数据处理时已经过滤掉。

18.3.5　单轴加卸载试验结果分析

首先根据单轴压缩试验估测了这组红砂岩单轴抗压强度，根据红砂岩单轴抗压强度确定了各级循环加载的上限荷载，将红砂岩加卸载过程中采集的次声信号进行处理，得到加载全过程的时域信号、振铃计数率以及能率信息，分析这些参数信息与加载应力的关系。进行加卸载试验的目的是对比各级的振铃计数率和能率特征，找出次声信号异常时段加载应力所处的级数，即此时岩石处于第几级应力加卸载受压环境，为后续进行岩石单轴破坏特定时间段波形分析圈定大致分析范围。

图 18.15 所示为试样 Y10 循环加卸载过程中的应力-次声参数。图 18.15(a)

所示为应力-次声信号时域波形，可以看出，试件在进行第六次加载过程中破坏，在应力初级阶段次声信号强度并不明显，各级应力峰值点附近次声信号强度相对周边信号强度较强，当加载应力达到峰值时，次声信号强度达到最大且次声信号最为密集，无论是加载过程还是卸载过程都伴随有较为密集的次声信号。图18.15(b) 所示为应力-次声信号振铃计数率，可以看出，随着加载级数的进行，振铃计数率越来越密集，数值相对较大的振铃计数率基本都出现在各级的应力峰值点附近，当加载应力达到峰值时，此时岩石破坏振铃计数率达到最大。图18.15 (c) 所示为应力-次声信号能率，可以看出，能率在加卸载第一级时最小，几乎不明显，随着加卸载的持续进行，次声信号能率开始凸显，该次试验在第三次加载中期和第五次卸载末期出现个别异常信号，异常信号值相对较大。无论是加载还是卸载过程都伴随有次声信号能量的释放，当开始加载第六级加载应力时，第六级加载应力峰值前次声信号能率较弱，快接近峰值时，能率开始增

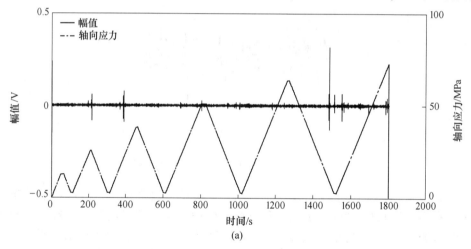

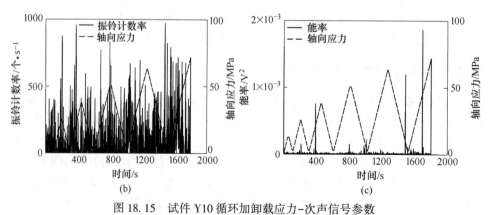

图 18.15　试件 Y10 循环加卸载应力-次声信号参数

（a）应力-次声信号时域波形；（b）应力-次声信号振铃计数率；（c）应力-次声信号能率

加，并在应力峰值点附近达到最大值。

　　图 18.16 所示为试件 Y11 循环加卸载过程中的应力-次声参数。图 18.16(a)
所示为应力-次声信号时域波形，可以看出，试件在进行第六次加载过程中破坏，
在应力初级阶段次声信号强度并不明显，各级应力峰值点附近次声信号强度相对
周边信号强度较强，当加载应力达到峰值时，次声信号强度达到最大且次声信号
最为密集，无论是加载过程还是卸载过程都伴随有较为密集的次声信号。图
18.16(b) 所示为应力-次声信号振铃计数率，可以看出，循环加卸载的第一、
二级振铃计数率相对较小，数值相对较大的振铃计数率基本都出现在各级的应力
峰值点附近，当加载应力达到峰值时，此时岩石破坏振铃计数率达到最大。图
18.16(c) 所示为应力-次声信号能率，可以看出，能率在加卸载第一级时最小，
几乎不明显，随着加卸载的持续进行，次声信号能率开始凸显，无论加载还是卸
载过程都伴随有次声信号能量的释放，当开始加载第六级加载应力时，第六级加
载应力峰值前次声信号能率较弱，快接近峰值时，能率开始增加，并在应力峰值
点附近达到最大值。

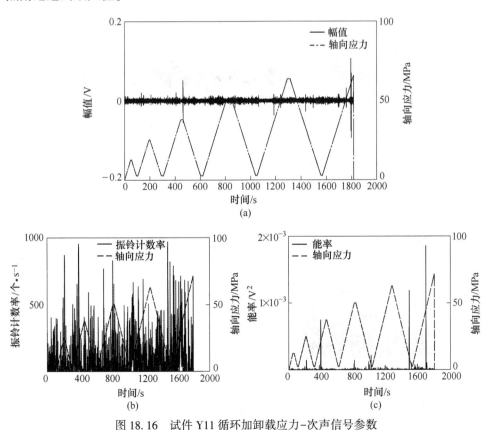

图 18.16　试件 Y11 循环加卸载应力-次声信号参数

（a）应力-次声信号时域波形；（b）应力-次声信号振铃计数率；（c）应力-次声信号能率

图 18.17 所示为试件 Y11 循环加卸载过程中的应力-次声信号参数。图 18.17(a) 所示为应力-次声信号时域波形,可以看出,试件在进行第六次加载过程中破坏,在应力初级阶段次声信号强度并不明显,各级应力峰值点附近次声信号强度相对周边信号强度较强,当加载应力达到峰值时,次声信号强度达到最大且次声信号最为密集,无论是加载过程还是卸载过程都伴随有较为密集的次声信号。图 18.17(b) 所示为应力-次声信号振铃计数率,可以看出,循环加卸载的第一、二级振铃计数率相对较小,数值相对较大的振铃计数率基本都出现在各级的应力峰值点附近,当加载应力达到峰值时,此时岩石破坏振铃计数率达到最大。图 18.17(c) 所示为应力-次声信号能率,可以看出,能率在加卸载第一级时最小,几乎不明显,随着加卸载的持续进行,次声信号能率开始凸显,无论加载还是卸载过程都伴随有次声信号能量的释放,当开始加载第六级加载应力时,第六级加载应力峰值前次声信号能率较弱,快接近峰值时,能率开始增加,并在应力峰值点附近达到最大值。

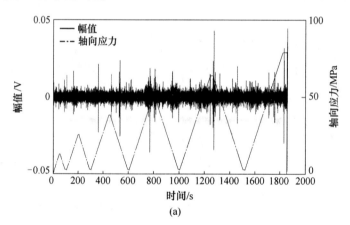

(a)

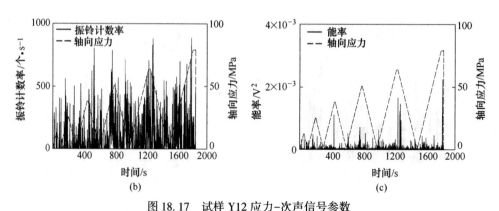

图 18.17　试样 Y12 应力-次声信号参数

(a) 应力-次声信号时域波形;(b) 应力-次声信号振铃计数率;(c) 应力-次声信号能率

　　通过上述分析发现岩石等材料在加卸载过程中次声信号明显，因此，岩石的破坏程度可通过分析次声信号的变化来实现。次声信号振铃计数是次声信号的重要参数之一，次声信号以弹性波的形式通过空气传播，并被次声波仪接收，次声波仪同时记录下声发射信号。本节振铃计数以次声波仪采集到的信号强度超过门槛值作一次有效振铃。根据试验结果，对采集到的次声信号数据进行整理，得到的各试件加卸载阶段累计声发射撞击数，见表 18.1。N_i 为单级加卸载试验步骤累计次声信号振铃计数，$\sum N_i$ 为试验至第某个步骤后的次声信号累计振铃计数。各级加卸载阶段次声信号事件累计振铃数统计如表 18.1 所示。

表 18.1　试件 Y10、Y11、Y12 各级加卸载阶段次声信号事件累计振铃数

循环加载阶段	Y10		Y11		Y12	
	N_i	$\sum N_i$	N_i	$\sum N_i$	N_i	$\sum N_i$
一级加载	6791	6791	9179	9197	2598	2598
一级卸载	6871	13662	5742	14939	1005	3603
二级加载	12063	25725	11918	26857	5940	9543
二级卸载	11075	36782	18992	45849	2611	12164
三级加载	25582	62364	34305	80154	8575	20729
三级卸载	22748	85112	25600	105754	10249	30978
四级加载	25226	110338	48678	154432	18752	49730
四级卸载	29592	139930	29232	183664	20016	69746
五级加载	37542	177472	48493	232157	23835	93599
五级卸载	60563	238035	60583	292740	39014	132613
六级加载	67927	305962	52820	345560	58674	191287

　　从表 18.1 统计数据可明显看出，各试件在低应力水平下，产生的次声信号振铃计数较少，这就说明岩石破坏损伤较小或无损伤。随着应力水平的提高，各级次声信号振铃计数显著增大，预示着岩石的破坏程度也在增大，岩石逐渐劣化。三组岩石加卸载试验都在加载的第六阶段发生破坏，而这一阶段累计声发射撞击数最大，说明岩石在峰值破坏阶段会释放大量的能量，随之产生大量的次声信号。

　　通过对比三组试验各级加载与卸载单个阶段累计振铃计数，发现加卸载过程中的第一、二、三、四级无论是加载还是卸载，累计振铃计数均相差不大，而试件 Y10 五级加载比五级卸载累计振铃计数少 23021 个，加载阶段仅为卸载阶段的 62%；试件 Y11 五级加载比五级卸载累计振铃计数少 12090 个，加载阶段仅为卸载阶段的 80%；试件 Y10 五级加载比五级卸载累计振铃计数少 15179 个，加载阶段仅为卸载阶段的 61%。其他同级加卸载阶段次声信号事件累计振铃计数都相差不大。

18.3.6 试验结果综合分析

综上所述，单轴压缩、剪切、劈裂、单轴循环加卸载试验参数分析结果，单轴、剪切破坏次声信号的时域信号在应力初始阶段次声信号时域信号较为平稳，信号强度与试验室本底噪声信号相比相差不大，随着加载应力的不断增加，次声信号强度越来越强，信号波动明显，当加载应力达到峰值应力的 80%~90% 时，多组试验观察到信号强度有所下降，出现次声信号"平静期"，接近应力峰值时信号强度又开始剧烈增加，并在应力峰值信号强度达到最大；从单轴压缩、斜剪试验能率图来看，在应力初始阶段次声信号能率处于较低水平，随着加载应力的不断增加，能率有所上升，并且出现个别激增现象。这种激增现象随着不断增加应力出现次数也不断增加，在应力峰值之前能率有所下降，而后在应力峰值达到最大，从加卸载的能量图来看，前五级加载能率峰值并不一定出现在该级加载应力峰值点，个别激增信号会影响能率所处水平，从能率大小统计可以看出，剪切试验次声信号的能率远远小于单轴受压破坏所产生的次声信号能率。从振铃计数率也可以看出，剪切试验不仅振铃计数率值明显小于单轴试验，而且在某些时间段振铃计数率为 0，其次声信号密集度也明显低于单轴压缩试验。而多组劈裂试验结果的次声时域信号与实验室本底信号相差不大，次声信号并不明显，难以与实验室本底噪声次声信号相区分，对其进行能率与振铃试件数统计意义不大，故不对其进行相关运算。从单轴循环加卸载试验的各加卸载级振铃试件数统计来看，在加卸载的前几级加载和卸载所产生的次声信号振铃事件数相差不大，但当应力加载到第五级时（即应力峰值前一级），卸载过程中产生的次声信号振铃事件数明显大于该级加载过程所产生的次声信号振铃事件数，试件 Y10 第五级卸载阶段所产生的次声信号累计振铃数相比该级加载阶段增加 61.32%，试件 Y11 第五级卸载阶段所产生的次声信号累计振铃数相比该级加载阶段增加 24.93%，试件 Y12 第五级卸载阶段所产生的次声信号累计振铃数相比该级加载阶段增加 38.98%。

18.4 岩石次声信号波形特性分析

18.4.1 频带能量分布特征

岩石在加载应力作用下，从微裂隙的闭合到微裂隙的扩展直至岩石完全破坏，这一过程始终伴随着能量的耗散与释放。在岩石整个变形破坏过程中，始终遵循着能量守恒定律。岩石的失稳是岩石内部能量积聚到一定程度后，其强度不足以支撑超出其承受范围进而引发岩石通过破裂形式来进行能量释放的过程，是一次再平衡过程。而外部应力加载岩石的能量正是岩石失稳的根源所在，因此，从能量的角度出发，岩石的失稳是岩石内部通过破坏的形式来达到释放负荷能量的过程，而加载的能量正是岩石失稳的能量来源。在岩石次声信号特征的研究中，次声信号幅值信号是一定采样频率所组成的数据序列与时间存在一一对应关系，通过次声信号幅值序列建立次声信号波形参数与时间应力的关系，获得岩石在受力加载破坏过程中的次声信号参数特征；通过波形分析，可以借助傅里叶变换、短时傅里叶变换、小波分析、小波包分析等可得到岩石加载破坏过程中的次声信号波形特征。对次声信号波形进行傅里叶变换，其目的是将次声信号时域波形分解成具有不同频率范围的细节部分，而后对这些频率进行叠加，见下式：

$$X(k) = F(f_n) = \sum_{n=0}^{N-1} f_n e^{-i\frac{2\pi k}{N}n} \tag{18.1}$$

式中　f_n——声发射离散时间系列；

　　$X(k)$——系列的傅里叶变换；

　　　n——对声发射在时间域的离散化；

　　　k——对声发射在频率域的离散化。

从式（18.1）可以看出，傅里叶变换能分别对次声信号幅值序列波形的时间域与频率域进行相关计算处理，但却不能将时间与频率同时进行表征，即在表征时间时不能表征任何频率的相关信息。可以发现傅里叶变换在时间与频率的表征频带方面存在局限性，利用短时傅里叶变换可以解决这一局限性问题，短时傅里叶变换将幅值序列信号在时间域一定步距的等量幅值片段数据排序。然后对每个幅值片段数据分布进行傅里叶变换。通过查阅相关资料发现短时傅里叶变换对处理较为平稳的信号效果较好。而对波动信号较为剧烈的信号误差较大。小波分析与小波包分析是建立在傅里叶变换的基础上，对时间频率综合分析的一种方法。它们在变换时间频率方面具有比傅里叶变换与短时傅里叶变换更优的效果，数据分析时采用小波分析与小波包分析，可以通过改变时间步距与频率步距，获得符合该试验计算方法的合适步距，得到的结果较为准确。小波分析，在进行低频分析时，高频部分存在分辨率较高的现象，但与此同时时间序列具有较小的分辨率；在进行高频分析时，时间序列分辨率较高，但具有较小的频率分辨率。下式给出了小波与小波包分析三层树结构。从试小波包分解理论可知：原始信号分解为一个低频信号与一个高频信号。由于分析的是低频信号，因此高频信号可以舍弃，不停地将低频信号再次分解为一个低频信号与一个高频信号，循环往复，并依此类推。最终分解到第9层，基本可以获得所需要的次声信号，原始信号可表达为：

$$S = D1+D2+D3+\cdots+Dn+An \tag{18.2}$$

试验时次声波仪设置的采集频率为1024Hz，根据试小波分解理论，将次声信号分解第9层后，得到的低于20Hz的细节部分分别为 D9、D8、D7、D6，其中 D9 的频率范围为 1~2Hz，D8 频率范围为 2~4Hz，D7 频率范围为 4~8Hz，D6

频率范围为 8~16Hz。D5 及以上频率范围将超过次声信号范畴，不予考虑。

从单轴试验、斜剪试验、循环加卸载试验次声信号参数分析可知，当岩石轴向应力处于初始阶段时，采集的次声信号较为稳定，没有相对明显的变化特征，次声信号出现异常时段主要集中在加卸载的第五级（即应力峰值 80%~90%），这一阶段次声信号明显活跃，且相对起伏波动较大，当应力达到峰值附近时，次声信号强度大幅增加。根据试验结果，将采集到的次声信号数据整理，得到的各试件不同特征阶段频带能量所占百分比。

图 18.18 所示为试件 Y8 红砂岩单轴压缩试验应力-次声信号时域波形。为了更好地进行特定阶段的波形特征分析，按应力加载阶段将试件 Y8 的时域信号提取出三段，H_1 为试件受载前期较为稳定阶段，H_2 为应力水平处于加卸载第五级阶段，H_3 为应力峰值点附近特征阶段。

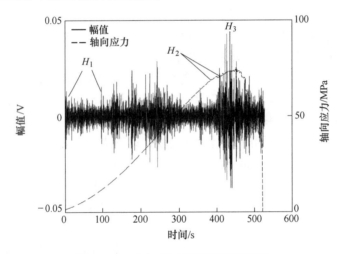

图 18.18　应力-次声信号时域波形图

提取出各区段时域波形数据后，进行小波分解，分解到第 9 层后得到主要的低频细节部分，分别为 D6、D7、D8、D9，其中 D9 的频率范围为 1~2Hz，D8 频率范围为 2~4Hz，D7 频率范围为 4~8Hz，次声信号幅值强度可一定程度上表征次声信号能量强度，因此在进行频带能量计算时，以次声信号幅值进行计算。

表 18.2 所示为单轴压缩试件 Y8 三个特征阶段 H_1、H_2、H_3 的频带能量分布情况。可以看出，各个区段的主要频率能量主要集中在 D9、D8 细节部分，即次声信号的主要分布频带为 1~4Hz。在应力初始阶段（H_1），D9、D8 细节部分能量占比为 58.67%；在应力峰值 80%~90% 区段（H_2），D9、D8 细节部分能量占比为 71.68%；在应力峰值点附近区段（H_3），D9、D8 细节部分能量占比为 89.79%。

表 18.2　试件 Y8 三特征区段频带能量占比

区　段	细节部分	频带范围/Hz	能量占比/%
H_1	D9	1~2	35.95
	D8	2~4	22.62
	D7	4~8	19.77
	D6	8~16	15.17
H_2	D9	1~2	48.35
	D8	2~4	23.33
	D7	4~8	10.69
	D6	8~16	10.99
H_3	D9	1~2	68.70
	D8	2~4	21.09
	D7	4~8	4.13
	D6	8~16	2.45

表 18.3 所示为单轴试件 Y9 三个特征阶段 H_1、H_2、H_3 的频带能量分布情况。可以看出，各个区段的主要频率能量主要集中在 D9、D8 细节部分，即次声信号的主要分布频带为 1~4Hz。在应力初始阶段（H_1），D9、D8 细节部分能量占比为 57.90%；在应力峰值 80%~90% 区段（H_2），D9、D8 细节部分能量占比为 73.04%；在应力峰值点附近区段（H_3），D9、D8 细节部分能量占比为 87.41%。

表 18.3　试件 Y9 三特征阶段频带能量占比

区　段	细节部分	频带范围/Hz	能量占比/%
H_1	D9	1~2	32.26
	D8	2~4	27.64
	D7	4~8	19.26
	D6	8~16	17.66
H_2	D9	1~2	41.15
	D8	2~4	31.89
	D7	4~8	9.25
	D6	8~16	10.17
H_3	D9	1~2	60.19
	D8	2~4	27.22
	D7	4~8	5.62
	D6	8~16	4.89

18.4.2 能量分形特征

现有的研究成果表明，岩石在进行受压变形、破坏等物理力学活动过程中具有能量分形特征，通过计算分形维数来研究岩石破坏失稳是一种主要的研究方法。分形理论中的重要基本参数是分形维数。岩石破坏次声幅值信号是一定采样频率所组成的数据序列与时间存在一一对应关系，计算其关联性，故本节采用的分形维数是关联维数。从时间序列角度计算关联维数，是由 Grassberger 和 Procaccia 提出的 G-P 算法。G-P 算法基本原理是嵌入相空间维数来进行相空间重构以获得稳定的关联性。将次声信号幅值基本参数序列作为研究计算对象，则每一个次声信号幅值参数序列对应一个容量为 n 的序列集，见下式：

$$X = \{x_1, x_2, x_3, x_n\} \tag{18.3}$$

构造 $N=n-m+1$ 个 m 维的向量：

$$X_i = [x_i, x_{i+1}, \cdots, x_{i+m}-1] \quad (i = 1, 2, 3, \cdots, n-m+1) \tag{18.4}$$

给定的尺度 $R(k)$：

$$R(k) = k_{r^2}^{\frac{i}{r^2}} \sum_{i=1}^{N} \sum_{j=1}^{N} |x_i - X_j| \tag{18.5}$$

式中，k 为比例常数，一般取 15。

用 $W[R(k)]$ 表示为各向量对应的关联函数：

$$W[R(k)] = \frac{i}{N_2} \sum_{i=1}^{N} \sum_{j=1}^{N} H[R(k) - |x_i - X_j|] \tag{18.6}$$

式中，H 为 Heaviside 函数。

在给定的 N 个尺度下，可得到 N 个 $\{\ln R(k), \ln W[R(k)]\}$ 点，如有一系列点为直线，表明次声信号幅值序列具有一定相关性。可以认为，次声信号能量序列具有分形特征，并且该直线的斜率为声发射能量的关联维数。从式（18.4）可知，嵌入维数 m 对最终计算的分形维数 D 有直接的影响。

通过不同加载方式下岩石破坏次声试验，利用 G-P 算法得到岩石加载过程中次声信号时间序列的关联维数。结果表明，关联维数其值随相空间维数 m 的增大而增大，当 m 大到一定数值时，其斜率趋于稳定。多数岩样在应力水平为极限应力的 80% 以前，分维值呈增大趋势。当达到破坏应力时，分形维数会降低到一个最小值水平。这表明岩石次声信号能量关联维数的变化反映了岩石内部损伤演化情况，分形维数的降低或意味着岩石即将破坏失稳的发生。

图 18.19 所示为试件 Y8 单轴受压全过程的次声信号时域波形。由于次声信号波形数据量相对较大，本节取 100 个次声信号能量数据来计算其中一个分形维数。通过计算得到试件 Y8 破坏过程中相空间维数和关联维数之间的线性关系。当嵌入维数 m 取 4 时，线性关系近似直线增长，说明红砂岩的次声信号能量序列具有分形特征，因此这里嵌入维数 m 取 4，如图 18.20 所示。

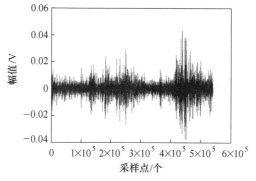

图 18.19　试件 Y8 次声信号时域波形

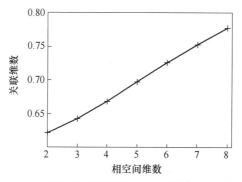

图 18.20　试件 Y8 相空间维数与关联维数关系曲线

　　图 18.21 所示为试件 Y9 破坏过程中的次声信号能量分形曲线。图 18.21(a) 所示为所有的关联维数 D 的值，由于从图中并不能直观地看出分形维数在应力变化过程中的变化特征，考虑到受压破坏过程中次声信号现象明显，本节对所得到的次声信号能量分形维数进行了平均处理，即先按一定的步距对整个声发射分形维数进行分组，而后对步距范围内的声发射分形维数求其平均值，如图 18.21(b) 所示。可以看出，试件 Y9 受压前期分形维数 D 有一定波动，其数值维持在 0.75 左右，当加载应力达到峰值的 90% 左右时，分形维数从 0.73 剧增到 0.78，增幅明显，而后随着轴向应力的继续增加，即将达到应力峰值时，相比于初始应力时段，分形维数处于 0.7 左右水平，此时的分形维数下降到 0.68 左右，达到全过程分形维数最小，而此时轴向应力达到峰值，预示着岩石破裂。

　　图 18.22 所示为试件 Y9 能量分形维数。图 18.22(a) 所示为试件 Y10 单轴受压破坏过程中的时域波形。图 18.22(b) 所示为该试件相空间维数与关联维数之间的曲线关系，可以看出，当相空间维数大于 4 时，该曲线呈线性相关，表明关联维数增加的梯度趋于稳定，因此相空间维数 m 取 4。图 18.22(c) 所示为试件 Y9 受载开始到应力峰值点时段的分形维数分布曲线，纵坐标为关联维数，横坐标用应力峰值百分比来表示。通过用应力峰值百分比来表征应力加载程度，反

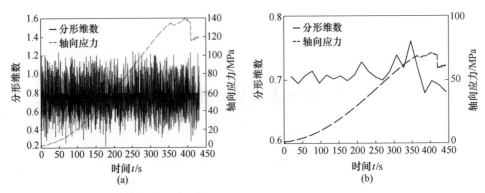

图 18.21　试件 Y8 应力-次声信号能量分形维数

（a）取平均值前；（b）取平均值后

映岩石受压破坏的程度，分形维数与岩石轴向受载程度变化规律就显得更加直观。从图 18.22(c) 可以看出，试件 Y9 受压前期分形维数处于较低水平，其数值为 0.7~0.73，随着轴向应力的增加，分形维数数值有所增加，且其上下波动的幅度较应力初期大，当轴向应力到达峰值应力 90% 左右时，分形维数波动较为

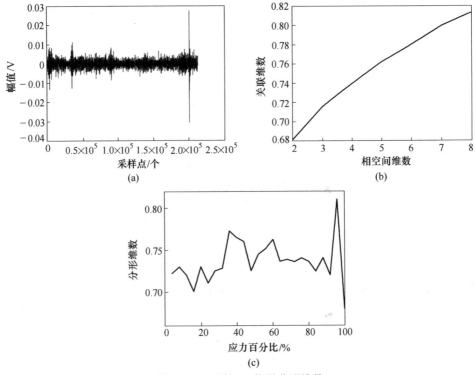

图 18.22　试件 Y9 能量分形维数

（a）试件 Y9 次声信号时域波形；（b）试件 Y8 相空间维数与关联维数关系曲线；

（c）试件 Y8 应力百分比-能量分形维数

剧烈，分形维数剧增且增加到最大值 0.81 左右，而后轴向应力达到峰值，次声分形维数骤降到最低点 0.69 左右，岩石破裂。

图 18.23 所示为试件 Y7 能量分形维数。图 18.23(a) 所示为试件 Y7 斜剪破坏过程中的时域波形。图 18.23(b) 所示为该试件相空间维数与关联维数之间的曲线关系，可以看出，当相空间维数大于 4 时，该曲线呈线性相关，表明关联维数增加的梯度趋于稳定，因此相空间维数 m 取 4。图 18.23(c) 所示为试件 Y7 受载开始到应力峰值点时段的分形维数分布曲线，可以看出，试件 Y7 受压前期分形维数处于较低水平，其数值为 0.7~0.74，随着轴向应力的增加，分形维数数值有所增加，且其上下波动的幅度较应力初期大，当轴向应力到达峰值应力 90% 左右时，分形维数波动较为剧烈，分形维数剧增且增加到最大值 0.8 左右，而后轴向应力达到峰值，次声分形维数骤降到最低点 0.68 左右，岩石破裂。

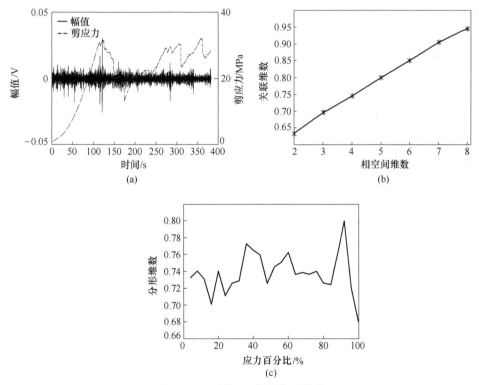

图 18.23　试件 Y7 能量分形维数

（a）试件 Y7 次声信号时域波形；（b）试件 Y7 相空间维数与关联维数关系曲线；
（c）试件 Y7 应力百分比-能量分形维数

18.5　本章小结

为充分了解岩石在不同加载方式下的次声信号特性，本章以室内试验为基础，探讨了单轴压缩、剪切、劈裂及单轴压缩加卸载下红砂岩次声信号时域波形特性，进行了次声信号的基本参数分析，而后对单轴压缩和剪切试验的红砂岩波形特性进行了详细的能量频带分析以及分形维数分析。得出以下结论：

（1）通过单轴压缩试验与剪切试验结果分析，发现岩石在变剪切破坏形式下能产生突出次声波信号，且最终岩石试件在应力峰值点次声信号强度达到最大。

（2）劈裂破坏过程中次声信号与实验室本底信号区别不大，次声信号不明显，劈裂试验次声现象不明显，存在两种可能：其一，劈裂时产生的次声信号强度小于实验室环境噪声次声信号强度；其二，劈裂试验破坏时大部分声信号为高频信号，数据处理时已经过滤掉而次声信号过少。

（3）试验过程中次声传感器与加载岩石试样间隔了约 2.5m 的空间直线距离，明显区别于声发射监测需要传感器与岩石试样紧密耦合的方式，说明岩石变形破坏产生的次声波信号能通过一定距离空气传播，不用通过传感器直接接触岩体而能进行岩体稳定性监测，这使得次声波的现场监测更加方便。

（4）通过对岩石单轴循环加卸载试验各级加卸载次声信号事件累计振铃数统计可以看出，在第五级加卸载阶段（约为应力峰值 80%～90% 区段），次声信号事件累计振铃计数在卸载阶段明显多于该级加载阶段，次声信号出现异常。

（5）岩石在加载破坏过程中产生的次声信号主要频带能量分布在 1～4Hz，在应力初始阶段 1～4Hz 频带能量占比达 50% 左右，随着加载应力的不断增大，这一频带能量占比越来越大，峰值点可达 85% 以上。

（6）红砂岩破坏过程的次声信号能量序列具有明显的分形特征，分形维数在应力初始阶段处于较低水平，随着加载应力的不断增加，分形维数开始出现剧烈波动，起伏较初始阶段大，当分形维数出现骤降时，预示着岩石即将发生破裂。

第 19 章　单轴压缩下尾砂胶结充填体次声波特性研究

19.1　引言

次声波是频率在 0.01~20Hz 范围内的声波，具有波形频率低，波长大，能量在传播过程中衰减小、传播距离远、传播范围广及抗外界环境因素的干扰能力强等固有特征。由于次声波的频率较低而不易在空气环境传播中被衰减和可以在空气环境中传播很远的距离等优点，因此，国外许多研究学者将次声波数据信号特征作为自然界中监测多种地质灾害的重要指标。同时声发射技术已经广泛地应用于岩石（体）、建筑混凝土和井下充填体的失稳监测与失稳破坏预警，具有非常重要的意义。因此，根据次声波和声发射技术的特点，次声波和声发射技术均可以用来监测井下尾砂胶结充填体的失稳破坏。

但声发射技术在矿山现场的井下充填体的失稳监测应用中还存在许多不足之处。如应用声发射探测技术时，应该对声发射传感器和充填体的耦合情况以及材料内部是否有微裂隙的存在进行仔细考虑，因为这些不利因素会使声发射技术所探测到的数据结果受外界环境因素的影响较大。相比声发射监测技术，次声波因本身的固有特性等优点，在次声信号数据探测过程中不需要考虑传感器和尾砂胶结充填体是否耦合以及充填体内部是否存在微裂隙，同时其探测出的次声信号数据结果受外界环境因素的影响远远小于其他频率范围内的声波。相比声发射技术所表现的优点，次声波探测技术对监测尾砂胶结充填体的失稳破坏有独特的优势。因此，尾砂胶结充填体在单轴压缩过程中探测到的次声波信号特性是一个可以监测尾砂胶结充填体是否失稳破坏的新课题和新思路。

充填采矿法已成为金属矿山地下开采的一种必然趋势，并已广泛应用于尾砂胶结充填，对井下回采残矿具有非常重要的应用价值，可提高矿山的开采效益和井下工作的安全性。其充填体的充填效果直接影响到矿山开采的经济效益和开采环境的安全效益，更直接影响到井下开采工作人员的生命安全。国内外有较多金属矿山地下开采的充填人工顶板在受外荷载压缩作用下出现部分滑塌崩落的危险现象，对井下开采工作人员的生命安全构成较大威胁，严重影响到地下开采的开采进度，并造成矿山较大的经济损失。因此，尾砂胶结充填体的人工充填顶板在受外荷载作用下失稳破坏的监测，对矿山地下开采的安全效益和经济效益具有重要意义。尾砂胶结充填体受载变形破裂过程中存在次声发射现象及其具有的特性，可为监测尾砂胶结充填体受荷载作用而失稳破坏提供一种新思路，其受载变形破裂过程中的次声波特征对监测尾砂胶结充填体受载失稳破坏有着重要的指导意义。

本章对单轴压缩下的尾砂胶结充填体进行次声波测试，实时采集充填体在单轴加载过程中的次声波信号数据；然后采用滤波方法对探测采集到的次声波信号数据进行滤波处理；最后运用信号数据分析方法对滤波后的次声波信号进行累计振铃计数（ARDC）、能率分析和时频分析，研究尾砂胶结充填体单轴压缩作用下的次声波特性。

19.2　单轴压缩下尾砂胶结充填体次声波测试试验

19.2.1　试件制备

19.2.1.1　尾砂材料

尾砂取自江西省某铜矿，该金属矿山所用的采矿方法为下向式胶结充填采矿法，其充填材料为尾砂、水泥胶结材料、水。其中，尾砂的粒度分布见表 19.1，组成成分见表 19.2。

表 19.1　尾砂的粒度分布

粒度/μm	含量/%	累计/%
0~33	38.82	100
33~45	4.31	61.18
45~74	14.71	56.87
>74	42.16	42.16

表 19.2　尾砂的组成成分

化学元素含量（质量分数）/%							
Cu	S	As	Pb	Zn	Fe	SiO_2	CaO
0.19	2.20	0.04	0.34	微	7.20	52.60	11.60

19.2.1.2　试件制备

根据该试验内容的要求，充填体试件的配比为：灰砂比（水泥用量：尾砂用量）1:4，充填体试件的浓度依次为 65%、70%、75%；充填体试件的养护龄期为 28d。充填体试件制备主要使用的制模工具为三联砂浆试模、捣棒和刮刀。该充填体试件的尺寸为 70.7mm×70.7mm×70.7mm。对于充填材料的制备用量，参照尾砂胶结充填体容重的经验公式 $\gamma = 2t/m^3$，首先用质量的计算公式

$m=(\gamma \cdot V)/g$ 来计算单个充填体试件的质量，其次根据该试验的充填体试件的配比（浓度、灰砂比）要求，进一步确定单个充填体试件所需要的水泥、尾砂及水的配比用量。制备单个充填体试件时，水泥、尾砂及水用量见表 19.3。

表 19.3　单个充填体试件配比用量

灰砂比	浓度/%	水泥/g	尾砂/g	水/g
1:4	65	94.71	378.82	254.98
	70	98.95	395.80	212.04
	75	103.20	412.78	171.99

该试验的充填体试件制备包括浇筑、脱模和养护阶段。按照试验内容的要求和试验试件的配比用量，分别对试验所需的充填体试件进行浇筑、脱模和养护。

A　浇筑前的准备

为了保证脱模出来的尾砂胶结充填体试验试件尽可能达到完整标准尺寸，并且要符合该单轴抗压强度试验的要求，应先将三联砂浆试模和浇筑试验试件的工具清洗干净后擦干，并在实验室内晾干几小时，保证三联砂浆试模的内部干净，没有残余物，制模工具干净；然后正式进行充填体的浇筑，并在模具内部刷一层轮滑油，使脱模过程更顺利。

B　充填体试件配比的用量称取

根据上述尾砂胶结充填体试件不同浓度配比用量计算结果，在精密电子秤上分别准确称量出此次浇筑的充填体试验试件所需水泥、尾砂及水的用量。取样时应注意：（1）尽量使用新开的普通 P.O 32.5 型号水泥，不能使用长期放置由于实验室内的潮湿环境而产生硬化的水泥；（2）尾砂由于受外界环境影响，其内部会含有一定质量的水，即有一定的含水率，为了消除尾砂内部的含水率影响最终尾砂胶结充填体的浓度和灰砂比，应把尾砂放入烘干箱烘干 24h 以上，保证烘干尾砂内部的水分，减少试验误差；（3）由于尾砂取样有时会发现含有大块颗粒，因此为了保证充填体结构较均匀和尾砂与水泥的胶结效果，用大孔径筛子去除尾砂中的大块颗粒，之后再称量尾砂的用量。

C　充填料浆制备

按照尾砂胶结充填体配比用量，称量好水泥、尾砂，并小心地倒入搅拌桶内搅拌均匀，防止充填材料撒出，减小试验误差，然后使水泥和尾砂能均匀地融合，再小心地将称量好的水倒入桶内搅拌均匀，防止水溢出影响试验试件的配比效果。试验料浆搅拌时按螺旋方向从边缘向中心均匀进行，同时搅拌时搅拌棒的方式应尽量保持竖直搅拌，搅拌时间不少于 3min，保证充填体料浆均匀。

D　充填体试件浇筑

整个浇筑需要一次完成，时间控制在 15min 以内。浇筑过程中，需要不断用捣实棒轻轻捣实充填料浆，直至试模中的气泡消失为止，以保证试验试件的完整性。最后待试件沉降结束时，再用抹刀刮去试模周围的料浆直至充填体试件保持平整。每次进行试件浇筑时，为了保持实验室的整洁，先要在地面上铺设橡胶皮垫，然后将用于浇筑充填体试件的三联砂浆试模整齐摆放在皮垫上。

　　E　充填体试件脱模

浇筑充填料浆沉降完成24h后，先用抹刀刮去试模周围多余的充填体，以保持充填体的平整性，再使用脱模气泵与气枪进行试验充填体试件脱模。脱模过程中应将模具放置水平，防止试件卡在模具中。一旦充填体试件被卡住也不可用蛮力把试件拿出来，以防破坏充填体试件的完整性。

　　F　充填体试件养护

充填体试验试件在完成脱模后，将尺寸标准的充填体试件直接放入标准恒温恒湿养护箱中养护28d，28d后最终充填体试件制备完成。最终充填体试件见图19.1。

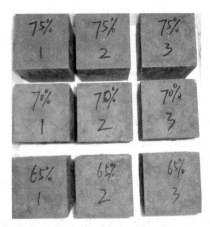

图 19.1　充填体试验试件

19.2.2　试验方案

　　此次次声波测试试验是尾砂胶结充填体在单轴压缩试验的基础上进行的，与充填体压缩过程的时间保持一致，保证次声信号的完整性。使用 RMT-150C 岩石加载系统、InSAS2009 型次声波传感器和 InSYS2011 型次声数据采集仪进行测试试验，研究尾砂胶结充填体在单轴压缩作用下的次声波特性，分析该充填体在失稳破坏前后的次声波是否会产生异常的变化。试验示意图见图19.2。应力加载系统控制手段为手动位移控制，位移加载速度为 0.5mm/min。次声波采集信号参数设置见 16.2 节。

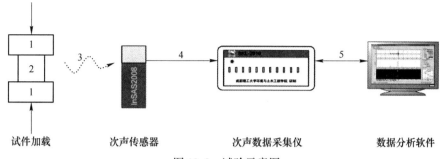

图 19.2　试验示意图

1—单轴加载装置；2—充填体试件；3—声波信号；4—次声信号传输；5—信号数据传输

19.3　次声波信号数据处理方法

次声波信号数据处理方法是清楚地了解次声波信号特性、了解次声信号的特征规律及物理现象的重要方法，是研究信号本身特征的基本手段。在本次尾砂胶结充填体单轴压缩次声波测试试验过程中，由于受实验室内加载设备的噪声和实验室内环境的影响，所采集到的信号含有与本次试验无关的信号，可运用信号的数据处理方法从复杂的信号中提取有用的信号来还原信号的原有特征。在工程应用中，采集的信号中既有有用的信息也有无用的信息，从复杂的采集信号中提取有用信息是信号数据处理的主要目的。

尾砂胶结充填体在单轴压缩作用下采集的原始信号，运用滤波方法提取所需要研究的次声波信号，再提取有用的次声波信号，进行累计振铃计数、能率和时频分析，分析尾砂胶结充填体单轴压缩的次声波信号特性。

19.3.1　次声波信号滤波方法

次声波信号滤波方法是从复杂的信号中提取所需要研究的次声频段信号，是研究和分析尾砂胶结充填体单轴压缩次声波特性的前提，可为滤波后的次声波信号进行累计振铃计数、能率和时频分析等数据处理做准备。由于本次尾砂胶结充填体单轴压缩次声波测试试验是在实验室内进行的，采集次声波的途径是通过实验室内空气采集到的，而室内充填体单轴压缩试验过程中难免受加载设备的运行声音和周围环境的干扰，而导致采集到的次声波信号中存在干扰的信号，影响充填体次声波信号本身特征。因此为了研究尾砂胶结充填体单轴压缩次声波信号的特征，应对采集到的信号进行滤波处理，避免干扰信号影响试验效果。

由于本章研究的是尾砂胶结充填体单轴压缩下的次声波特性，同时次声波是频率为 0.01~20Hz 的声波，因此进行滤波处理需要滤去 20Hz 以上和 0.01Hz 以下的声波信号，为研究采集到的次声波信号特性奠定基础。

19.3.2 累计振铃计数

　　次声波信号的累计振铃计数描述的是次声波信号波形幅值变化的明显程度，累计振铃计数越大，波形幅值变化越明显。通过实验室内采集到的环境本地信号运用 20Hz 滤波器进行滤波处理，得到滤波后的实验室环境次声信号，再根据滤波后的实验室环境次声信号来确定此次次声波测试试验采集次声波信号的门槛阈值。尾砂胶结充填体在单轴压缩过程中采集到的次声波信号电压幅值超过门槛阈值的，称为振铃计数。尾砂胶结充填体在单轴压缩过程中采集到的次声波振铃计数进行叠加，得出该充填体的次声波累计振铃计数，见图 19.3。累计振铃计数是分析次声波特性的一个重要参数，因此，研究累计振铃计数参数可以对充填体在单轴压缩过程中的次声波分布特征进行分析。同时充填体在单轴压缩过程中加载应力达到峰值时，次声波电压幅值会有较明显的变化，其累计振铃计数会突然增大，因此其累计振铃计数参数可作为尾砂胶结充填体是否失稳破坏的一个重要判据。

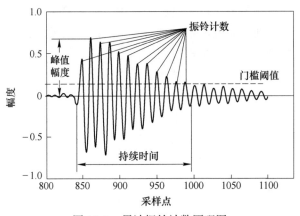

图 19.3　累计振铃计数原理图

19.3.3 能率分析方法

　　能量是描述次声波信号特征的一个重要参数，也是次声波波形信号必不可少的一个重要部分，其中次声波能率为单位时间内次声波信号能量的累加，因此能率分析是尾砂胶结充填体次声波特性分析的一个重要手段。尾砂胶结充填体在单轴压缩过程中加载应力达到峰值应力时，次声波电压幅值会有较明显的变化，其能率会突然增大，因此其能率分析可作为尾砂胶结充填体是否失稳破坏的一个重要判据。在单轴压缩过程中，尾砂胶结充填体所释放的能量有所不同，在达到峰值应力时释放的能量较大，因此能率分析可判断充填体是否破裂，对监测充填体的稳定性具有重要意义。

19.3.4　短时傅里叶变换时频分析方法

信号中的信息特征主要包括时域特征、频域特征，具有不确定性。不确定性原理引申为：无论是宏观还是微观，物体的物理量没有同时具有确定数值的可能，当某一物理量越能确定时，与之相对应的另一个物理量就越不能确定。窗函数一旦确定，时域窗和频域窗宽度就确定下来了。进行加时窗函数时需要考虑信号本身的频率特征，对于低频信号，当采样长度足够大时，一般要求长时窗，从而提高频率的分辨率。

常见的窗函数有矩形窗、汉宁窗、海明窗、高斯窗及凯瑟窗等。这几种窗函数在分析信号时都有各自的优势，其中海明窗是以上几种窗函数中能量泄漏最少的，因此本章运用海明窗来进行信号的时频分析。

在单轴加载过程中，加载应力达到峰值应力时，次声波电压幅值会有较明显的变化，此时的频率范围的信号较强。通过短时傅里叶变换分析方法对尾砂胶结充填体在单轴压缩下采集到的次声波电压幅值信号进行时频分析，研究尾砂胶结充填体在单轴压缩作用下的时频特征。

19.4　试验数据分析

为了研究尾砂胶结充填体在单轴压缩过程中破坏时产生的次声波特性，首先进行实验室内的环境本地信号的检测，并进行分析，得出经过归一化的电压阈值；然后再对充填体进行单轴压缩的次声波测试试验，分析该充填体加载应力达到峰值破坏时产生的次声波特性。

对尾砂胶结充填料浆单轴压缩次声波测试试验所采集的原始信号，应用滤波器处理方法得到主要研究次声波频段（0.01~20Hz），再运用 Matlab 编制累计振铃计数、能率分析和短时傅里叶变换程序对滤波后的信号进行累计振铃计数、能率分析和时频分析，为次声波监测充填体单轴压缩过程中是否破坏提供依据。

19.4.1　室内环境本地信号分析

图 19.4 为实验室内采集到的环境本地信号及滤波后的次声环境信号波形图。图 19.4(a) 所示为在实验室内通过次声波 InSAS2009 型传感器和 InSYS2011 型次声数据采集仪在尾砂胶结充填体试件未加载的环境下采集到的声波信号数据波形，其测试采集时间为 60s，其电压幅度进行了归一化处理；图 19.4(b) 所示为实验室内环境本地信号经过滤波后的次声波波形。图 19.5 所示为实验室内环境本地信号经过滤波器滤波后的次声波信号通过短时傅里叶变换得到的时频分析结果。

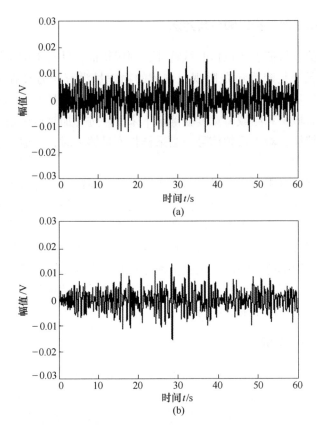

图 19.4　实验室内环境本地信号及滤波后的次声环境信号波形
（a）实验室内环境本地信号；（b）滤波后次声环境信号

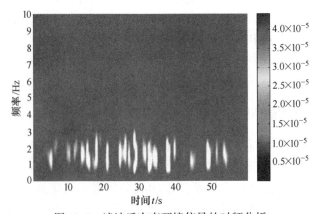

图 19.5　滤波后次声环境信号的时频分析

由图 19.4（b）所示实验室环境内经过滤波后的次声波信号电压幅值可知：在未受单轴压缩作用下，测试试验采集到的实验室环境次声波的电压幅值波形较为平稳，不存在电压幅值突变成分；采集到的次声波波形经过归一化的电压幅值较低，均不大于 0.015，因此电压门槛阈值 0.015 作为该充填体在单轴压缩过程下的次声波测试试验采集信号的门槛阈值参数较为合适。由图 19.5 所示实验室内环境本地信号经过滤波器后的次声波信号进行短时傅里叶变换的时频分析结果可知：在未受单轴压缩作用下，采集的实验室内环境信号的频率分布较稳定，其信号强度较低，不超过 4×10^{-5} dB。

19.4.2　充填体单轴压缩次声波数据分析

在研究实验室内环境本底信号的次声基本特征的基础上，分别对 3 种同一灰砂比、不同浓度的充填体试样在单轴压缩环境过程中进行次声波测试试验，整个单轴压缩过程与次声波测试过程从开始加载直至充填体完全破坏为止。尾砂胶结充填体试样每种浓度取 3 个，共计 9 个，对每个不同浓度充填体试样单轴加载整个过程的次声波测试数据分别进行累计振铃计数（ARDC）统计分析、能率分析和破坏前后 50s 的时频分布分析。

图 19.6 所示为通过次声波 InSAS2009 型传感器和 InSYS2011 型数字化网络传输仪在实验室内 65%-2(试件编号，下同) 尾砂胶结充填体试件在单轴加载过程中经过滤波器滤波处理后的次声波信号波形及加载应力曲线，测试时间为246s，其电压幅值进行了归一化处理。

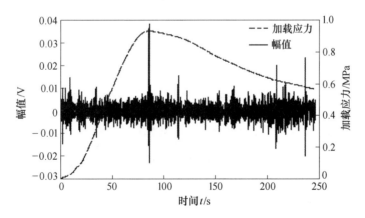

图 19.6　65%-2 充填体滤波后次声波形及加载应力曲线

图 19.7 所示为 65%-2 充填体试件在单轴加载过程中经过滤波器滤波处理后的次声波信号波形及累计振铃计数曲线。图 19.8 所示为 65%-2 尾砂胶结充填体试件在单轴加载过程中经过滤波器滤波处理后的次声波信号能率分析结果。图19.9 所示为 65%-2 尾砂胶结充填体试件在单轴加载过程中破坏前后 50s(50～100s) 经过滤波器滤波处理后的次声波信号短时傅里叶变换时频分析结果。

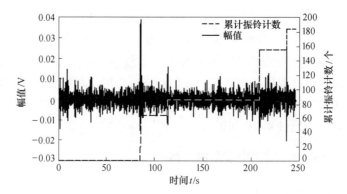

图 19.7　65%-2 充填体滤波后次声波形及累计振铃计数曲线

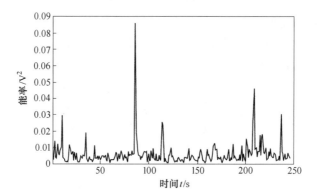

图 19.8　65%-2 充填体滤波后次声波能率分析结果

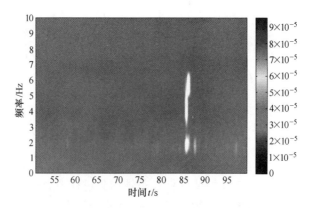

图 19.9　65%-2 充填体破坏前后 50s（50~100s）的时频分析结果

　　由图 19.7~图 19.9 可知：65%-2 尾砂胶结充填体试件在单轴环境过程中的压密阶段、弹性阶段和屈服阶段的次声波信号较平稳，信号强度较低；该尾砂胶结充填体在加载破坏阶段的次声波信号较强，加载应力达到峰值时的次声波信号最强；该尾砂胶结充填体试件在单轴加载过程中累计振铃计数（ARDC）为184个，在加载应力达到峰值应力时累计振铃计数增长最快；该充填体在加载应力达到峰值破坏时产生的次声波信号能率为0.0863V²；该充填体在加载应力达到峰值破坏时产生的次声波信号主频范围为2~4Hz。

图19.10所示为通过次声波InSAS2009型传感器和InSYS2011型数字化网络传输仪在实验室内70%-2尾砂胶结充填体试件在单轴加载过程中经过滤波器滤波处理后的次声波信号波形及加载应力曲线，测试时间为261s，其电压幅值进行了归一化处理。

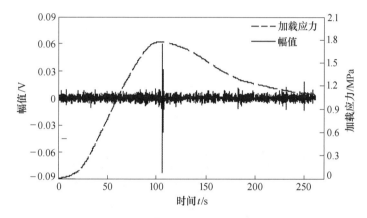

图19.10 70%-2充填体滤波后次声波形及加载应力曲线

图19.11所示为70%-2尾砂胶结充填体试件在单轴加载过程中经过滤波器滤波处理后的次声波信号波形及累计振铃计数曲线。图19.12所示为70%-2尾

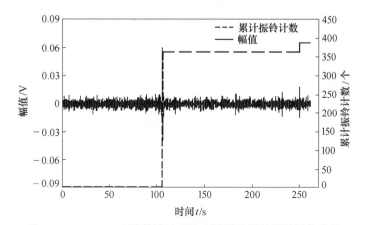

图19.11 70%-2充填体滤波后次声波形及累计振铃计数曲线

砂胶结充填体试件在单轴加载过程中经过滤波器滤波处理后的次声波信号能率分析结果。图 19.13 所示为 70%-2 尾砂胶结充填体试件在单轴加载过程中破坏前后 50s(75~125s) 经过滤波器滤波处理后的次声波信号短时傅里叶变换时频分析结果。

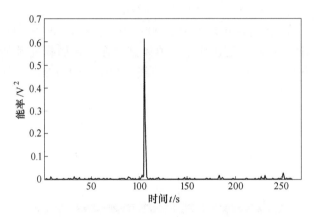

图 19.12 70%-2 充填体滤波后次声波能率分析结果

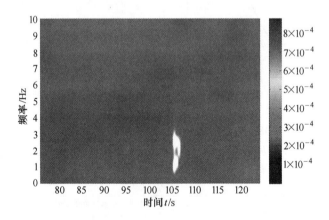

图 19.13 70%-2 充填体破坏前后 50s(75~125s) 的时频分析结果

由图 19.11~图 19.13 可知：70%-2 尾砂胶结充填体试件在单轴加载过程中的压密阶段、弹性阶段和屈服阶段的次声波信号较平稳，信号强度较低；该尾砂胶结充填体在单轴加载破坏阶段的次声波信号较强，加载应力达到峰值应力破坏时次声波信号最强；该尾砂胶结充填体试件在单轴加载过程中累计振铃计数（ARDC）为 389 个，在加载应力达到峰值应力时累计振铃计数增长最快；该充填体在加载应力达到峰值破坏时产生的次声波信号能率为 0.6132V²；该充填体在加载应力达到峰值破坏时产生的次声波信号主频范围为 1~3Hz。

　　图 19.14 所示为通过次声波 InSAS2009 型传感器和 InSYS2011 型数字化网络传输仪在实验室内 75%-2 尾砂胶结充填体试件在单轴加载过程中经过滤波器滤波处理后的次声波信号波形及加载应力曲线，测试时间为 280s，其电压幅值进行了归一化处理。

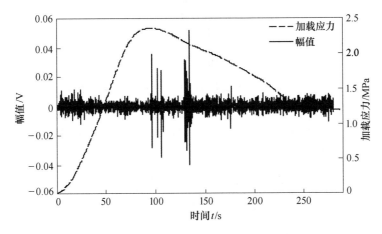

图 19.14　75%-2 充填体滤波后次声波形及加载应力曲线

　　图 19.15 所示为 75%-2 尾砂胶结充填体试件在单轴加载过程中经过滤波器滤波处理后的次声波信号波形及累计振铃计数曲线。图 19.16 所示为 75%-2 尾砂胶结充填体试件在单轴加载过程中经过滤波器滤波处理后的次声波信号能率分析结果。图 19.17 所示为 75%-2 尾砂胶结充填体试件在单轴加载过程中破坏前后 50s(75~125s) 经过滤波器滤波处理后的次声波信号短时傅里叶变换时频分析结果。

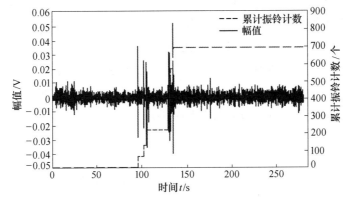

图 19.15　75%-2 充填体滤波后次声波形及累计振铃计数曲线

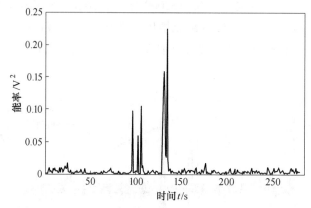

图 19.16　75%-2 充填体滤波后次声波形能率分析结果

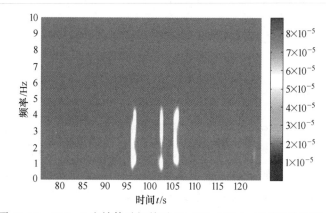

图 19.17　75%-2 充填体破坏前后 50s(75~125s) 的时频分析结果

由图 19.15~图 19.17 可知：75%-2 尾砂胶结充填体试件在单轴加载过程中的压密阶段、弹性阶段和屈服阶段的次声波信号较平稳，信号强度较低；该尾砂胶结充填体在单轴加载破坏阶段的次声波信号较强，加载应力达到峰值应力时的信号也较强；该尾砂胶结充填体试件在单轴加载过程中累计振铃计数 （ARDC） 为 698 个，在加载应力达到峰值应力时累计振铃计数增长较快；该充填体在加载应力达到峰值破坏时产生的次声波信号能率为 0.0990V² ；该加载应力达到峰值破坏时产生的次声波信号主频范围为 1~4Hz。

19.5　试验分析结果

在相同的试验环境下对以上 3 种不同浓度充填体单轴加载过程中进行次声波测试试验，并采用相同的数据处理分析方法对次声测试试验所测试采集到的次声波信号数据进行分析，分析的结果如表 19.4 所示。

表 19.4　尾砂胶结充填体次声波数据分析结果

试件编号	累计振铃计数（ARDC）/个	峰值能率/V²	破坏时主频范围/Hz
65%-1	268	0.0727	1~4
65%-2	184	0.0863	2~4
65%-3	479	1.0251	1~3
70%-1	96	0.0315	1~3
70%-2	389	0.6132	1~3
70%-3	547	0.0556	1~3
75%-1	183	0.0627	1~3
75%-2	698	0.0990	1~4
75%-3	333	0.1435	1~3

由尾砂胶结充填体次声波数据分析结果可知，尾砂胶结充填体在单轴加载破坏时的次声波主频范围与充填体浓度无关，主频范围为 1~4Hz。

由于分析结果中的累计振铃计数和峰值能率离散性较大，因此计算其平均值进行分析，其结果见表 19.5。

表 19.5　累计振铃计数和峰值能率平均值结果

试件浓度/%	累计振铃计数/个	峰值能率/V²
65	310	0.3947
70	344	0.2334
75	405	0.1017

由以上 3 种不同浓度充填体的累计振铃计数和峰值能率平均值结果（表 19.5）可知，尾砂胶结充填体在单轴加载过程中次声波累计振铃计数（ARDC）与充填体浓度呈正比关系，即浓度越大，累计振铃计数（ARDC）越大。这是因为在灰砂比不变的情况下，充填体的浓度越大，其水泥与尾砂的胶结效果越好，内部结构接触越紧密，越不容易破坏，破坏后残余强度越大、内部结构摩擦越大，其破坏阶段的次声波信号越明显，因此在单轴加载过程中次声波信号越明显，即累计振铃计数（ARDC）越多。

由以上 3 种不同浓度充填体的累计振铃计数和峰值能率平均值结果可知，充填体单轴加载过程中产生的次声波峰值能率与浓度呈反比关系，即浓度越大，次声波峰值能率越小。这是因为尾砂胶结充填体在灰砂比一定的情况下，其浓度越小，内部的含水量越多，充填体中水泥与尾砂的胶结效果越不好，充填体内部结构接触越不紧密，越容易破坏，破坏时产生的变形量越大、内部结构摩擦越明显，因此其峰值应力达到峰值应力破坏时产生的次声波信号越明显，即峰值时次声波电压幅值越大，峰值能率越大。

19.6 本章小结

本章在分析实验室内环境本底次声信号基本特征的基础上，首先通过尾砂胶结充填体单轴压缩次声波测试试验，采集次声波信号；然后采用滤波方法对采集到的次声波信号进行滤波至 0.01~20Hz；最后运用数据分析方法对滤波后的次声波信号进行累计振铃计数（ARDC）、能率分析和时频分析，研究尾砂胶结充填体单轴压缩破坏过程中的次声波特性。得出了以下主要结论：

（1）在未受单轴压缩作用下，测试试验采集到的实验室环境次声波的电压幅值波形较为平稳，不存在电压幅值突变成分；采集到的次声波波形经过归一化的电压幅值较低，均不大于 0.015，因此，电压门槛阈值 0.015 作为该充填体在单轴压缩过程下的次声波测试试验采集信号的门槛阈值参数较为合适。此外，其频率分布也较稳定，其信号强度较低，不超过 4×10^{-5} dB。

（2）尾砂胶结充填体试件在单轴压缩过程中的压密阶段、弹性阶段和屈服阶段采集到的次声波信号较平稳，信号强度较低，在加载破坏阶段的次声波信号较强，加载峰值的次声波信号最强。

（3）尾砂胶结充填体在单轴加载破坏时的次声波主频范围与充填体浓度无关，主频范围为 1~4Hz。

（4）尾砂胶结充填体在单轴加载过程中次声波累计振铃计数（ARDC）与充填体浓度呈正比关系，即浓度越大，累计振铃计数（ARDC）越大；充填体单轴加载过程中产生的次声波峰值能率与浓度呈反比关系，即浓度越大，次声波峰值能率越小。

第 20 章　第三部分结论与展望

20.1　结论

本部分分别对红砂岩进行了单轴压缩、剪切、劈裂及单轴循环加卸载次声波试验，对尾砂胶结充填体进行了室内单轴压缩次声波试验，采集了试件在破坏过程中的力学参数、次声信号等数据，分析了红砂岩在单轴压缩下峰值应力前后的次声信号特征，红砂岩在不同受力方式下的次声信号特征以及尾砂胶结充填体在单轴压缩下的次声信号特征。得出了以下主要结论：

（1）对应力-次声时域信号特征分析发现，单轴压缩下红砂岩峰值应力前后，均有非常明显的次声信号体现出来，并且会出现不同程度的平静期。渐进式破坏的岩样，峰值应力后的次声信号也会有较明显的表现，在不同程度应力水平下降之前，通常都伴随着较强烈的次声信号。脆性断裂破坏的岩样，在峰值应力前，都有较明显的次声信号出现，而峰值应力后直至整体破坏前次声信号幅值水平较之前出现一定程度的下降。

（2）对单轴压缩下的红砂岩岩样时频特征分析，发现试验红砂岩岩样破坏特征频率范围集中在 $1\sim4Hz$，峰值应力前后的时频特征体现出与时域信号相似的特征。在应力初始阶段 $1\sim4Hz$ 频带能量占比达 50% 左右，随着加载应力的不断增大，这一频带能量占比越来越大，峰值点可达 85% 以上。

（3）对单轴压缩下的红砂岩岩样应力-次声累计振铃计数特征分析，发现脆性破坏下的岩样，其峰值应力前次声信号累计振铃计数都有较明显剧增趋势，其峰值应力后直至岩样整体破坏过程中次声累计振铃计数增量较之前表现不明显。渐进式破坏的岩样，峰值应力后期次声信号累计振铃计数增量也会有较明显的表现，即在不同程度应力水平下降之前，通常累计振铃计数都会有相对明显的上升趋势；应力-次声信号能率特征分析表明，岩样峰值应力前，均有较高能率水平的次声信号出现，峰值应力时的次声信号能率值却相对较低，在峰值应力前都存在着不同程度的平静期。脆性断裂破坏下的岩样，在宏观断裂面形成过程中，虽然能率有所增大，但整体次声能率水平较峰值应力前有明显下降趋势。渐进式破坏下的岩样，其峰值应力后的不同程度应力水平下降之前，通常伴随着能率水平较高的次声信号出现。

（4）单轴压缩试验与剪切试验结果对比分析，红砂岩在变剪切破坏形式下能产生突出次声波信号，且最终岩石试件在应力峰值点次声信号强度达到最大。

(5) 红砂岩在劈裂破坏过程中次声信号与实验室本底信号区别不大，次声信号不明显，劈裂试验次声现象不明显存在两种可能：一是劈裂时产生的次声信号强度小于实验室环境噪声次声信号强度；二是劈裂试验破坏时大部分声信号为高频信号，数据处理时已经过滤掉而次声信号过少。

(6) 试验过程中次声传感器与加载岩石试样间隔了约 2.5m 的空间直线距离，明显区别于声发射监测需要传感器与岩石试样紧密耦合的方式，说明岩石变形破坏产生的次声波信号能通过一定距离空气传播，不用通过传感器直接接触岩体而能进行岩体稳定性监测，这使得次声波的现场监测更加方便。

(7) 从对岩石单轴循环加卸载试验各级加卸载次声信号事件累计振铃数统计可以看出，在第五级加卸载阶段（约为应力峰值 80%~90% 区段）次声信号事件累计振铃计数在卸载阶段明显多于该级加载阶段，次声信号出现异常。

(8) 红砂岩破坏过程的次声信号能量序列具有明显的分形特征，分形维数在应力初始阶段处于较低水平，随着加载应力的不断增加，分形维数开始出现剧烈波动，起伏较初始阶段大，当分形维数出现骤降时，预示着岩石即将发生破裂。

(9) 在未受单轴加载压缩作用下，测试试验采集到的实验室环境次声波的电压幅值波形较为平稳，不存在电压幅值突变成分；采集到的次声波波形经过归一化的电压幅值较低，均不大于 0.015，因此，电压门槛阈值 0.015 作为该充填体在单轴压缩过程下的次声波测试试验采集信号的门槛阈值参数较为合适。此外，其频率分布也较稳定，信号强度较低，不超过 4×10^{-5}dB。

(10) 单轴压缩下的尾砂胶结充填体试件在加载过程中的压密阶段、弹性阶段和屈服阶段采集到的次声波信号较平稳，信号强度较低，在加载破坏阶段的次声波信号较强，加载峰值的次声波信号最强。

(11) 尾砂胶结充填体在单轴加载破坏时的次声波主频范围与充填体浓度无关，主频范围为 1~4Hz。

(12) 尾砂胶结充填体在单轴加载过程中次声波累计振铃计数（ARDC）与充填体浓度呈正比关系，即浓度越大，累计振铃计数（ARDC）越大；充填体单轴加载过程中产生的次声波峰值能率与浓度呈反比关系，即浓度越大，次声波峰值能率越小。

20.2　展望

次声技术研究在地震、泥石流、大气学等方面成果相对成熟，而在矿山工程岩体稳定性监测、预报运用方面相对缺乏，需要更多的理论及试验研究来进一步完善它。针对以上结论，提出以下几点新的探索之处：

（1）加大岩体失稳次声信号处理和分析技术的研究力度，认识和掌握多类矿山地质灾害所产生的次声信息特征，包括次声信号的滤波方法、信号的时频域特点分析方法、次声事件的自动化识别技术等。更多的是应基于理论分析方法的研究基础，实现对次声探测仪器探测到的数字次声信号进行自动分析研究，识别和取其特征信息。利用次声采集系统，建立实时矿山采空区次声信息采集监测分析系统，详细研究监测系统的构架和具体实施步骤，更深一步地研究出围岩体裂隙发展特征（裂隙产生、扩展、空间形态）与次声信号特征之间的联系，为矿山采空区现场的次声自动化监测提供关键实体实时监测系统。次声监测系统总体设计方案包括对系统硬件、系统软件的设计与实现、系统性能指标的测试等进行实体设计。

（2）根据次声波传播距离远、衰减小等特点，可对岩体失稳次声信号监测的范围进行扩展研究，由于次声监测传感器不需要与岩体进行直接耦合接触，因此，在进行长距离、大范围次声监测方面有极大的研究价值。笔者认为进行长距离、大范围次声监测存在几大难点：1）噪声次声信号稳定性的影响，本章的研究是建立在实验室噪声信号稳定的基础上，若进行长距离监测，矿山现场现实环境中存在空气流动、滴水、落石、机械作业以及爆破作业等活动，产生大量次声噪声，这些噪声次声信号是极其不稳定的，需要在噪声信号识别与过滤方面进行大量论证；2）岩石失稳破坏次声信号识别，破坏过程中的次声信号呈现一定变化规律，而次声信号强度、频带能量分布等随破坏过程的变化，如何与随机出现的噪声信号相关方面的特征相区分也是一个难点；3）次声信号经过长距离传播后，其相关性会减少，而进行相应的波形特性分析时，其次声监测系统的准确性会降低。

参 考 文 献

[1] 隋智力, 李振, 李照广, 等. 基于现场声发射监测井下爆破对于露天边坡稳定性影响分析 [J]. 黄金, 2015 (1): 36-39.

[2] 李建功, 邹银辉, 刘红, 等. AE 声发射在波导杆中传播规律的数值模拟 [C] //岩土工程数值方法与高性能计算学术研讨会暨中国岩石力学与工程学会岩体物理与数学模拟专委会年会. 2007.

[3] 李俊亮. 声发射预测煤与瓦斯突出危险性技术研究 [D]. 西安: 西安科技大学, 2009.

[4] 郭俊峰. 露天矿排土场稳定性影响因素分析 [J]. 科技创新导报, 2011 (24): 62.

[5] Varadarajan A, Sharma K G, Abbas S M, et al. Constitutive model for coarse grained materials and determination of material constants [J]. International Journal of Geomechanics, ASCE, 2006, 6 (4): 226-237.

[6] 张超, 杨春和. 粗粒料强度准则与排土场稳定性研究 [J]. 岩土力学, 2014 (3): 641-646.

[7] 王光进, 杨春和, 张超, 等. 超高排土场的粒径分级及其边坡稳定性分析研究 [J]. 岩土力学, 2011, 32 (3): 905-913.

[8] 张晓龙, 胡军, 赵天毅. 考虑粒径分级的排土场稳定性分析 [J]. 金属矿山, 2016 (10): 171-176.

[9] 张卫国. 黄土地基排土场基底型滑坡机理研究 [J]. 中国矿业, 2006 (11): 46-48.

[10] 纪玉石. 黄土基底排土场失稳机理与稳定控制技术研究 [D]. 沈阳: 东北大学, 2013.

[11] 刘玉凤, 王俊, 李伟, 等. 土体蠕变对阴湾排土场稳定性的影响 [J]. 煤矿安全, 2015 (11): 223-226.

[12] 汪海滨, 李小春, 米子军, 等. 黄土地基排土场滑坡演化机制研究 [J]. 岩土力学, 2011, 32 (12): 3672-3678.

[13] 廖国华, 潘长良. 边坡稳定 [M]. 北京: 冶金工业出版社, 1995.

[14] Babello V A, Stetyukha V A, Oveshnikov Yu M. Dump stability provision with increase of its height [J]. Gornyi Zhurnal, 2001, 8: 10-141.

[15] 魏朝爽, 侯克鹏, 杜俊, 等. 云南某露天矿山排土场边坡稳定性分析 [J]. 矿冶, 2014 (3): 50-53.

[16] 石建勋, 刘新荣, 廖绍波, 等. 矿区排土场堆载对边坡稳定性影响的分析 [J]. 采矿与安全工程学报, 2011, 28 (2): 258-262.

[17] 国新. 魏家峁露天矿东一号排土场稳定性研究 [D]. 阜新: 辽宁工程技术大学, 2013.

[18] 孟星吟. 某露天矿陡倾地形排土场的稳定性安全研究 [J]. 昆明理工大学, 2015.

[19] 淮筱斌. 某矿山排土场堆置要素优化及稳定性分析研究 [D]. 昆明理工大学, 2016.

[20] 韩流. 露天矿时效边坡稳定性分析理论与试验研究 [D]. 北京: 中国矿业大学, 2015.

[21] Ochiai H, Okada Y, Furuya Gen, et al. A Fluidized Landslide on a Natural Slope by Artificial Rainfall [J]. Landslides, 2004 (1): 211-219.

[22] 杨胜利, 王云鹏. 排土场稳定性影响因素分析 [J]. 露天采矿技术, 2009 (3): 4-7.

[23] 郑开欢, 罗周全, 罗成彦, 等. 短时强降雨对排土场碎石土边坡稳定性的影响 [J]. 长安大学学报 (自然科学版), 2016 (6): 39-47.

［24］ 张亚宾，陈超，甘德清．降雨对排土场边坡渗流及稳定性的影响［J］．金属矿山，2016，V45（5）：173-177.

［25］ 张雪岩．三友矿山排土场泥石流触发条件研究［D］．唐山：河北联合大学，2015.

［26］ 张国艳，曹红．金堆城排土场安全稳定性分析评价［J］．现代矿业，2015（5）：141-143.

［27］ 曹东磊．爆破振动荷载下金堆城钼矿排土场安全稳定性研究［D］．西安：西安建筑科技大学，2015.

［28］ 朱晓玺，张云鹏，张亚宾，等．爆破振动对排土场稳定性影响的数值模拟研究［J］．矿业研究与开发，2015（6）：105-107.

［29］ 董岩松，简文彬，陈玮，等．台风暴雨条件下高台阶排土场边坡可靠度分析［J］．水利与建筑工程学报，2014（6）：59-64.

［30］ 张超，杨春和，徐卫亚．尾矿坝稳定性的可靠度分析［J］．岩土力学，2004，25（11）：1706-1711.

［31］ 任伟，李小春，汪海滨，等．排土场级配规律及其对稳定性影响的模型试验研究［J］．长江科学院院报，2012，29（8）：100-105.

［32］ 王俊，孙书伟，陈冲．饱水黄土基底排土场地质力学模型试验研究［J］．煤炭学报，2014，39（5）：861-867.

［33］ 周维垣，林鹏，杨强，等．锦屏高边坡稳定三维地质力学模型试验研究［J］．岩石力学与工程学报，2008，27（5）：893-901.

［34］ 夏元友，张亮亮．考虑降雨入渗影响的边坡稳定性数值分析［J］．公路交通科技，2009，26（10）：27-32.

［35］ 冀宪成，王卓彧，王永利．魏家峁露天煤矿边坡稳定性监测系统研究［J］．露天采矿技术，2016，31（12）．

［36］ 李焕强，孙红月，刘永莉，等．光纤传感技术在边坡模型试验中的应用［J］．岩石力学与工程学报，2008，27（8）：1703-1708.

［37］ 孙华芬．尖山磷矿边坡监测及预测预报研究［D］．昆明：昆明理工大学，2014.

［38］ 邬凯，盛谦，张勇慧，等．山区公路路基边坡地质灾害远程监测预报系统开发及应用［J］．岩土力学，2010，31（11）：3683-3687.

［39］ Kaiser E J. A study of acoustic phenomena in tensile test［J］. Dr. -Ing. Dissertation. Technical University of Munich, 1950.

［40］ 沈功田．声发射检测技术及应用［M］．北京：科学出版社，2015.

［41］ 秦四清．岩石断裂过程的声发射试验研究［J］．地质灾害与环境保护，1994，5（3）：48-55.

［42］ 秦四清，姚宝魁．岩石声发射的力学模型及其应用［J］．应用声学，1992（1）：1-4.

［43］ 秦四清，李造鼎．岩石声发射事件在空间上的分形分布研究［J］．应用声学，1992，11（4）：19-21.

［44］ 杨慧明．煤岩动力灾害声发射预警判识方法的研究现状及趋势［J］．矿业安全与环保，2015，42（4）：91-95.

［45］ 李庶林，尹贤刚，王泳嘉，等．单轴受压岩石破坏全过程声发射特征研究［J］．岩石力学与工程学报，2004，23（15）：2499-2503.

[46] Mckavanagh B M, Enever J R. Developing a microseismic outburst warning system [C]. Proceedings of Second Conference on Acoustic Emission / Microseismic Activity in Geological Structures and Materials. Trans Tech Publications, 1980: 211-225.

[47] Blake W. Evaluating data from rock burst monitoring systems using energy of microseismic events [C]. Proceedings of Second Conference on Acoustic Emission /Microseismic Activity in Geological Structures and Materials. Trans Tech Publications, 1980: 109-116.

[48] Leighton F. Microseismic activity associated with outbutstsin coal mines [C]. Proceedings of Third Conference on Acoustic Emission /Microseismic Activity in Geological Structures and Materials. Trans Tech Publications, 1984: 467-477.

[49] Hudyma M, Potvin Y H. An engineering approach to seismic risk management in hardrock mines [J]. Rock mechanics and rock engineering, 2010, 43 (6): 891-906.

[50] 李元辉, 刘建坡, 赵兴东, 等. 岩石破裂过程中的声发射 b 值及分形特征研究 [J]. 岩土力学, 2009, 30 (9): 2559-2563.

[51] 刘建坡, 李元辉, 张凤鹏, 等. 基于声发射监测的深部采场岩体稳定性分析 [J]. 采矿与安全工程学报, 2013, 30 (2): 243-250.

[52] 李示波, 李占金, 张洋, 等. 声发射监测技术用于采空区地压灾害预测 [J]. 金属矿山, 2014 (3): 152-155.

[53] 徐必根, 王春来, 唐绍辉, 等. 特大采空区处理及监测方案设计研究 [J]. 中国安全科学学报, 2007, 17 (12): 147.

[54] 邹银辉, 文光才, 胡千庭, 等. 岩体声发射传播衰减理论分析与试验研究 [J]. 煤炭学报, 2004, 29 (6): 663-667.

[55] 邹银辉, 董国伟, 李建功, 等. 波导器声发射信号传播衰减理论及规律 [J]. 煤炭学报, 2008, 33 (6): 648-651.

[56] 李建功, 邹银辉, 刘红, 等. AE 声发射在波导器中传播规律的数值模拟 [J]. 地下空间与工程学报, 2008, 4 (6): 1148-1151.

[57] 吕贵春, 邹银辉, 康建宁. 声发射监测煤矿动力灾害工艺技术研究 [J]. 地下空间与工程学报, 2010, 6 (S2): 1720-1725.

[58] B. B. 萨戈维奇. 用声发射测定硬岩和混合岩石废石场状态的可能性 [J]. 矿业工程, 2001, 26 (1): 7-8.

[59] 刘松平, Michael Gorman, 陈积懋. 模态声发射检测技术 [J]. 无损检测, 2000, 22 (1): 38-41.

[60] 李善春, 戴光, 高峰, 等. 波导杆中声发射信号传播特性试验 [J]. 东北石油大学学报, 2006, 30 (5): 65-68.

[61] 邹银辉, 董国伟, 张庆华, 等. 声发射系统中的一维黏弹性波导器理论模型 [J]. 煤炭学报, 2007, 32 (8): 799-803.

[62] 尹贤刚, 李庶林, 唐海燕. 岩石破坏声发射强度分形特征研究 [J]. 岩石力学与工程学报, 2005, 24 (19): 3512-3516.

[63] Hall S A, de Sanctis F, Viggiani G. Monitoring fracture propagation in a soft rock (Neapolitan Tuff) using acoustic emissions and digital images [M] //Rock Damage and Fluid Transport,

Part Ⅱ. Birkhäuser Basel, 2006：2171-2204.

［64］ Byun Y S, Sagong M, Kim S C, et al. A study on using acoustic emission in rock slope with difficult ground—focused on rainfall ［J］. Geosciences Journal, 2012, 16（4）：435-445.

［65］ 谢和平. 分形-岩石力学导论 ［M］. 北京：科学出版社, 1997.

［66］ 党建武, 黄建国. 基于 G.P 算法的关联维计算中参数取值的研究 ［J］. 计算机应用研究, 2004, 21（1）：48-51.

［67］ 汪富泉, 罗朝盛. G-P 算法的改进及其应用 ［J］. 计算物理, 1993（3）：345-351.

［68］ Kui Z, Zhicheng Z, Peng Z, et al. Experimental study on acoustic emission characteristics of phyllite specimens under uniaxial compression ［J］. Journal of Engineering Science and Technology Review, 2015, 8（3）：53-60.

［69］ 宫宇新, 何满潮, 汪政红, 等. 岩石破坏声发射时频分析算法与瞬时频率前兆研究 ［J］. 岩石力学与工程学报, 2013, 32（4）：787-799.

［70］ 赵奎, 王更峰, 王晓军, 等. 岩石声发射 Kaiser 点信号频带能量分布和分形特征研究 ［J］. 岩土力学, 2008, 29（11）：3082-3088.

［71］ 曾宪伟, 赵卫明, 盛菊琴. 小波包分解树结点与信号子空间频带的对应关系及其应用 ［J］. 地震学报, 2008, 30（1）：90-96.

［72］ 凌同华, 李夕兵. 多段微差爆破振动信号频带能量分布特征的小波包分析 ［J］. 岩石力学与工程学报, 2005, 24（7）：1117-1122.

［73］ 杨永波. 边坡监测与预测预报智能化方法研究 ［D］. 中国科学院研究生院（武汉岩土力学研究所）, 2005.

［74］ 田卿燕. 块裂岩质边坡崩塌监测预报理论及应用研究 ［D］. 长沙：中南大学, 2008.

［75］ 陈孝勇. 公路边坡表面变形监测及工程应用 ［D］. 重庆：重庆交通大学, 2015.

［76］ 曹华峰. 边坡工程监测理论与技术基础初步研究 ［D］. 中国地震局工程力学研究所, 2008.

［77］ 李浩宾. 基于 GIS 的大比例尺滑坡危险性评价方法研究——以普格县为例 ［D］. 成都：成都理工大学, 2016.

［78］ 马克. 开挖扰动条件下岩质边坡灾变孕育机制、监测与控制方法研究 ［D］. 大连：大连理工大学, 2014.

［79］ 唐春安, 王述红, 傅宇方. 岩石破裂过程数值试验 ［M］. 北京：科学出版社, 2003.

［80］ 李庶林, 唐海燕. 不同加载条件下岩石材料破裂过程的声发射特性研究 ［J］. 岩土工程学报, 2010, 32（1）：147-152.

［81］ 腾山邦久. 声发射（AE）技术的应用 ［M］. 冯夏庭, 译. 北京：冶金工业出版社, 1996.

［82］ Tham L G, Liu H, Tang C A, et al. On tension failure of 2-D rock specimens and associated acoustic emission ［J］. Rock Mech Rock Engng, 2005, 38（1）：1-19.

［83］ Ganne P, Vervoor T A, Wevess M. Quantification of pre-break brittle damage correlation between acoustic emission and observed micro-fracture ［J］. Int J Rock Mech & Min Sci, 2007, 44（5）：720-729.

［84］ 陈颙. 声发射技术在岩石力学中的应用 ［J］. 地球物理学报, 1997, 20（4）：312-322.

[85] 蒋宇, 葛修润, 任建喜. 岩石疲劳破坏过程中的变形规律及声发射特性 [J]. 岩石力学与工程学报, 2004, 23 (11): 1810-1814.

[86] 李俊平, 周创兵. 岩体的声发射特征试验研究 [J]. 岩土力学, 2004, 25 (3): 374-378.

[87] 李夕兵, 刘志祥. 岩体声发射混沌与智能辨识研究 [J]. 岩石力学与工程学报, 2005, 24 (8): 1296-1300.

[88] 尹贤刚, 李庶林, 唐海燕, 等. 岩石破坏声发射平静期及其分形特征研究 [J]. 岩石力学与工程学报, 2009, 28 (S2): 3383-3390.

[89] 王宁, 韩志型, 王月明, 等. 评价岩体稳定性的声发射相对强弱指标 [J]. 岩土工程学报, 2005, 27 (2): 190-192.

[90] 蔡美峰, 来兴平. 岩石基复合材料支护采空区动力失稳声发射特征统计分析 [J]. 岩土工程学报, 2003, 25 (1): 51-54.

[91] 王化卿, 刘励忠, 唐波涌, 等. 用电阻应变测管监测和预报滑坡 [J]. 水土保持通报, 1985 (5): 22-27.

[92] 陈开圣, 彭小平. 测斜仪在滑坡变形监测中的应用 [J]. 岩土工程技术, 2006, 20 (1): 39-41.

[93] 任伟中, 陈浩, 唐新建, 等. 运用钻孔测斜仪监测滑坡抗滑桩变形受力状态研究 [J]. 岩石力学与工程学报, 2008, 27 (S2): 3667-3672.

[94] 汤新福. 多点位移计在岩溶桥基监测中的应用 [J]. 工程勘察, 2008 (5): 23-26.

[95] 刘文庆, 赵飞, 董建辉, 等. 多点位移计在高速公路高边坡稳定性监测中的应用 [J]. 地质灾害与环境保护, 2010, 21 (4): 104-107.

[96] 黄秋香, 汪家林, 邓建辉. 基于多点位移计监测成果的坡体变形特征分析 [J]. 岩石力学与工程学报, 2009, 28 (A01): 2667-2673.

[97] 谭捍华, 傅鹤林. TDR 技术在公路边坡监测中的应用试验 [J]. 岩土力学, 2010, 31 (4): 1331-1336.

[98] 李红刚. TDR 技术在滑坡变形监测中的适宜性试验研究 [D]. 北京: 中国地质大学, 2009.

[99] 李庚, 刘立, 李东凯, 等. 岩石高边坡安全监测及稳定性分析 [J]. 西华大学学报 (自然科学版), 2007, 26 (5): 62-65.

[100] 郭永建. 基于锚杆轴力监测的公路岩质边坡稳定性评价研究 [D]. 西安: 长安大学, 2011.

[101] 隋海波, 施斌, 张丹, 等. 地质和岩土工程光纤传感监测技术综述 [J]. 工程地质学报, 2008, 16 (1): 135-143.

[102] 俞政, 徐景田. 光纤传感技术在边坡监测中的应用 [J]. 工程地球物理学报, 2012, 9 (5): 628-633.

[103] 刘邦, 刘京诚, 朱正伟. 光纤传感技术在山体滑坡的应用 [J]. 压电与声光, 2012, 34 (1): 27-32.

[104] 唐天国, 朱以文, 蔡德所, 等. 光纤岩层滑动传感监测原理及试验研究 [C] //中国岩石力学与工程学会 2005 年国际边坡柔性防护技术研讨会. 2005: 340-344.

[105] 程建远, 王寿全, 宋国龙. 地震勘探技术的新进展与前景展望 [J]. 煤田地质与勘探,

2009, 37 (2)：55-58.

[106] 李永铭, 谭天元, 黄易. 地震勘探技术在碎裂结构岩体探测中的应用研究 [J]. 工程地球物理学报, 2015, 12 (4)：508-513.

[107] 程建远, 王盼, 吴海, 等. 地震勘探仪的发展历程与趋势 [J]. 煤炭科学技术, 2013, 41 (1)：30-35.

[108] 李奇. 阜朝公路滑坡体探测和定位研究 [D]. 沈阳：东北大学, 2010.

[109] 闫国斌, 陶志刚, 孙光林, 等. 边坡雷达在矿区边坡监测区域的应用分析 [J]. 工业安全与环保, 2015 (10)：57-60.

[110] 陈义群, 肖柏勋. 论探地雷达现状与发展 [J]. 工程地球物理学报, 2005, 2 (2)：149-155.

[111] 张迪, 李家存, 吴中海, 等. 探地雷达在探测玉树走滑断裂带活动性中的初步应用 [J]. 地质通报, 2015 (1)：204-216.

[112] 付海峰, 崔明月, 邹憬, 等. 基于声波监测技术的长庆砂岩裂缝扩展实验 [J]. 东北石油大学学报, 2013, 37 (2)：96-101.

[113] 李俊平. 岩石 (体) 声发射特征综述 [J]. 科技导报, 2009, 27 (7)：91-96.

[114] 李核归, 张茹, 高明忠, 等. 岩石声发射技术研究进展 [J]. 地下空间与工程学报, 2013, 9 (s1)：1794-1804.

[115] 熊文, 万毅宏, 侯训田, 等. 声发射信号预测山体滑坡基础性试验研究 [J]. 东南大学学报 (自然科学版), 2016, 46 (1)：184-190.

[116] 李健, 吴顺川, 高永涛, 等. 露天矿边坡微地震监测研究综述 [J]. 岩石力学与工程学报, 2014, 33 (s2)：3998-4013.

[117] 杨天鸿, 张锋春, 于庆磊, 等. 露天矿高陡边坡稳定性研究现状及发展趋势 [J]. 岩土力学, 2011, 32 (5)：1437-1451.

[118] 戴峰, 姜鹏, 徐奴文, 等. 蓄水期坝肩岩质边坡微震活动性及其时频特性研究 [J]. 岩土力学, 2016 (s1)：359-370.

[119] Dixon N, Hill R, Kavanagh J. The use of acoustic emission to monitor the stability of soil slopes [C] //ADVANCES IN SITE INVESTIGATION PRACTICE. PROCEEDINGS OF THE INTERNATIONAL CONFERENCE HELD IN LONDON ON 30-31 MARCH 1995. 1996.

[120] Dixon N, Spriggs M P, Smith A, et al. Quantification of reactivated landslide behaviour using acoustic emission monitoring [J]. Landslides, 2015, 12 (3)：549-560.

[121] 秦四清. 声发射技术在国外边坡工程监测中的应用 [J]. 露天采矿技术, 1990 (4)：26-29.

[122] Zaki A, Chai H K, Razak H A, et al. Monitoring and evaluating the stability of soil slopes：A review on various available methods and feasibility of acoustic emission technique [J]. Comptes Rendus Geoscience, 2014, 346 (9)：223-232.

[123] Dixon N, Smith A, Spriggs M, et al. Stability monitoring of a rail slope using acoustic emission [J]. Proceedings of the Institution of Civil Engineers-Geotechnical Engineering, 2015, 168 (5)：373-384.

[124] Shiotani T, Ohtsu M. Prediction of slope failure based on AE activity [M] //Acoustic emis-

sion：standards and technology update. ASTM International，1999.

[125] Shiotani T，Ohtsu M，Ikeda K. Detection and evaluation of AE waves due to rock deformation [J]. Construction and Building Materials，2001，15（5）：235-246.

[126] Dixon N，Spriggs M. Quantification of slope displacement rates using acoustic emission monitoring [J]. Canadian Geotechnical Journal，2007，44（8）：966-976.

[127] Cheon D S，Jung Y B，Park E S，et al. Evaluation of damage level for rock slopes using acoustic emission technique with waveguides [J]. Engineering Geology，2011，121（1）：75-88.

[128] 尹贤刚，李庶林. 声发射技术在岩土工程中的应用 [J]. 采矿技术，2002，2（4）：39-42.

[129] 何建平，王宁. 声发射技术在土木工程中的应用发展 [J]. 西部探矿工程，2006，18（11）：202-204.

[130] 于济民. 滑坡预报参数的选择和预报标准的确定方法 [J]. 中国地质灾害与防治学报，1992（2）：41-49.

[131] 于济民. 滑坡动态监测预报技术 [J]. 中国铁道科学，1992（2）：81-91.

[132] 严明，苗放，王士天，等. 岩体声发射监测在马步坎高边坡岩体稳定研究中的应用 [J]. 地质灾害与环境保护，1998（1）：29-33.

[133] 陈文化，景立平，徐兵. 岩石声发射监测技术应用分析——对三峡水利枢纽运行时库区内滑坡实时动态监测的建议 [J]. 自然灾害学报，1999（2）：103-109.

[134] 李金河，玉国进. 永久船闸边坡稳定性声发射监测 [J]. 岩土力学，2001，22（4）：478-480.

[135] Shiotani T. Evaluation of long-term stability for rock slope by means of acoustic emission technique [J]. Ndt & E International，2006，39（3）：217-228.

[136] 樊成. 盘山公路沿线边坡岩体稳定性实时监测系统 [D]. 武汉：武汉科技大学，2015.

[137] 刘晶，黄崴. 模态声发射：对声发射的一种全新认识 [C] //全国声发射学术研讨会. 1999.

[138] 耿荣生，沈功田，刘时风. 模态声发射——声发射信号处理的得力工具 [J]. 无损检测，2002，24（8）：341-345.

[139] 耿荣生，沈功田，刘时风. 模态声发射基本理论 [J]. 无损检测，2002，24（7）：302-306.

[140] Rose J L. Ultrasonic guided waves in structural health monitoring [J]. Key Engineering Materials，2004，270-273：14-21.

[141] 何存富，孙雅欣，吴斌，等. 超声导波技术在埋地锚杆检测中的应用研究 [J]. 岩土工程学报，2006，28（9）：1144-1147.

[142] 张昌锁，李义，赵阳升，等. 锚杆锚固质量无损检测中的激发波研究 [J]. 岩石力学与工程学报，2006，25（6）：1240-1245.

[143] 张昌锁，李义，Zou Steve. 锚杆锚固体系中的固结波速研究 [J]. 岩石力学与工程学报，2009，28（Supp. 2）：3604-3608.

[144] Rose J L，Zhao X. Anomaly throughwall depth measurement potential with shear horizontal guided waves [J]. Material Evaluation，2001，59：1234-1238.

[145] Serway P A. Physics for Scientist and Engineers with Modern Physics [M]. Philadelphia：Sauders，1990.

[146] Auld B A. Acoustic Fields and Waves in Solids，Volume Ⅱ ［M］. Standford：Krieger Publishing Company，1990.

[147] Ervin E L，Reis Henrique. Longitudinal guided waves for monitoring corrosion in reinforced mortar ［J］. Measurement Science and Technology，2008，19：1-19.

[148] 考尔斯基. 固体中的应力波 ［M］. 王仁，译. 北京：科学出版社，1958.

[149] Achenbach J D. Wave propagation in elastic solids ［M］. New York：American Elsevier Publishing Company，1973.

[150] Graff K F. Wave motion in elastic solids ［M］. Oxford：Clarendon Press，1975.

[151] Popovics J S. Some theoretical and experimental aspects of the use of guided waves for the nondestructive evaluation of concrete ［D］. Pennsylvania State University，1994.

[152] Rose J L. 固体中的超声波 ［M］. 何存富，吴斌，王秀彦，译. 北京：科学出版社，2004.

[153] Watson G N，Sc D，F R S. A treatise on theory of bessel functions ［M］. Cambridge：Cambridge University Press，1944.

[154] Pavlakovic B，Lowe M. DISPERSE User' Manual ［M］. London，2001.

[155] 何文，高忠，赵奎. 水泥砂浆锚杆中的导波传播机理研究 ［J］. 江西理工大学学报，2012，33（3）：21-26.

[156] Zhang C S，Zou D H，Madenga V. Numerical simulation of wave propagation in grouted rock bolts and the effects of mesh density and wave frequency ［J］. International Journal of Rock Mechanics & Mining Sciences，2006，43：634-639.

[157] Pavlakovic B N，Lowe M J S，Cawley P. High-frequency low-loss ultrasonic modes in imbedded bars ［J］. Journal of Applied Mechanics，2001，68：67-75.

[158] Beard M D. Guided wave inspection of embedded cylindrical structures ［D］. London：Imperial College of Science. Technology and Medicine，2002.

[159] 李天斌. 岩质工程高边坡稳定性及其控制的系统研究 ［D］. 成都：成都理工大学，2002.

[160] 张强. 基于声发射技术的钢筋混凝土梁损伤识别研究 ［D］. 北京：北京理工大学，2015.

[161] Gorman M R. Plate wave acoustic emission ［J］. JASA，1991，90（1）：358-364.

[162] 耿荣生，沈功田，刘时风. 基于波形分析的声发射信号处理技术 ［J］. 无损检测，2002，24（6）：114-117.

[163] Albert Boggess，Ffance J Narcowich. 小波与傅里叶分析基础 ［M］. 芮国盛，康健，译. 北京：电子工业出版社，2010.

[164] Sanjit Kmitra. 数字信号处理——基于计算机的方法（第四版）［M］. 余翔宇，译. 北京：电子工业出版社，2012.

[165] 程正兴. 小波分析与应用 ［M］. 西安：西安交通大学出版社，2006.

[166] 张德丰. MATLAB 小波分析 ［M］. 北京：机械工业出版社，2009.

[167] 万永革. 数字信号处理的 MATLAB 实现（第二版）［M］. 北京：科学出版社，2012.

[168] 葛哲学，陈仲生. Matlab 时频分析技术及其应用 ［M］. 北京：人民邮电出版社，2006.

[169] 史洁玉. MATLAB 信号处理超级学习手册 [M]. 北京：人民邮电出版社，2014.

[170] 毛建华，李庶林，王宁，等. 岩体声波监测与声发射技术的现场应用研究 [J]. 中国有色金属学报，1998（S2）：758-762.

[171] 霍臻，陈翠梅，王正义. 边坡稳定性声发射监测 [J]. 工业安全与环保，2007，33（5）：33-35.

[172] 郭小华，丁学恭，陈岁生. 基于无线传感器网络的岩体声发射信号监测系统 [J]. 电子技术应用，2011，37（3）：121-125.

[173] 易武，孟召平. 岩质边坡声发射特征及失稳预报判据研究 [J]. 岩土力学，2007，28（12）：2529-2533.

[174] 杨远清，侯克鹏. 声发射技术在某露天矿边坡稳定性监测中的运用 [J]. 现代矿业，2008，24（11）：102-104.

[175] 高峰，李建军，李肖音，等. 岩石声发射特征的分形分析 [J]. 武汉理工大学学报，2005，27（7）：67-69.

[176] 耿纪莹. 混凝土简支梁静力损伤过程细观分析 [D]. 石家庄：石家庄铁道大学，2015.

[177] 宿辉，李长洪. 不同围压条件下花岗岩压缩破坏声发射特征细观数值模拟 [J]. 工程科学学报，2011，33（11）：1312-1318.

[178] 朱星，许强，汤明高，等. 典型岩石破裂产生次声波试验 [J]. 岩土力学，2013，34（5）：1306-1311.

[179] 朱星. 岩石破裂次声探测技术与信号特征研究 [D]. 成都：成都理工大学，2014.

[180] Richard A F. Volcanic Sounds：Investigation and Analysis. J. Geophys. Res, 1963, 68：919-928.

[181] Milton A G. Infrasonic Signals Generated by Volcanic Eruptions. IEEE 2000 International, 2000, 3：24-28.

[182] 郑菲. 临震次声异常产生的机理研究 [D]. 北京：北京工业大学，2006.

[183] Strachey R. On the Air Waves and Sounds Caused by the Eruption of Krakatoa in August [M]. Washington D C：Smithsonian Institution Press，1988.

[184] Reed J W. Air Pressure Waves from Mount St. Helens Eruptions [J]. Journal of Geophysical Research：Atmospheres（1984-2012），1987，92（D10）：11979-11992.

[185] Wells D L, Coppersmith K J. New Empirical Relationships Among Magnitude, Rupture Length, Rupture Width, Rupture Area, and Surface Displacement [J]. Bulletin of the Seismological Society of America, 1994, 84（4）：974-1002.

[186] Bedard Jr A. Detection of Avalanches Using Atmospheric Infrasound [J]. Proceedings, 1989.

[187] Chritin V, Rossi M, Bolognesi R. Snow Avalanches：automatic acoustic detection for operational forecasting [J]. Acustica, 1996, 82：S173.

[188] Comey R H, Mendenhall T. Recent Studies Using Infrasound Sensors to Remotely Monitor Avalanche Activity [J]. International Snow Science Workshop Proceedings, 2004, 1：640-646.

[189] Bolt B A. Seismic Air Waves from the Great 1964 Alaskan Earthquake [J]. Nature, 1964, 202：1095-1096.

[190] Le Pichon A, J Guilbert A Vega, Garcés M. Ground-coupled Air Waves and Diffracted Infrasound from the Arequipa Earthquake of June 23, 2001 [J]. Geophysical Research Letters,

2002, 29 (18): 1986.

[191] 谢金来, 谢照华. 1993 年 7 月 12 日日本北海道地震次声波 [J]. 声学学报, 1996, 21 (1): 55-61.

[192] 邵长金, 唐炼, 李相方. 强地震的前兆次声波研究 [J]. 应用声学, 2005, 24 (3): 152-156.

[193] Xia Y, Liu J Y, Cui X. Abnormal infrasound signals before 92M ≥ 7.0 worldwide earthquakes during 2002-2008 [J]. Journal of Asian Earth Sciences, 2011, 41 (4-5): 434-441.

[194] 许强, 朱星, 李为乐, 等. "4·20" 芦山地震次声波研究 [J]. 成都理工大学学报, 2013, 3: 225-231.

[195] Arnold K, Johannes H, Emma S. Infrasound produced by debris flow: propagation and frequency content evolution. Natural Hazards, 2014, 70 (3): 1713-1733.

[196] Arnold K, Johannes H, Emma S. A Study of Infrasonic Signals of Debris Flows. 5th International Conference on Debris-Flow Hazards Mitigation: Mechanics, Prediction and Assessment, Padua, Italy-14-17 June, 2011.

[197] 章书成, 余南阳. 泥石流早期警报系统 [J]. 山地学报, 2010, 28 (3): 379-384.

[198] 章书成, 余南阳. 5·12 四川汶川地震次声波 [J]. 山地学报, 2009, 5: 637-640.

[199] 周宪德, 章书成, 张友龙. 坡地灾害次声特性及监测系统的研究 [C]. 海峡两岸山地灾害与环境保育研究, 2004, 4: 291-296.

[200] 杨杰. 声发射信号处理与分析技术的研究 [D]. 长春: 吉林大学, 2005.

[201] 金解放, 赵奎, 王晓军, 等. 岩石声发射信号处理小波基选择的研究 [J]. 矿业研究与开发, 2007, 2: 12-15.

[202] 吕君, 郭泉, 冯浩楠, 等. 北京地震前的异常次声波 [J]. 地球物理学报, 2012, 10: 3379-3385.

[203] Gabor D. Theory of communication. [J]. LEE, 1946, 93: 429-457.

[204] 温和. 新型窗函数与改进 FFT 谐波分析方法及应用研究 [D]. 长沙: 湖南大学, 2009.

[205] 周丹. 短时傅里叶变换和提升小波变换在脉象信号分析中的应用 [D]. 重庆: 重庆大学, 2008.